概率论与数理统计

主　编　张艳芳　王福昌

副主编　赵宜宾

清华大学出版社
北京交通大学出版社
·北京·

内 容 简 介

本书主要内容包括概率论的基本概念、一维随机变量及其分布、多维随机变量及其分布、随机变量的数字特征、大数定律及中心极限定理、数理统计的基本概念、参数估计、假设检验和回归分析. 每章附章节思维导图，数学实验和软件求解.

本书适合应用型本科理工类，经管类和其他非数学专业教学用书，也可以作为工程技术人员的参考书.

图书在版编目（CIP）数据

概率论与数理统计 / 张艳芳，王福昌主编. —北京：北京交通大学出版社 ：清华大学出版社，2023.2

ISBN 978-7-5121-4873-4

Ⅰ．① 概…　Ⅱ．① 张…　② 王…　Ⅲ．① 概率论　② 数理统计　Ⅳ．① O21

中国版本图书馆 CIP 数据核字（2022）第 257281 号

概率论与数理统计

GAILÜLUN YU SHULI TONGJI

责任编辑：韩素华

出版发行：清 华 大 学 出 版 社　　邮编：100084　　电话：010-62776969

　　　　　北京交通大学出版社　　邮编：100044　　电话：010-51686414

印　刷　者：北京鑫海金澳胶印有限公司

经　　　销：全国新华书店

开　　　本：185 mm×260 mm　　印张：14　　字数：355 千字

版 印 次：2023 年 2 月第 1 版　　2023 年 2 月第 1 次印刷

印　　　数：1～1 000 册　　定价：45.00 元

本书如有质量问题，请向北京交通大学出版社质监组反映。对您的意见和批评，我们表示欢迎和感谢。

投诉电话：010-51686043，51686008；传真：010-62225406；E-mail：press@bjtu.edu.cn。

前　言

　　概率论与数理统计是研究随机现象统计规律性的一门数学学科，理论严谨，发展迅速，在自然科学、社会科学、管理科学和工农业生产等各个学科和领域中都具有广泛的应用，是高等院校各类专业大学生最重要的数学必修课之一.

　　本书针对概率论与数理统计内容抽象的特点，结合应用型本科学生对概率论与数理统计知识的需求，在保持理论结构完整的情形下，每章增加思维导图作为小结，梳理整章的知识结构. 章节内容中还有数学实验和软件求解，使学生可以切实感受到概率论与数理统计在解决实际问题中的作用. 每章附有难易程度不同的习题，以满足不同程度的读者学习. 本书在编写时尽可能做到"厚实基础，淡化技巧，突出概率统计思想教学，加强学生应用能力和创新能力培养".

　　本书由防灾科技学院张艳芳和王福昌担任主编，赵宜宾担任副主编. 本书的第1、6、7、8和9章由王福昌编写，第2、3、4、5章由张艳芳编写，赵宜宾为每章节做思维导图.

　　由于编者水平有限，书中难免存在疏漏、不妥或错误之处，敬请读者批评指正.

编　者

2023 年 1 月

目　　录

第1章 概率论的基本概念

本章是概率论最基础的部分，主要内容是随机事件及其运算、事件的概率及其性质、条件概率及与条件概率有关的三个公式和事件的独立性.

1.1 随机事件及其运算

在自然界和人类社会中的现象可分为两类，即确定性现象和非确定性现象.

确定性现象：在一定条件下，只有一个结果，也就是完全可以预测什么结果一定会出现，什么结果一定不会出现，称这类现象为确定性现象.

例如，在物理学中，同性电荷一定相互排斥，异性电荷一定相互吸引. 在标准大气压下，纯水被加热到 100 ℃时必然沸腾. 根据天文学知识预测，2035 年 9 月 2 日，将会在我国北方地区发生日全食，时长为 1 min 29 s.

非确定性现象（随机现象）：在一定的条件下，并不总是出现同一个结果，也就是可能出现这种结果，也可能出现那种结果的现象，称这类现象为随机现象.

例如，抛一枚密度均匀的硬币，有可能正面（字面）向上，也有可能背面（花面）朝上（一般不考虑硬币站立情况），如图 1−1 所示.

图 1−1 硬币的正面、背面和外缘

掷一颗质地均匀的正六面体骰（tóu）子，朝上一面出现的点数可能为 1 点、2 点、3 点、4 点、5 点、6 点共 6 种结果，如图 1−2 所示.

图 1−2 掷一颗质地均匀的正六面体骰子出现的可能点数

记录 24 h 内从外地进入北京的人数，可能是 0 人，1 人，…，1 000 万人，…. 虽然每天进入北京 0 人和 1 000 万人的情况很少发生，但也无法说这两种情况不可能发生，甚至很难准确地说出一天内外地进入北京的最多人数，一般假设为无穷，记作"…". 这样既不脱离实际情况，又便于数学上的处理.

从一批下了生产线的手机中任取一只测试其寿命，寿命可用时间度量，由于不易确定最长寿命，为了符合实际且便于数学上的处理，用任意一个非负实数描述手机寿命.

读者还能举出一些其他的随机现象吗？

1.1.1 随机试验

随机试验：对相同条件下可以重复的随机现象的观察、记录和实验称为随机试验. 随机试验有以下 3 个特点：

（1）可重复性：可以在相同的条件下重复地进行；

（2）一次试验结果的随机性：在一次试验中可能出现这一结果，也可能出现那一结果，预先无法断定；

（3）所有结果的确定性：所有可能的试验结果是预先可知的.

在大量重复试验或观察中所呈现出的固有规律性称为统计规律性，人们可通过随机试验来研究随机现象的统计规律性.

也有很多随机现象不可重复，如某电影的票房，某同学的期末成绩. 概率论与数理统计主要研究大量能重复的随机现象，但也十分注意研究不能重复的随机现象.

需要指出的是，还有一类常见的非确定性现象——模糊现象. 如某喜剧演员看起来很胖，某男演员看起来很帅，这里的"胖"和"帅"的定义在不同人眼中有不同的标准，具有不确定性，这种由语言造成的定义不确定现象，称为模糊现象. 有一个数学分支——模糊数学来专门研究这类现象.

随机现象与模糊现象的共同特点是不确定性，随机现象中是指事件的结果不确定，而模糊现象中是指事物本身的定义不确定.

思考：司马迁在《报任少卿书/报任安书》中写道："人固有一死，或重于泰山，或轻于鸿毛". 请思考这里什么是确定性现象？什么是非确定性现象？

1.1.2 样本空间

集合是现代数学中最为基本的，也是应用最广泛的一个概念. 这里也把集合引入到概率论研究中.

对于随机试验 E，尽管每次试验之前不能预知试验的结果，但试验的所有可能结果组成的集合是已知的. 将随机试验 E 的所有可能结果组成的集合称为 E 的样本空间，记为 S. 在很多教材中，样本空间也用希腊字母 Ω 表示. 样本空间的元素 e，即随机试验 E 的每个可能结果，称为样本点. 样本点是今后抽样的最基本单元. 认识随机现象首先要列出它的样本空间. 样本空间和样本点的关系常记为 $S = \{e\}$ 或 $\Omega = \{\omega\}$.

【例 1-1】列出下列随机试验的样本空间：

（1）E_1：抛一枚硬币，观察正面、反面出现的情况.

（2）E_2：连续抛一枚硬币 3 次，观察正面、反面出现的情况.

（3）E_3：抛一枚硬币 3 次，观察正面出现的次数.

（4）E_4：掷一颗质地均匀的正六面体骰子（参见图 1–2），观察出现的点数.

（5）E_5：记录某城市 110 接警席电话台一昼夜接到的呼叫次数.

（6）E_6：从一批下了生产线的手机中任取一只，测试其寿命.

（7）E_7：在区间 [0,1] 上任取一点，记录它的坐标.

（8）E_8：在平面区域 $D = \{(x,y) \mid x^2 + y^2 \leqslant 1\}$ 内任取一点，记录它的坐标.

解　（1）$S_1 = \{H, T\}$，其中 H 表示正面朝上，T 表示反面朝上.

（2）$S_2 = \{HHH, HHT, HTH, THH, HTT, THT, TTH, TTT\}$.

（3）$S_3 = \{0,1,2,3\}$.

（4）$S_4 = \{1,2,3,4,5,6\}$.

（5）$S_5 = \{0,1,2,\cdots\} = N$，取为自然数集.

（6）$S_6 = \{t \mid t \geqslant 0\}$.

（7）$S_7 = \{x \mid 0 \leqslant x \leqslant 1\} = [0,1]$.

（8）$S_8 = \{(x,y) \mid x^2 + y^2 \leqslant 1\}$.

注意：（1）样本空间的元素可以是数，也可以不是数.

（2）随机事件的样本空间至少有 2 个样本点，如果将确定性现象放在一起考虑，则只含有一个样本点的样本空间对应的为确定性现象.

（3）从样本空间包含的样本点个数来区分，可将样本空间分为有限和无限两类. 如 S_1, S_2, S_3, S_4 中的样本点为有限个，S_5, S_6, S_7, S_8 中的样本点为无限个. 但由于 S_5 中的样本点可以与自然数集建立一一映射，称 S_5 中样本点个数为可列（或可数，countable）无限个. S_6, S_7, S_8 中样本点个数为不可列无限个. 在今后的数学处理中，往往将样本点个数为有限个或可列无限个的情况归为一类，称为离散样本空间，而将样本点个数为无限不可列个的情况归为一类，称为连续样本空间. 这两类样本空间有着本质上的差异.

1.1.3　随机事件

在实际问题中，当进行随机试验时，人们常常关心满足某些条件的那些样本点所组成的集合. 例如，在期末考试中，60 分以下的同学有多少？发生 7 级以上地震时，伤亡人数有多少？

一般地，称随机试验 E 的样本空间 S 的子集为 E 的随机事件，简称事件，通常用大写字母 $A, B, C, \cdots$ 来表示. 如在试验 E_4 中，$A =$ "出现奇数点"是一个用语言描述的事件，可用集合表示为 $A = \{1,3,5\}$，显然 A 是样本空间 S_4 的子集.

在理解概率论中的事件时，应注意以下几点.

（1）任一事件 A 是相应样本空间的一个子集. 常借用集合论的表示方法，用一个矩形表示样本空间 S，用其中的一个圆或其他图形表示事件 A，如图 1–3 所示. 这类图形称为维恩（Venn）图.

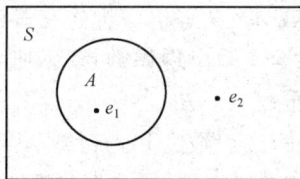

图 1–3　事件 A 的维恩图

（2）当且仅当一次试验的结果为 A 中的一个元素时，称事件 A 发生. 在试验 E_4 中，若令 A 表示"掷出奇数点"，这就意味着投掷一颗骰子，无论掷出 1 点，掷出 3 点，还是掷出 5 点，则都称事件 A 发生（出现）了，记作 $A = \{1,3,5\}$. 若掷出 2 点，则称事件 A 不发生. 在试验 E_8 中，若令 B 表示"在平面上任意投掷一点，落点到原点的距离小于 0.5"，这就表示无论该点的坐标为 $(0,0)$，还是 $(0.1, 0.2)$，…，只要它的两个坐标分量 x, y 满足 $x^2 + y^2 < 0.25$，则都称事件 B 在这次试验中发生了，因此也将事件 B 表示为 $\{(x, y) \mid x^2 + y^2 < 0.25\}$.

（3）事件可用集合表示，也可用准确无误的语言描述.

（4）样本空间 S 的最大子集（S 本身）称为必然事件. 样本空间 S 的最小子集（空集 $\varnothing$）称为不可能事件. 由样本空间 S 一个样本点组成的单点集称为基本事件. 如试验 E_1 有两个基本事件 $\{H\}$ 和 $\{T\}$.

【例 1-2】掷一颗骰子的样本空间为 $S = \{1,2,3,4,5,6\}$.

事件 $A = $"出现 1 点"，它由 S 的单个样本点"1"组成，也可记为 $A = \{1\}$，是一个基本事件.

事件 $B = $"出现偶数点"，它由 S 的 3 个样本点"2,4,6"组成，也可记为 $A = \{2,4,6\}$.

事件 $C = $"出现点数小于 7"，它由 S 的全部样本点"1,2,3,4,5,6"组成，是必然事件 S.

事件 $D = $"出现点数大于 8"，样本空间 S 的全部样本点都不满足，即不可能事件 $\varnothing$.

事件可用集合来描述，因而事件间的关系与事件的运算自然按照集合论中集合之间的关系和集合运算来处理. 下面给出这些关系和运算在概率论中的表述，并根据"事件发生"的含义，给出它们在概率论中的含义.

设试验 E 的样本空间为 S，则 $A, B, A_k (k = 1, 2, \cdots)$ 是 S 的子集.

1.1.4 事件间的关系

1. 包含关系

如果对任意的样本点 $x \in A$，有 $x \in B$，则称事件 A 包含于 B 或事件 B 包含事件 A，记为 $A \subset B$，指的是事件 A 发生必然导致事件 B 发生.

例如，掷一颗骰子，事件 $A = $"出现 4 点"发生必然导致事件 $B = $"出现偶数点"发生，故 $A \subset B$. 一条中华田园犬的寿命 T 超过 8 年，记为 $A = (8, +\infty)$，寿命 T 超过 5 年，记为 $B = (5, +\infty)$，则显然 $A \subset B$.

以后，若无特殊需要，可不必写出样本空间，也可以不必把事件表示成样本点的集合，而是根据事件的关系、运算的定义及具体事件的含义来判断它们之间的关系.

对任一事件 A，必有 $\varnothing \subset A \subset S$.

2. 相等关系

如果事件 A 与事件 B 满足：属于 A 的样本点必属于 B，属于 B 的样本点必属于 A，即 $A \subset B$ 且 $B \subset A$，则称 A, B 相等或 A, B 等价，记作 $A = B$.

例如，掷一颗骰子，若令事件 $A = $"出现偶数点"，则 $A = \{2,4,6\}$，令事件 $B = $"出现点数能被 2 整除"，则 $B = \{2,4,6\}$，显然 $A = B$.

掷一颗骰子两次，事件 $A = $"两次点数之和为奇数"，事件 $B = $"两次点数分别为一奇一偶"，容易证明：$A$ 发生必然导致 B 发生，而且 B 发生必然导致 A 发生，所以 $A = B$.

3. 互斥关系

如果事件 A 与事件 B 没有公共的样本点，则称 A 与 B 互斥，也称互不相容．用概率的语言说：A 与 B 互斥就是 A 与 B 不能同时发生．

例如，在手机寿命试验中，"寿命小于 10 000 小时"和"寿命大于 20 000 小时"就是两个互斥事件．

1.1.5　事件间的运算

事件的运算与集合的运算相同，这里讨论并、交、差和余四种运算，只是用概率论的说法．

1. 事件的并

设 A 与 B 为两事件，称事件 $A \bigcup B = \{x \mid x \in A$ 或 $x \in B\}$ 为事件 A 与 B 的和事件．当且仅当 A 与 B 中至少有一个发生时，事件 $A \bigcup B$ 发生．

类似地，称 $\bigcup\limits_{k=1}^{n} A_k$ 为 n 个事件 $A_1, A_2, \cdots, A_n$ 的和事件，表示 $A_1, A_2, \cdots, A_n$ 中至少有一个事件发生；称 $\bigcup\limits_{k=1}^{\infty} A_k$ 为可列无限个事件 $A_1, A_2, \cdots$ 的和事件，表示 $A_1, A_2, \cdots$ 至少有一个事件发生．

例如，在 E_7 中，令 A 表示"任取一点的坐标在 $(0, 0.2]$ 中"，则 $A = (0, 0.2]$；B 表示"任取一点的坐标在 $(0.1, 0.6]$ 中"，则 $B = (0.1, 0.6]$；C 表示"任取一点的坐标在 $(0, 0.6]$ 中"，则 $C = (0, 0.6]$．显然有 $C = A \bigcup B$．

2. 事件的交

设 A 与 B 为两事件，称事件 $A \bigcap B = \{x \mid x \in A$ 且 $x \in B\}$ 为事件 A 与 B 的积事件．当且仅当 A 与 B 同时发生，事件 $A \bigcap B$ 发生．$A \bigcap B$ 也记作 AB．

类似地，称 $\bigcap\limits_{k=1}^{n} A_k$ 为 n 个事件 $A_1, A_2, \cdots, A_n$ 的积事件，表示 $A_1, A_2, \cdots, A_n$ 同时发生；称 $\bigcap\limits_{k=1}^{\infty} A_k$ 为可列无限个事件 $A_1, A_2, \cdots$ 的积事件，表示 $A_1, A_2, \cdots$ 同时发生．

例如，在 E_7 中，令 A 表示"任取一点的坐标在 $(0, 0.2]$ 中"，则 $A = (0, 0.2]$；B 表示"任取一点的坐标在 $(0.1, 0.6]$ 中"，则 $B = (0.1, 0.6]$；C 表示"任取一点的坐标在 $(0.1, 0.2]$ 中"，则 $C = (0.1, 0.2]$．显然有 $C = A \bigcap B = AB$．

若事件 A 与 B 满足 $AB = \varnothing$，则称 A 与 B 互斥（互不相容）．

3. 事件的差

设 A 与 B 为两事件，称事件 $A - B = \{x \mid x \in A$ 且 $x \notin B\}$ 为事件 A 与 B 的差事件．当且仅当 A 发生，且 B 不发生．

例如，在 E_5 中，A 表示"接到的呼叫次数不超过 10 次"，则 $A = \{0, 1, \cdots, 10\}$；B 表示"接到的呼叫次数超过 5 次"，则 $B = \{6, 7, \cdots\}$；C 表示"接到的呼叫次数不超过 5 次"，则 $C = \{0, 1, \cdots, 5\}$．显然有，$C = A - B$．

4. 事件的余和对立关系

称事件"A 不发生"为 A 的余事件或对立事件，记作 $\overline{A}$，$\overline{A} = \{e \mid e \notin A\}$．

显然有 $\overline{\overline{A}} = A$，因而 A 与 $\overline{A}$ 互为对立事件或相互对立，或者互逆．其实，设 A 与 B 为两事件，若 $A \bigcup B = S$，$A \bigcap B = \varnothing$，则 $A = \overline{B}$，$B = \overline{A}$，A 与 B 互为逆事件，又称 A 与 B 互为

对立事件. 即对每次试验来说，事件 A 与 B 必有一个事件发生，且仅有一个事件发生，则 A 与 B 互为对立事件.

例如，在同一批次采购的同一型号的计算机中，A 表示"任取一台计算机的无故障运行时间不超过 1 000 小时"，B 表示"任取一台计算机的无故障运行时间大于 1 000 小时"，则 $B = \bar{A}$.

注意：（1）对立事件一定是互斥事件，即 $A \cap \bar{A} = \varnothing$，但反之不成立，即互斥事件未必是对立事件.

（2）对任意事件 A 与 B，有 $A - B = A\bar{B}$，$A - B = A - AB$.

【例 1-3】 设 A, B, C 为三个事件，则

（1）事件"A 与 B 发生，C 不发生"，可表示为：$AB\bar{C} = AB - C$.

（2）事件"A, B, C 中至少有一个发生"，可表示为：$A \cup B \cup C$.

（3）事件"A, B, C 中至少有两个发生"，可表示为：$AB \cup AC \cup BC$.

（4）事件"A, B, C 中恰好有两个发生"，可表示为：$AB\bar{C} \cup A\bar{B}C \cup \bar{A}BC$.

（5）事件"A, B, C 同时发生"，可表示为：ABC.

（6）事件"A, B, C 都不发生"，可表示为：$\bar{A}\bar{B}\bar{C}$.

（7）事件"A, B, C 不全发生"，可表示为：$\bar{A} \cup \bar{B} \cup \bar{C}$.

5. 事件运算的性质

设 A, B, C 为三个事件，则

（1）交换律：$A \cup B = B \cup A$，$AB = BA$. $\qquad\qquad$ (1-1)

（2）结合律：$(A \cup B) \cup C = A \cup (B \cup C)$，$(AB)C = A(BC)$. $\qquad$ (1-2)

（3）分配律：$(A \cup B)C = AC \cup BC$，$(AB) \cup C = (A \cup C)(B \cup C)$. $\qquad$ (1-3)

（4）对偶律（De Morgan's law）：$\overline{A \cup B} = \bar{A}\bar{B}$，$\overline{AB} = \bar{A} \cup \bar{B}$ $\qquad$ (1-4)

事件运算的对偶律是很有用的公式，可以推广到有限个和可列无限个事件的场合.

$$\overline{\bigcup_{i=1}^{n} A_i} = \bigcap_{i=1}^{n} \bar{A}_i, \quad \overline{\bigcup_{i=1}^{\infty} A_i} = \bigcap_{i=1}^{\infty} \bar{A}_i \qquad\qquad (1-5)$$

$$\overline{\bigcap_{i=1}^{n} A_i} = \bigcup_{i=1}^{n} \bar{A}_i, \quad \overline{\bigcap_{i=1}^{\infty} A_i} = \bigcup_{i=1}^{\infty} \bar{A}_i \qquad\qquad (1-6)$$

1.1.6 事件域

为了在下一节定义事件的概率，这里给出"事件域"的概念.

从直观上讲，"事件域"就是一个样本空间的某些子集及其运算（并、交、差、对立）结果而组成的集合类，以后记事件域为 $\mathscr{F}$. 这里的"某些子集"可以是全体子集，也可以是部分子集，要看样本空间的性质而定.

对离散样本空间，用其所有子集的全体就可构成所需的事件域. 而对连续样本空间，构造事件域就不这么简单了. 如当样本空间是实数轴上的一个区间时，可以人为地构造出无法测量其长度的子集，这样的子集常被称为不可测（不可度量）集. 如果将这些不可测集也看成是事件，那么这些事件将无概率可言，这是不希望出现的现象，为了避免这种现象的出现，

没有必要将连续样本空间的所有子集都看成是事件，只需将可"度量"的子集（又称可测集）看成是事件即可.

现在的问题是：应该对哪些子集感兴趣，或者换句话说，$\mathcal{F}$ 中应该有哪些元素?首先，$\mathcal{F}$ 应该包括 S 和 $\varnothing$，其次应该保证事件经过前面所定义的各种运算（并、交、差、对立）后仍然是事件，特别地，对可列并和可列交运算也有封闭性，总之，$\mathcal{F}$ 要对集合的运算都有封闭性. 经过研究人们发现以下规律.

（1）交的运算可通过并与对立来实现（De Morgan's law）.

（2）差的运算可通过对立与交来实现（$A-B=A\bar{B}$）.

这样一来，并与对立是最基本的运算，于是可给出事件域的定义如下.

定义 1-1 设 S 为一样本空间，$\mathcal{F}$ 为 S 的某些子集所组成的集合类. 如果 $\mathcal{F}$ 满足：

（1）$S\in\mathcal{F}$；

（2）$A\in\mathcal{F}$，则对立事件 $\bar{A}\in\mathcal{F}$；

（3）若 $A_i\in\mathcal{F},i=1,2,\cdots$，可列并 $\bigcup\limits_{i=1}^{\infty}A_i\in\mathcal{F}$，则称 $\mathcal{F}$ 为一个事件域，又称为 σ 域或 σ 代数.

在概率论中，又称 $(S,\mathcal{F})$ 为可测空间，在可测空间上才可定义概率. 这时，$\mathcal{F}$ 中都是有概率的事件.

【例 1-4】 常见的事件域.

（1）事件若样本空间只含两个样本点 $S=\{e_1,e_2\}$，记 $A=\{e_1\}$，$\bar{A}=\{e_2\}$，则其事件域为 $\mathcal{F}=\{\varnothing,A,\bar{A},S\}$.

（2）若样本空间含有 n 个样本点 $S=\{e_1,e_2,\cdots,e_n\}$，则其事件域 $\mathcal{F}$ 是由空集 $\varnothing$，n 个单元素集、C_n^2 个双元素集，C_n^3 个三元素集，$\cdots$ S 组成的集合类，这时 $\mathcal{F}$ 中共有 $C_n^0+C_n^1+C_n^2+\cdots+C_n^n=2^n$ 个事件.

（3）若样本空间含有可列个样本点 $S=\{e_1,e_2,\cdots,e_n,\cdots\}$，则其事件域 $\mathcal{F}$ 是由空集 $\varnothing$，可列个单元素集，可列个双元素集，$\cdots$可列个 n 元素集，$\cdots S$ 组成的集合类，这时 $\mathcal{F}$ 由可列个的可列个（仍为可列个）元素（事件）组成.

（4）若样本空间含有全体实数 $S=(-\infty,+\infty)=\mathbf{R}$. 这时事件域 $\mathcal{F}$ 中的元素无法一一列出，而是由一个基本集合类逐步扩展形成，具体操作如下.

① 取基本集合类 $P=$ "全体半直线组成的类"，即 $P=\{(-\infty,x)|-\infty<x<+\infty\}$.

② 利用事件域的要求，首先把有限的左闭右开区间扩展进来

$$[a,b)=(-\infty,b)-(-\infty,a)，\text{其中}\ a,b\in\mathbf{R}.$$

③ 再把闭区间、单点集、左开右闭区间、开区间扩展进来

$$[a,b]=\bigcap_{n=1}^{\infty}\left[a,b+\frac{1}{n}\right)，\ \{b\}=[a,b]-[a,b)，$$

$$(a,b]=[a,b]-\{a\}，\ (a,b)=[a,b)-\{a\}.$$

④ 最后用（有限个或可列无限个）并运算和交运算把实数集中一切有限集、可列集、开集、闭集都扩展进来，经过上述几步扩展所得之集的全体就是人们希望得到的事件域 $\mathcal{F}$，因为它满足事件域的定义. 这样的事件域又称为博雷尔（Borel）事件域，域中的每个元素（集合）又称为博雷尔集，或者称为可测集，这种可测集都是有概率可言的事件.

定义 1-2（样本空间的分割） 对样本空间 S，如果有 n 个事件 $A_1, A_2, \cdots, A_n$ 满足：

$A_1, A_2, \cdots, A_n$ 互斥，且 $\bigcup_{i=1}^{n} A_i = S$. 则称 $A_1, A_2, \cdots, A_n$ 为样本空间 S 的一组分割（划分）. 也可以是可列无限个互斥的事件 $A_1, A_2, \cdots, A_n, \cdots$ 组成 S 的一个分割. 分割常在概率与统计研究中使用，因为它可以简化被研究的问题（具体可见 1.4.3 节全概率公式）. 例如，电视机的彩色浓度 x 是重要的质量指标，它的目标值是 m. 彩色浓度过大或过小都是不适当的，由于随机性，要在生产中把彩色浓度控制在点 m 上也是不可能的. 因为没有必要对彩色浓度的每个可能出现的值进行考察，所以常把彩色浓度按顾客可接受的情况分为以下几档（其中 a 为某个常数）：$D_1 = \{x \mid |x-m| \leqslant a\}$（一等品），$D_2 = \{x \mid a < |x-m| \leqslant 2a\}$（二等品），$D_3 = \{x \mid 2a < |x-m| \leqslant 3a\}$（三等品），$D_4 = \{x \mid |x-m| > 3a\}$（不合格品）. 这样就把彩色浓度的样本空间 $S = (-\infty, +\infty)$ 划分成四个互不相容的事件，产生一个分割 $\mathcal{D} = \{D_1, D_2, D_3, D_4\}$. 这时人们的研究只要限制在由分割 $\mathcal{D} = \{D_1, D_2, D_3, D_4\}$ 中一切可能的并及空集 $\varnothing$ 组成的事件域上，因此该事件域称为由分割 $\mathcal{D}$ 产生的事件域，记为 $\sigma(\mathcal{D})$. 该事件域仅含 $2^4 = 16$ 个不同的事件，研究就简化了.

一般情况下，若分割 $\mathcal{D} = \{D_1, D_2, \cdots, D_n\}$ 由 n 个事件组成，则其产生的事件域 $\sigma(\mathcal{D})$ 共含有 2^n 个不同的事件. 分割方法常在一些问题的研究中使用，它可以使事件域简化.

1.2 概率的定义及其运算

什么是概率？一个简单而直观的说法是：概率是随机事件发生的可能性大小. 本节给出概率的定义及其确定方法. 先看下面一些经验事实.

（1）随机事件的发生具有偶然性，但发生的可能性有大小之分. 天鹅羽毛主要有白和黑两种，任取一只天鹅，其羽毛是白色的可能性大.

（2）随机事件发生的可能性是可以设法度量的，就好比一根木棒有长度，一块土地有面积一样. 例如，抛一枚硬币，出现正面与出现反面的可能性是相同的，各为 1/2. 足球裁判就用抛硬币的方法让双方队长选择场地，以示机会均等.

（3）在日常生活中，人们对一些随机事件发生的可能性大小往往是用百分比（0 到 1 之间的一个数）进行度量的. 例如，购买彩票后可能中奖，也可能不中奖，中奖的可能性大小可以用中奖率来度量；抽取一件产品可能为合格品，也可能为不合格品，产品质量的好坏可以用不合格品率来度量；新生婴儿可能为男孩，也可能为女孩，生男孩的可能性可以用男婴出生率来度量. 这些中奖率、不合格品率、男婴出生率等都是概率的原型.

在概率论发展的历史上，曾有过概率的古典定义、概率的几何定义、概率的频率定义和概率的主观定义. 这些定义各适合一类随机现象. 那么如何给出适合一切随机现象的概率的最一般的定义呢？1900 年，数学家希尔伯特（Hilbert，1862—1943）提出要建立概率的公理化定义以解决这个问题，即从最少的几条本质特性出发去刻画概率的概念. 1933 年，苏联数学家柯尔莫戈罗夫（Kolmogorov，1903—1987）首次提出了概率的公理化定义，这个定义既概括了历史上几种概率定义中的共同特性，又避免了各自的局限性和含混之处，不管什么随机现象，只有满足该定义中的三条公理，才能说它是概率. 这一公理化体系迅速获得举世公认，是概率论发展史上的一个里程碑. 有了这个公理化定义后，概率论得到了迅速发展.

1.2.1 概率的公理化定义

定义 1–3 设 S 为一个样本空间，$\mathscr{F}$ 为 S 的某些子集组成的一个事件域. 如果对任一事件 $A \in \mathscr{F}$，定义在 $\mathscr{F}$ 上的一个实值映射（函数）满足：

（1）非负性公理：若 $A \in \mathscr{F}$，则 $P(A) \geqslant 0$；

（2）正则性公理：对必然事件 S，有 $P(S) = 1$；

（3）可列可加性公理：若 $A_1, A_2, \cdots, A_n, \cdots$ 互不相容，则

$$P\left(\bigcup_{i=1}^{\infty} A_i\right) = \sum_{i=1}^{\infty} P(A_i) \tag{1-7}$$

则称 $P(A)$ 为事件 A 的概率，称三元素 $(S, \mathscr{F}, P)$ 为概率空间.

概率的公理化定义刻画了概率的数学本质，概率是集合（事件）的映射（函数），若在事件域 $\mathscr{F}$ 上定义一个映射，该映射能满足上述三条公理，则被称为概率；当这个映射不满足上述三条公理中的任一条，就被认为不是概率.

公理化定义没有告诉人们如何去确定概率. 历史上在公理化定义出现之前，概率的频率定义、古典定义、几何定义和主观定义都在一定的场合下有各自确定概率的方法，所以在有了概率的公理化定义之后，把它们看作确定概率的方法是恰当的. 下面先介绍在确定概率的古典方法中大量使用的排列与组合公式，然后分别讲述确定的方法.

1.2.2 排列与组合公式

排列与组合都是计算"从 n 个元素中任取 r 个元素"的取法总数公式，其主要区别在于是否考虑取出元素间的次序，如果考虑次序，则用排列公式，否则用组合公式. 可以从实际问题中分析是否考虑元素间的顺序.

例如，人们在排队和打扑克牌时往往讲先后次序，而在体育比赛中，把参赛队分为几个组，往往可以不考虑每个组的成员的顺序.

1. 计数原理

排列与组合公式的推导都基于以下两条计数原理.

1）加法原理

加法原理是分类计数原理. 如果做一件事，完成它可以有 k 类方法，在第一类方法中有 m_1 种不同方法，在第二类方法中有 m_2 种不同方法，$\cdots$，在第 k 类方法中有 m_k 种不同方法，那么完成这件事共有 $m_1 + m_2 + \cdots + m_k$ 种不同的方法.

2）乘法原理

加法原理是分步计数原理. 如果做一件事，完成它需要分成 k 个步骤，做第一步有 m_1 种不同方法，做第二步有 m_2 种不同方法，$\cdots$，做第 k 步有 m_k 种不同方法，那么完成这件事共有 $m_1 \times m_2 \times \cdots \times m_k$ 种不同的方法.

加法原理和乘法原理是两个基本原理，它们的区别在于一个与分类有关，另一个与分步有关. 运用以上两个原理的关键在于分类要恰当，分步要合理. 分类必须包括所有情况，又

不要交错在一起产生重复，要依据同一标准划分；而分步则应使各步依次完成，保证整个事件得到完成，不得多余、重复，也不得缺少某一个步骤.

分类计数原理、分步计数原理，回答的都是有关做一件事的不同方法种数的问题. 两者的区别在于：分类计数原理针对的是"分类"问题，其中各种方法相互独立，用其中任何一种方法都可以做完这件事；分步计数原理针对的是"分步"问题，各步骤中的方法相互依存，只有各个步骤都完成才算做完这件事. 两个计数原理渗透了"以简驭繁、化难为易"的基本思想.

2. 公式的定义及其计算公式

排列与组合公式的定义及其计算公式如下.

1）排列

从 n 个不同元素中任取 $r(r \leqslant n)$ 个元素排成一列（考虑元素先后出现次序），称此为一个排列. 这种排列的总数记为 P_n^r，按照乘法原理可得

$$P_n^r = n \times (n-1) \times \cdots \times (n-r+1) = \frac{n!}{(n-r)!} \tag{1-8}$$

当 $r < n$ 时，这个排列被称作选排列；当 $r = n$ 时，称作全排列，记为 P_n，显然 $P_n = n!$.

2）重复排列

从 n 个不同元素中每次任取一个，放回后再取下一个，如此连续取 r 次所得的排列称为重复排列，这种重复数排列数共有 n^r 个. 注意：这里允许 $r > n$.

3）组合

从 n 个不同元素中任取 $r(r \leqslant n)$ 个元素并成一组（不考虑元素先后出现次序），称此为一个组合，此种组合的总数记为 $\binom{n}{r}$ 或 C_n^r. 按乘法原理此种组合的总数为

$$\binom{n}{r} = \frac{P_n^r}{r!} = \frac{n \times (n-1) \times \cdots \times (n-r+1)}{r!} = \frac{n!}{r!(n-r)!} \tag{1-9}$$

这里规定 $0! = 1$，$\binom{n}{0} = 1$. 组合具有性质 $\binom{n}{r} = \binom{n}{n-r}$.

4）重复组合

重复组合是一种特殊的组合，从 n 个不同元素中可重复地选取 r 个元素，不管其顺序合成一组，也就是从 n 个不同元素中每次任取一个，放回后再取下一个，如此连续取 r 次所得的组合称为重复组合，这种重复排列数共有 $\binom{n+r-1}{r}$ 个. 注意：这里也允许 $r > n$.

例如，从 3 个元素的集合 $\{a,b,c\}$ 中，取 2 个元素，如果允许所取得元素重复，则有 $\{aa,ab,ac,bb,bc,cc\}$，共有 $\binom{n+r-1}{r} = \binom{3+2-1}{2} = \binom{4}{2} = 6$ 种.

又如，同时抛 5 枚硬币，会出现多少种不同的情况呢?把各种不同的情况一一列举出来就是：

正面	5	4	3	2	1	0
反面	0	1	2	3	4	5

如果把硬币的"正面"和"反面"看成两个不同的元素,那么这个问题就是:从 2 个不同的元素中,取出 5 个元素的组合,显然,所取的元素允许重复,共有 $\binom{n+r-1}{r} = \binom{2+5-1}{5} = \binom{6}{5} = 6$ 种情况.

上述四种排列组合及其计算公式,在确定概率的古典方法中经常使用,但在使用中要注意识别是否讲次序、是否重复.

1.2.3 确定概率的频率方法

确定概率的频率方法是通过大量的重复试验,用频率的稳定值去确定概率的一种方法,其基本思想如下.

(1)与事件 A 有关的随机试验可大量重复进行.

(2)在 n 次重复试验中,记 $n(A)$ 为事件 A 发生的次数,又称 $n(A)$ 为事件 A 的频数,称

$$f_n(A) = \frac{n(A)}{n}$$

为事件 A 发生的频率.

(3)人们通过长期的实践发现,随着试验重复的次数 n 的增加,频率 $f_n(A)$ 会稳定在某一个常数 p 附近,称常数 p 为频率的稳定值,可以把 p 作为事件 A 发生的概率.

注意:确定概率的频率方法虽然合理,但在现实世界里,人们把试验无限地重复下去,故无法精确获得频率的稳定值.概率方法提供了概率的一个可供想象的具体值,在试验重复次数 n 较大时,可用频率给出概率的一个近似值,这一点是频率方法最有价值的地方.在统计学中,就是这么做的,且称频率为概率的估计值.

容易验证:用频率方法确定的概率满足公理化定义,① 非负性:$f_n(A) \geqslant 0$;② 正则性:$f_n(S) = 1$;③ 可加性:若 $AB = \varnothing$,则 $f_n(A \bigcup B) = \frac{n(A) + n(B)}{n} = \frac{n(A)}{n} + \frac{n(B)}{n} = f_n(A) + f_n(B)$.

【例 1–5】说明频率稳定性的例子.

1)抛硬币试验

历史上有不少人做过抛硬币试验,结果见表 1–1.从表中可以看出:出现正面的频率稳定在 0.5 左右.用频率的方法可以说:出现正面的频率为 0.5.

表 1–1 历史上抛硬币试验的若干结果

试验者	抛硬币次数	出现正面次数	频率
德·摩根（De Morgan）	2 048	1 061	0.518 1
布丰（Buffon）	4 040	2 048	0.506 9
费勒（Feller）	10 000	4 979	0.497 9
皮尔逊（Pearson）	12 000	6 019	0.501 6

2）女婴的出生频率

历史上较早研究这个问题的有拉普拉斯（Laplace，1749—1827），他对伦敦、彼得堡、柏林和全法国的大量人口资料进行研究，发现女婴出生频率总是在 $21/43 \approx 0.4884$ 左右波动.

出生人口性别比也叫婴儿性别比，正常情况下，每出生 100 个女婴，相应地出生 $103 \sim 107$ 个男婴. 2019 年，我国出生人口性别比为 110.12，女婴出生频率为 $100/(100+110.12) \approx 0.4759$.

1.2.4 确定概率的古典方法

确定概率的古典方法是概率论历史上最先开始研究的情形. 它简单、直观、不需要做大量重复试验，而是在经验事实的基础上，对被考察事件的可能性进行逻辑分析后得出该事件的概率.

古典方法的基本思想如下.

（1）样本空间 S 中样本点的个数 $|S|=n$ 为有限个；

（2）每个样本点发生的可能性是相等的（称为等可能性）.

（3）若事件 A 含有 k 个样本点，即 $|A|=k$，则事件 A 的概率为

$$P(A)=\frac{|A|}{|S|}=\frac{k}{n} \tag{1-10}$$

容易验证，用上述方法确定的概率满足公理化定义，它的非负性与正则性是显然的，若 $AB=\varnothing$，则 $P(A\bigcup B)=\frac{|A|+|B|}{|S|}=\frac{|A|}{|S|}+\frac{|B|}{|S|}=P(A)+P(B)$.

古典方法是概率论发展初期确定概率的常用方法，故所得的概率又称古典概率. 具有以上（1）和（2）两个特点的试验模型称为古典概型，也称为等可能概型. 古典概型的计算公式非常简单，但应用却是千变万化的，而且经常要应用排列组合公式.

【例 1-6】 抛两枚硬币，求出现一个正面 H 一个反面 T 的概率.

解 样本空间为 $S=\{(H,H),(H,T),(T,H),(T,T)\}$，设 $A=$ "出现一个正面 H 一个反面 T"，则 $A=\{(H,T),(T,H)\}$，所以 $P(A)=\frac{|A|}{|S|}=\frac{2}{4}=\frac{1}{2}$.

【例 1-7】（超几何分布） 一批产品共有 N 件，其中 D 件次品，$N-D$ 件正品. 现从中不放回任取 n 件，问其中恰有 $k(k\leqslant D)$ 件次品的概率是多少？

解 先计算样本空间 S 的样本点总数：从 N 件产品中不重复地任取 n 件，因为不讲次序，所以 $|S|=\binom{N}{n}$. 因为是随机抽取的，所以这 $\binom{N}{n}$ 个样本点是等可能的.

令 $A=$ "取出的 n 件产品中恰有 $k(k\leqslant D)$ 件次品"，下面计算 $|A|$.

要使取出的 n 件产品中有 k 件为次品，其他 $n-k$ 件为正品，可分两步进行：① 从 D 件次品中任取 k 件，共有 $\binom{D}{k}$ 种取法；② 从 $N-D$ 件次品中任取 $n-k$ 件，共有 $\binom{N-D}{n-k}$ 种取法，按照乘法原理 $|A|=\binom{D}{k}\binom{N-D}{n-k}$，所以

$$P(A) = \frac{|A|}{|S|} = \frac{\binom{D}{k}\binom{N-D}{n-k}}{\binom{N}{n}}.$$

注意：$\max\{n-N+D, 0\} \leqslant k \leqslant \min\{D, n\}$.

例如，如当 $N=10, D=4, n=8$ 时，因为要不放回取 8 件产品，而只有 $N-D=6$ 件正品，所以至少要取 $n-(N-D)=2$ 件次品才能凑够 8 件，但次品只有 $D=4$ 件，所以 k 只能取 2, 3, 4.

思考：若把不放回抽样改为放回抽样，如何求这种情况下的概率.

【例 1-8】（彩票问题）　一种福利彩票称为七乐彩，即购买时从 01，02，…，30 中任选 7 个号码，开奖时从 01，02，…，30 中不重复地选出 7 个基本号码和 1 个特殊号码. 根据投注号码与当期中奖号码相符个数的多少确定中奖资格，中各等奖的规则如下：

一等奖：投注号码与当期开奖号码中 7 个基本号码完全相同（顺序不限，下同）；

二等奖：投注号码与当期开奖号码中任意 6 个基本号码及特别号码相同；

三等奖：投注号码与当期开奖号码中任意 6 个基本号码相同；

四等奖：投注号码与当期开奖号码中任意 5 个基本号码及特别号码相同；

五等奖：投注号码与当期开奖号码中任意 5 个基本号码相同；

六等奖：投注号码与当期开奖号码中任意 4 个基本号码及特别号码相同；

七等奖：投注号码与开奖号码中任意 4 个基本号码相同.

试求各等奖的中奖概率.

解　因为不重复地选号码是一种不放回抽样，样本空间 S 含有 $\binom{30}{7}$ 个样本点. 要中奖应把抽取看成三种类型的抽取：

第一类号码：7 个基本号码.

第二类号码：1 个特殊号码.

第三类号码：22 个无用号码.

注意到例 1-7 是在两类元素（正品和次品）中抽取，这里是在三类号码中抽取，设 p_i 为中第 i 等奖的概率（$i=1,2,\cdots,7$），可得各等奖的中奖概率如下

$$p_1 = \frac{\binom{7}{7}\binom{1}{0}\binom{22}{0}}{\binom{30}{7}} = \frac{1}{2\,035\,800} = 0.491\,2\times10^{-6}$$

$$p_2 = \frac{\binom{7}{6}\binom{1}{1}\binom{22}{0}}{\binom{30}{7}} = \frac{7}{2\,035\,800} = 3.438\,5\times10^{-6}$$

$$p_3 = \frac{\binom{7}{6}\binom{1}{0}\binom{22}{1}}{\binom{30}{7}} = \frac{154}{2\,035\,800} = 7.564\,6 \times 10^{-5}$$

$$p_4 = \frac{\binom{7}{5}\binom{1}{1}\binom{22}{1}}{\binom{30}{7}} = \frac{462}{2\,035\,800} = 2.269\,5 \times 10^{-4}$$

$$p_5 = \frac{\binom{7}{5}\binom{1}{0}\binom{22}{2}}{\binom{30}{7}} = \frac{4\,851}{2\,035\,800} = 0.002\,4$$

$$p_6 = \frac{\binom{7}{4}\binom{1}{1}\binom{22}{2}}{\binom{30}{7}} = \frac{8\,085}{2\,035\,800} = 0.004$$

$$p_7 = \frac{\binom{7}{4}\binom{1}{0}\binom{22}{3} + \binom{7}{3}\binom{1}{1}\binom{22}{3}}{\binom{30}{7}} = \frac{107\,800}{2\,035\,800} = 0.053$$

若记 A 为事件"中奖"，则 $\bar{A}$ 为事件"不中奖"，且由 $P(A) + P(\bar{A}) = P(S) = 1$ 可得

$$P(A) = p_1 + p_2 + p_3 + p_4 + p_5 + p_6 + p_7 = \frac{121\,360}{2\,035\,800} = 0.059\,6$$

$$P(\bar{A}) = 1 - P(A) = 1 - 0.059\,6 = 0.940\,4$$

这说明：在一百位购买单张"七乐彩"彩票的彩民中，约有 6 人中奖，而中头奖的概率不足千万分之五. 因此，购买彩票时对中奖不能有太高期望.

【例 1-9】（盒子模型）设有 n 个球，每个球都等可能地被放到 N 个盒子中的任一个盒子，每个盒子能放的球数不限. 试求：

（1）指定的 $n(n \le N)$ 个盒子中各有一球的概率 p_1；

（2）恰好有 $n(n \le N)$ 个盒子各有一球的概率 p_2.

解 因为每个球都可放到 N 个盒子中的任一个盒子，所以 n 个球放的方式共有 N^n 种，它们是等可能的.

（1）因为各有一球的 n 个盒子已经指定，余下的没有球的 $N-n$ 个盒子也同时被指定，所以只要考虑 n 个球在这指定的 n 个盒子中各放 1 个的放法数. 设想第 1 个球有 n 种放法，第 2 个球只有 $n-1$ 种放法，…，第 n 个球只有 1 种放法，所以根据乘法原理，其可能总数为 $n!$，于是其概率为 $p_1 = \dfrac{n!}{N^n}$.

（2）与（1）的差别在于：这 n 个盒子可以在 N 个盒子中任意选取. 此时可分两步做：一步从 N 个盒子中任取 n 个盒子准备放球，共有 $\binom{N}{n}$ 种取法；第二步将 n 个球放入选中的 n 个盒子中，每个盒子各放 1 个球，共有 $n!$ 种放法. 所以根据乘法原理共有 $\binom{N}{n} \times n! = P_N^n = N(N-1) \cdots (N-n+1)$ 种放法. 其实这个放法数可以更直接地考虑成：第 1 个球可放在 N 个盒子中的任一个盒子，第 2 个球只可放在余下的 $N-1$ 个盒子中的任一个盒子，……，第 n 个球只可放在余下的 $N-(n-1)=N-n+1$ 个盒子中的任一个盒子，由乘法原理即可得以上放法数. 因此所求概率为

$$p_2 = \frac{P_N^n}{N^n} = \frac{N!}{N^n (N-n)!}.$$

表面上看，盒子模型讨论的是球和盒子问题，似乎是一种游戏，但实际上可以将这个模型应用到很多实际问题中. 下面用盒子模型来讨论概率论历史上颇为有名的"生日问题".

【例 1-10】（生日问题） n（$n \leq 365$）个人的生日全不相同的概率 p_n 是多少？

解 把 n 个人看成是 n 个球，将一年 365 天看成是 $N=365$ 个盒子，则 "n 个人的生日全不相同" 就相当于 "恰好有 $n(n \leq N)$ 个盒子各有一球"，所以 n 个人的生日全不相同的概率为

$$p_n = \frac{365!}{365^n (365-n)!} = \left(1-\frac{1}{365}\right)\left(1-\frac{2}{365}\right)\cdots\left(1-\frac{n-1}{365}\right) \tag{1-11}$$

上式看似简单，但其具体计算是烦琐的. 可用以下方法作近似计算.

（1）当 n 较小时，式（1-11）等号右边各因子的第二项之间的乘积 $\frac{i}{365} \times \frac{j}{365}$ 都可以忽略，于是有近似公式

$$p_n \approx 1 - \frac{1+2+\cdots+n-1}{365} = 1 - \frac{n(n-1)}{730} \tag{1-12}$$

（2）当 n 较大时，对于较小的正数 x，有 $\ln(1-x) \approx -x$，故由式（1-11）得

$$\ln p_n \approx -\frac{1+2+\cdots+n-1}{365} = -\frac{n(n-1)}{730} \tag{1-13}$$

例如，当 $n=10$ 时，式（1-12）计算的近似值为 0.884 0，精确值为 0.883 1…，当 $n=30$ 时，计算的近似值为 0.303 7，精确值为 0.293 7….

p_n 的近似值见表 1-2.

表 1-2 p_n 的近似值

n	10	20	30	40	50	60
p_n	0.884 0	0.594 2	0.303 7	0.118 0	0.034 9	0.007 8
$1-p_n$	0.116 0	0.405 8	0.696 3	0.822 0	0.965 1	0.992 2

表 1-2 中最后一行是对立事件"n 个人中至少有两人生日相同"概率 $1-p_n$. 当 $n=60$ 时，$1-p_n \approx 0.99$ 表明在 60 个人的群体中，至少有两人生日相同的概率超过 99%，这是出乎人们意料的.

现在几乎所有计算机和手机上都有办公软件套装，如微软的 Office 套装或金山公司的 WPS，这里以 WPS 为例，说明上面 p_n 精确值的计算.

打开 WPS，新建表格，在第一列输入 $10 \sim 60$，然后在第二列第一行中输入"=PERMUT(365,A1)/365^A1"，按回车键即可计算出对应 p_n 的概率值，选中，下拉表格可得其他情况下的计算结果如图 1-4 所示.

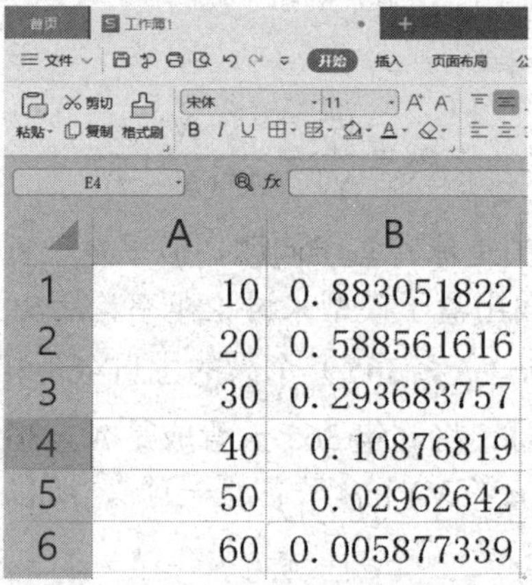

图 1-4　计算结果

1.2.5　确定概率的几何方法

确定概率的几何方法的基本思想如下.

（1）样本空间 S 中的样本点充满某个区域，其度量（长度、面积或体积等）大小 m_S 为有限正实数.

（2）每个样本点落在度量相同的子区域内（位置可以不同）发生的可能性是相等的.

（3）若事件 $A \subset S$，其度量大小为 m_A，则事件 A 的概率为

$$P(A) = \frac{m_A}{m_S} \tag{1-14}$$

这个概率称为几何概率，它满足概率的公理化定义.

求几何概率的关键是找到样本空间 S 和事件 A 对应的几何图形表示，然后计算出几何图形的度量（长度、面积或体积）.

【例 1-11】（会面问题）　甲乙两人相约某时间段 T 内在某地会面，并约定先到者等候另一人，过一定时间 $t(t \leqslant T)$ 后即可离开. 设甲、乙两人在时间段 T 内的任一时间段内到达约会地点的概率正比于该时间段的长度，求两人能会面成功的概率.

解　以 x 和 y 分别表示甲、乙两人到达约会地点的时间（以分为单位）. 由于涉及两个自由变量，故在平面上建立 xOy 直角坐标系（见图 1-5）.

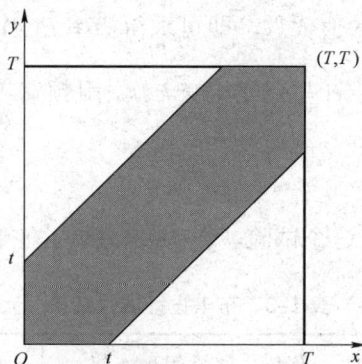

图 1-5　会面问题中的 S 和 A

因为甲、乙都在 $[0,T]$ 内等可能到达，故为一几何概率问题. (x,y) 所有可能的取值都在边长为 T 的正方形 $S=\{(x,y)|0\leqslant x\leqslant T,0\leqslant y\leqslant T\}$ 内，其面积为 T^2，事件 $A=$"两人能够会面"相当于 $|x-y|\leqslant t$，即对应集合 $A=\{(x,y)\,|\,|x-y|\leqslant t,(x,y)\in S\}$. 由式（1-14）可得

$$P(A)=\frac{m_A}{m_S}=\frac{A\text{的面积}}{S\text{的面积}}=\frac{T^2-(T-t)^2}{T^2}=1-\left(1-\frac{t}{T}\right)^2$$

若时间段为 $T=60\ \mathrm{min}$，先到者等待时间 $t=20\ \mathrm{min}$，则会面成功概率为 $\dfrac{5}{9}$.

思考：（1）若约定时间段改为 $T=30$，其余条件不变，则会面成功概率为多少？（2）若改为甲早到时需要等乙，而乙早到时不等甲，即乙到达会面地点后如果甲不在则马上离开，这时如何计算会面成功概率呢？

法国数学家布丰（Buffon）于 1777 年提出了著名的布丰投针问题.

【例 1-12】（布丰投针问题）　平面上画有间隔为 $a(a>0)$ 的等距平行线，向平面任意投掷一枚长为 $l(l\leqslant a)$ 的针，求针与任一平行线相交的概率.

解　以 x 表示针的中点与最近一条平行线的距离，又以 φ 表示针与此直线间的夹角，如图 1-6 所示. 易知样本空间为 $S=\{(x,\varphi)|0\leqslant x\leqslant a/2,0\leqslant\varphi\leqslant\pi\}$，在 φOx 平面上对应一个矩形，其面积为 $m_S=\pi a/2$. 这时，事件 $A=$"针与平行线相交"$=\{(x,\varphi)|x\leqslant(a/2)\sin\varphi,(x,\varphi)\in S\}$，对应于图 1-7 中的阴影部分.

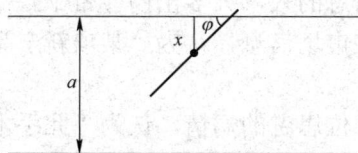

图 1-6　布丰投针问题

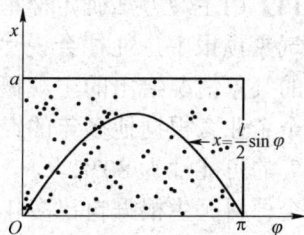

图 1-7　布丰投针问题中的 S 和 A

由于把针投向平面是任意的，由等可能性知对应于几何概型，故由式（1-14）可得

$$P(A)=\frac{m_A}{m_S}=\frac{\displaystyle\int_0^\pi(l/2)\sin\varphi\mathrm{d}\varphi}{\pi a/2}=\frac{2l}{\pi a}.$$

如果 l、a 为已知，则以 π 的值代入，即可求得概率 $P(A)$. 反之，若知道 $P(A)$ 的值，即可用上式求 π. 若实际投针 n 次，针与直线相交 k 次，用频率 $\dfrac{k}{n}$ 估计 $P(A)$，由 $\dfrac{k}{n} \approx P(A) = \dfrac{2l}{\pi a}$，可得 $\pi \approx \dfrac{2nl}{ka}$.

历史上有一些学者亲自做过这个试验，表 1–3 记录了他们的试验结果.

表 1–3　布丰投针试验结果

试验者	年份	l/a	投掷次数	相交次数	π 的近似值
沃尔夫（Wolf）	1850	0.8	5 000	2 532	3.159 6
福克斯（Fox）	1884	0.75	1 030	489	3.159 5
拉泽里尼（Lazzerini）	1901	0.83	3 408	1 808	3.141 6
雷纳（Reina）	1925	0.541 9	2 520	859	3.179 5

这是一种非常神奇的方法：只要设计一个随机试验，使一个事件的概率与某个未知数有关，然后通过重复试验，用频率估计概率，即可求得未知数的一个近似解. 一般地，重复次数越多，近似解就越精确. 随着电子计算机的出现，人们可用它来大量重复模拟所设计的试验. 这种方法得到了迅速的发展和广泛的应用. 人们称这种方法为随机模拟法，也称为蒙特卡罗（Monte Carlo）法.

1.2.6　确定概率的主观方法

在现实世界中，有一些随机现象不能重复或不能大量重复，这时有关事件的概率如何确定呢？

贝叶斯派认为：一个事件的概率是人们根据经验对该事件发生的可能性所给出的个人信念，这样给出的概率称为主观概率.

利用经验确定随机事件发生可能性大小的例子很多，人们也常按照某些主观概率来行事.

【例 1–13】用主观方法确定概率的例子.

（1）在气象预报中，往往会说"明天下雨的概率为 90%"，这是气象专家根据气象专业知识和最近的气象情况给出的主观概率，听到这一信息的人，大多出门会带伞.

（2）一个企业家根据他多年的经验和当时的一些市场信息，认为"某项新产品在未来市场上会畅销"的可能性为 80%.

（3）一个外科医生根据自己多年的临床经验和一位患者的病情，认为"此手术成功"的可能性为 90%.

（4）一个教师根据自己多年的教学经验和甲、乙两学生的学习情况，认为"甲学生能考取大学"的可能性为 95%，"乙学生能考取大学"的可能性为 40%.

从以上例子可以得到以下结论.

（1）主观概率和主观臆造有本质上的不同，前者要求当事人对所考察的事件有透彻的了解和丰富的经验，甚至是这一行业的专家，并能对历史信息和当时信息进行细致分析，如此确定的主观概率是可信的. 从某种意义上说，不利用这些丰富的经验也是一种浪费.

（2）用主观方法得出的随机事件发生的可能性大小，本质上是对随机事件概率的一种推断和估计. 虽然结论的精确性有待实践的检验和修正，但结论的可信性在统计意义上是有其价值的.

（3）在遇到的随机现象无法大量重复时，从用主观方法去做决策和判断是适合的这点看，主观方法至少是频率方法的一种补充.

另外要说明的是，主观概率的确定除根据自己的经验外，决策者还可以利用别的经验，例如，对一项有风险的投资，决策者向某位专家咨询的结果为"成功的可能为 60%"，而决策者很熟悉这位专家，认为专家的估计往往是偏保守的、过分谨慎的，此决策者遂将结论修改为"成功的可能性为 70%".

主观给定的概率要符合公理化的定义.

1.3　概率的性质

利用概率的公理化定义（非负性、正则性和可列可加性），可以导出概率的一系列性质.

概率的正则性是说必然事件 S 的概率为 1，那么可想而知不可能事件 $\varnothing$ 的概率应该为 0. 下面性质说明了这一点.

性质 1-1　$P(\varnothing) = 0$.

证明：显然有 $\varnothing = \varnothing \cup \varnothing \cup \cdots$，再由可列可加性，可得

$$P(\varnothing) = P(\varnothing) + P(\varnothing) + \cdots,$$

又由非负性，必有 $P(\varnothing) = 0$.

性质 1-2（有限可加性）　若有限个事件 $A_1, A_2, \cdots, A_n$ 互不相容，则 $P(\bigcup_{i=1}^{n} A_i) = \sum_{i=1}^{n} P(A_i)$.

证明：令 $A_m = \varnothing, m = n+1, n+2, \cdots$，对 $A_1 \cup A_2 \cup \cdots \cup A_n \cup \varnothing \cup \varnothing \cup \cdots$ 应用可列可加性并利用 $P(\varnothing) = 0$，可得

$$P(\bigcup_{i=1}^{n} A_i) = P(\bigcup_{i=1}^{\infty} A_i) = \sum_{i=1}^{\infty} P(A_i) = \sum_{i=1}^{n} P(A_i).$$

性质 1-3　对 A、B 两个事件，若 $A \subset B$，则有

$$P(B-A) = P(B) - P(A), \quad P(A) \leqslant P(B).$$

证明：由于 $B = A \cup (B-A)$，且 $A(B-A) = \varnothing$，所以由有限可加性可得

$$P(B) = P(A) + P(B-A)，故 P(B-A) = P(B) - P(A).$$

又由概率的非负性，可得 $P(B-A) \geqslant 0$，故 $P(A) \leqslant P(B)$.

性质 1-4　对任一事件 A，有 $P(A) \leqslant 1$.

证明：由于 $A \subset S$，所以由概率的正则性和性质 1-3 可得 $P(A) \leqslant P(S) = 1$.

性质 1-5（逆事件的概率）　对任一事件 A，有 $P(\bar{A}) = 1 - P(A)$.

证明：由于 $A\bar{A} = \varnothing$，$A \cup \bar{A} = S$，所以由概率的正则性和有限可加性可得

$1 = P(S) = P(A) + P(\overline{A})$，故 $P(\overline{A}) = 1 - P(A)$．

性质 1-6（加法公式） 对于任意两事件 A，B 有

$$P(A \cup B) = P(A) + P(B) - P(AB).$$

证明：因为 $A \cup B = A \cup (B - AB)$，且 $A(B - AB) = \varnothing$，$AB \subset B$，所以由性质 1-2 和性质 1-3 可得

$$P(A \cup B) = P(A) + P(B - AB) = P(A) + P(B) - P(AB).$$

此式可以推广到多个事件的情形．如任意三事件 A, B, C 有

$$P(A \cup B \cup C) = P(A) + P(B) + P(C) - P(AB) - P(AC) - P(BC) + P(ABC).$$

一般地，对任意 n 个事件 $A_1, A_2, \cdots, A_n$，可用归纳法证明

$$P\left(\bigcup_{i=1}^{n} A_i\right) = \sum_{i=1}^{n} P(A_i) - \sum_{1 \leqslant i < j \leqslant n} P(A_i A_j) + \sum_{1 \leqslant i < j < k \leqslant n} P(A_i A_j A_k) - \cdots + (-1)^{n-1} P\left(\bigcap_{i=1}^{n} A_i\right)$$

推论（半可加性）：对于任意两事件 A，B 有

$$P(A \cup B) \leqslant P(A) + P(B).$$

对任意 n 个事件 $A_1, A_2, \cdots, A_n$，有 $P\left(\bigcup\limits_{i=1}^{n} A_i\right) \leqslant \sum\limits_{i=1}^{n} P(A_i)$．

【例 1-14】 一副扑克牌有 52 张（不计两张王牌），从中任取 13 张，求其中至少有一张 Q 的概率．

解法 1 令 $A =$ "任取 13 张，其中至少有一张 Q"，$A_i =$ "任取 13 张，其中恰好有 i 张 Q"，$i = 1, 2, 3, 4$，则 A_i 互不相容，由有限可加性得

$$P(A) = P\left(\bigcup_{i=1}^{4} A_i\right) = \sum_{i=1}^{4} P(A_i) = \sum_{i=1}^{4} \frac{C_4^i C_{48}^{13-i}}{C_{52}^{13}} \approx 0.696$$

解法 2 $P(A) = 1 - P(\overline{A}) = 1 - \dfrac{C_{48}^{13}}{C_{52}^{13}} \approx 0.696$．

【例 1-15】 设 A, B 为二事件，$P(A) = 0.5$，$P(A - B) = 0.3$，求 $P(\overline{AB})$．

解 由 $P(A - B) = P(A) - P(AB)$ 可得

$$P(AB) = P(A) - P(A - B) = 0.5 - 0.3 = 0.2$$

故 $P(\overline{AB}) = 1 - P(AB) = 1 - 0.2 = 0.8$．

【例 1-16】 设口袋中有编号为 $1, 2, \cdots, n$ 的 n 个球，从中有放回地取 m 次，每次取一个．求取出的 m 个球的最大号码为 k 的概率．

解 令 $A_k =$ "取出的 m 个球的最大号码为 k"．如果直接考虑事件 A_k，会比较复杂，因为 "最大号码为 k" 包括取到 1 次 k，取到 2 次 k，$\cdots$，取到 m 次 k．

若令 $B_i =$ "取出的 m 个球的最大号码小于等于 i"，$i = 1, 2, \cdots, n$，则 B_i 发生时只需要每次从 $1, 2, \cdots, i$ 中取球即可，根据古典概型概率计算公式

$$P(B_i) = \frac{i^m}{n^m}, i = 1, 2, \cdots, n.$$

又因为 $A_k = B_k - B_{k-1}$，且 $B_{k-1} \subset B_k$，所以由性质 1-3 可得

$$P(A_k) = P(B_k) - P(B_{k-1}) = \frac{k^m - (k-1)^m}{n^m}, k = 1, 2, \cdots, n.$$

若令 $n = 6$，$m = 3$，可以计算 $P(A_k)$，见表 1-4.

表 1-4　$P(A_k)$ 的值

k	1	2	3	4	5	6	和
$P(A_k)$	0.004 6	0.032 4	0.088 0	0.171 3	0.282 4	0.421 3	1.000 0

这可以说明，投掷 3 颗密度均匀的骰子，最大点数 k 是随机的，且 $P(k \leqslant 3) = 0.004\,6 +$ $0.032\,4 + 0.088\,0 = 0.125\,0$，即掷出骰子，最大点数不超过 3 的概率仅为 0.125 0.

【例 1-17】（配对问题）　在一个由 n 个人参加的晚会上，每个人带了一件礼物，且假定每个人带的礼物各不相同. 晚会期间每人从放在一起的 n 件礼物中随机地抽取一件，求至少一人拿到自己的礼物的概率？

解　令 A_i = "第 i 个人抽到自己的礼物"，$i = 1, 2, \cdots, n$. 所求的概率为 $P(A_1 \bigcup A_2 \bigcup \cdots \bigcup A_n)$. 因为

$$P(A_1) = P(A_2) = \cdots = P(A_n) = \frac{(n-1)!}{n!} = \frac{1}{n},$$

$$P(A_1 A_2) = P(A_1 A_3) = \cdots = P(A_{n-1} A_n) = \frac{(n-2)!}{n!} = \frac{1}{n(n-1)},$$

$$P(A_1 A_2 A_3) = P(A_1 A_2 A_4) = \cdots = P(A_{n-2} A_{n-1} A_n) = \frac{(n-3)!}{n!} = \frac{1}{n(n-1)},$$

$$\vdots$$

$$P(A_1 A_2 \cdots A_n) = \frac{1}{n!}.$$

所以由概率的加法公式得

$$P(A_1 \bigcup A_2 \bigcup \cdots \bigcup A_n) = C_n^1 \cdot \frac{1}{n} - C_n^2 \cdot \frac{1}{n(n-1)} + C_n^3 \cdot \frac{1}{n(n-1)(n-2)} - \cdots + (-1)^{n-1} \frac{1}{n!}$$

$$\approx 1 - e^{-1} \approx 0.632\,1.$$

计算结果表明，即使人数很多，事件"至少一人拿到自己的礼物"的概率也不会很大. 还有很多其他的配对问题，有兴趣的同学可以查找相关文献.

1.4　条 件 概 率

条件概率是概率论中的一个既重要又实用的概念.

1.4.1 条件概率的定义

所谓条件概率,就是在已知一个事件发生的条件下另一个事件发生的概率. 先看下面的例子.

【例 1-18】随机考察一个有两个小孩家庭的孩子的性别,按孩子大小的次序,有样本空间 $S = \{bb, bg, gb, gg\}$,其中 b 表示男孩,g 表示女孩,bg 表示年龄大的是男孩,小的是女孩. 其他样本点可类似说明.

令 A = "家中至少有一个男孩" = $\{bb, bg, gb\}$,则显然 $P(A) = \dfrac{3}{4}$.

若已知事件 B = "家中至少有一个女孩" = $\{bg, gb, gg\}$ 发生条件下,再求家中至少有一个男孩的概率,则 $P(A \mid B) = \dfrac{2}{3}$. 这就是条件概率,它与(无条件)概率 $P(A)$ 是两个不同的概念. 若对分子分母各除 4,则可得

$$P(A \mid B) = \frac{2/4}{3/4} = \frac{P(AB)}{P(B)}.$$

这个关系具有一般性,条件概率可以表示为两个无条件概率之商.

定义 1-4 设 A, B 是两事件,若 $P(B) > 0$,则称

$$P(A \mid B) = \frac{P(AB)}{P(B)} \tag{1-15}$$

为在 B 发生下 A 的条件概率.

性质 1-7 条件概率是概率,即若设 $P(B) > 0$,则

(1) $P(A \mid B) \geqslant 0, A \in \mathscr{F}$.

(2) $P(S \mid B) = 1$.

(3) 若 $\mathscr{F}$ 中的 $A_1, A_2, \cdots, A_n, \cdots$ 互不相容,则

$$P(\bigcup_{i=1}^{\infty} A_i \mid B) = \sum_{i=1}^{\infty} P(A_i \mid B), A \in \mathscr{F}.$$

证明:用条件概率的定义容易证明(1)和(2). 下面证明(3). 因为 $A_1, A_2, \cdots, A_n, \cdots$ 互不相容,所以 $A_1 B, A_2 B, \cdots, A_n B, \cdots$ 也互不相容,故

$$P(\bigcup_{i=1}^{\infty} A_i \mid B) = \frac{P\left((\bigcup_{i=1}^{\infty} A_i) B \right)}{P(B)} = \frac{P\left(\bigcup_{i=1}^{\infty} (A_i B) \right)}{P(B)}$$

$$= \sum_{i=1}^{\infty} \frac{P(A_i B)}{P(B)} = \sum_{i=1}^{\infty} P(A_i \mid B).$$

由性质 1-7 可以退出条件概率,满足无条件概率的其他相应性质. 例如,$P(A_1 \bigcup A_2 \mid B) = P(A_1 \mid B) + P(A_2 \mid B) - P(A_1 A_2 \mid B)$,$P(\bar{A} \mid B) = 1 - P(A \mid B)$ 等,其他性质不再一一列举.

以下给出条件概率特有的三个非常实用的公式:乘法公式、全概率公式和贝叶斯公式. 这些公式可以计算一些复杂事件的概率.

下面给出条件概率的两种计算方法.

（1）按定义计算：$P(A\mid B)=\dfrac{P(AB)}{P(B)}$．

【例 1-19】如果在全部产品中，有 4% 是废品，有 72% 是一级品，现从中任取一件合格品，求它是一级品的概率．

解　令 $A=$ "任取一件为合格品"，$B=$ "任取一件为一级品"，则 $B\subset A$，且 $P(A)=1-0.04=0.96$，$P(B)=0.72$，有

$$P(B\mid A)=\frac{P(AB)}{P(A)}=\frac{P(B)}{P(A)}=\frac{0.72}{0.96}=0.75．$$

（2）在等可能试验中，当一事件 A 发生，在变化了的样本空间中利用等可能性直接计算另一事件 B 的条件概率．

【例 1-20】袋中有 5 个黑球，3 个白球，连续不放回地在其中任取两个球．若已知第一次取出的是白球，求第二次取出的仍是白球的概率．

解　令 $A=$ "第一次取到白球"，$B=$ "第二次取到白球"，则 $P(B\mid A)=\dfrac{2}{7}$．

1.4.2　乘法公式

（1）若 $P(B)>0$，则 $P(AB)=P(B)P(A\mid B)$．
（2）若 $P(A_1A_2\cdots A_{n-1})>0$，则
$$P(A_1A_2\cdots A_n)=P(A_1)P(A_2\mid A_1)P(A_3\mid A_1A_2)\cdots P(A_n\mid A_1A_2\cdots A_{n-1})．$$

【例 1-21】一批零件有 100 件，其中有 10 件次品．从中一件一件地取出，求第三次才取得次品的概率．

解　令 $A_i=$ "第 i 次取出的是次品"，$i=1,2,3$，则所求的概率为
$$P(\overline{A_1}\,\overline{A_2}A_3)=P(\overline{A_1})P(\overline{A_2}\mid\overline{A_1})P(A_3\mid\overline{A_1}\,\overline{A_2})=\frac{90}{100}\times\frac{89}{100}\times\frac{10}{100}=0.0801．$$

其实，例 1-21 是例 1-22 的特例．

【例 1-22】设罐子中有 b 个黑球，r 个红球．每次随机地取出一个球，察其色后将原球放回，再加进 c 个同色球和 d 个异色球．记 $B_i=$ "第 i 次取出的是黑球"，$R_j=$ "第 j 次取出的是红球"．

若连续从罐中取出三球，其中两个红球，一个黑球，则由乘法公式得
$$P(B_1R_2R_3)=P(B_1)P(R_2\mid B_1)P(R_3\mid B_1R_2)$$
$$=\frac{b}{b+r}\cdot\frac{r+d}{b+r+c+d}\cdot\frac{r+c+d}{b+r+2c+2d}，$$
$$P(R_1B_2R_3)=P(R_1)P(B_2\mid R_1)P(R_3\mid R_1B_2)$$
$$=\frac{r}{b+r}\cdot\frac{b+d}{b+r+c+d}\cdot\frac{r+c+d}{b+r+2c+2d}，$$
$$P(R_1R_2B_3)=P(R_1)P(R_2\mid R_1)P(B_3\mid R_1R_2)$$
$$=\frac{r}{b+r}\cdot\frac{r+c}{b+r+c+d}\cdot\frac{b+2d}{b+r+2c+2d}．$$

以上概率与黑球在第几次被取出有关．

罐子模型也称为波利亚罐子模型（Polya's urn scheme），这个模型可以有多种变化. 如：

（1）当 $c=-1,d=0$ 时，即为不放回抽样. 这时，前面抽取结果会影响后面抽取结果，但只要抽取的黑球与红球个数确定，则概率不依赖其抽出球的次序. 此例中有 $P(B_1R_2R_3)=P(R_1B_2R_3)=P(R_1R_2B_3)=\dfrac{br(r-1)}{(b+r)(b+r-1)(b+r-2)}$.

（2）当 $c=0,d=0$ 时，即为放回抽样. 这时，前面抽取结果不影响后面抽取结果，此例中三个概率相等，有

$$P(B_1R_2R_3)=P(R_1B_2R_3)=P(R_1R_2B_3)=\dfrac{br^2}{(b+r)^3}.$$

（3）当 $c>0,d=0$ 时，称为传染病模型. 这时，每次取出球后会增加下一次取到同色球的概率，换句话说，每次发现一个传染病患者，以后都会增加再传染的概率. 与（1），（2）一样，以上三个概率都相等，且都等于

$$P(B_1R_2R_3)=P(R_1B_2R_3)=P(R_1R_2B_3)=\dfrac{br(r+c)}{(b+r)(b+r+c)(b+r+2c)}.$$

从以上（1）、（2）和（3）可以看出，只要 $d=0$，则概率不依赖其抽出球的次序，以上三个概率都相等. 但当 $d>0$ 时，就不同了，见下面（4）.

（4）当 $c=0,d>0$ 时，称为安全模型. 此模型可解释为，每当事故发生了（红球被取出），安全工作就抓紧一些，下次再发生事故的概率就会减少，当事故没有发生时（黑球被取出），安全工作就放松一些，下次再发生事故的概率就会增大. 在这种场合，上述三个概率分别为

$$P(B_1R_2R_3)=\dfrac{b}{b+r}\cdot\dfrac{d}{b+r+d}\cdot\dfrac{r+d}{b+r+2d},$$

$$P(R_1B_2R_3)=\dfrac{r}{b+r}\cdot\dfrac{b+d}{b+r+d}\cdot\dfrac{r+d}{b+r+2d},$$

$$P(R_1R_2B_3)=P(R_1)P(R_2\,|\,R_1)P(B_3\,|\,R_1R_2)$$

$$=\dfrac{r}{b+r}\cdot\dfrac{r+c}{b+r+c+d}\cdot\dfrac{b+2d}{b+r+2c+2d}.$$

1.4.3 全概率公式

全概率公式是概率论中的一个重要公式，它提供了计算复杂事件概率的一条有效途径，使一个复杂事件的概率计算问题化繁为简.

定义 1-5（划分） 设 S 是随机试验 E 的样本空间，$B_1,B_2,\cdots,B_n$ 是 E 的一组事件，若满足

（1）$B_iB_j=\varnothing$，$i,j=1,2,\cdots,n$，

（2）$\bigcup_{i=1}^{n}B_i=S$，

则称 $B_1,B_2,\cdots,B_n$ 为样本空间 S 的一个划分.

若 $B_1,B_2,\cdots,B_n$ 为样本空间 S 的一个划分，则在每次试验中，事件 $B_1,B_2,\cdots,B_n$ 中必有一个且仅有一个发生.

例如，在试验 E 为"掷一颗骰子观察其点数". 它的样本空间为 $S=\{1,2,3,4,5,6\}$，

$B_1 = \{1,2\}, B_2 = \{3,4,5\}, B_3 = \{6\}$ 是 S 的一个划分. 而事件组 $C_1 = \{1,2,3\}, C_2 = \{3,4,5\}, C_3 = \{5,6\}$ 不是 S 的划分.

性质 1-8（全概率公式）　设随机试验 E 的样本空间为 S，A 是 E 的事件，$B_1, B_2, \cdots, B_n$ 为 S 的一个划分，且 $P(B_i) > 0, i = 1, 2, \cdots, n$，则

$$P(A) = \sum_{i=1}^{n} P(B_i) P(A \mid B_i). \tag{1-16}$$

证明：由 $A = AS = A \bigcup_{i=1}^{n} B_i = \bigcup_{i=1}^{n} (AB_i)$，$(AB_i)(AB_j) = \varnothing, i \neq j, i, j = 1, 2, \cdots, n$ 和乘法公式得

$$P(A) = \sum_{i=1}^{n} P(AB_i) = \sum_{i=1}^{n} P(B_i) P(A \mid B_i).$$

证毕.

式（1-16）称为全概率公式. 另一个重要的公式是贝叶斯公式.

性质 1-9（贝叶斯公式）　设随机试验 E 的样本空间为 S，A 是 E 的事件，$B_1, B_2, \cdots, B_n$ 为 S 的一个划分，且 $P(A) > 0, P(B_i) > 0, i = 1, 2, \cdots, n$，则

$$P(B_i \mid A) = \frac{P(B_i) P(A \mid B_i)}{\sum_{i=1}^{n} P(B_i) P(A \mid B_i)}, i = 1, 2, \cdots, n \tag{1-17}$$

证明：由条件概率定义和全概率公式得

$$P(B_i \mid A) = \frac{P(AB_i)}{P(A)} = \frac{P(B_i) P(A \mid B_i)}{\sum_{i=1}^{n} P(B_i) P(A \mid B_i)}, i = 1, 2, \cdots, n.$$

证毕.

这两个公式在概率论与数理统计中有很重要的应用. 可以把 A 看成试验的结果，$B_1, B_2, \cdots, B_n$ 看成产生这个结果的"原因"，$P(B_i), i = 1, 2, \cdots, n$ 称为先验概率，表示各种"原因"发生的可能性的大小，一般根据以往经验和数据来确定. 若事件 A 出现，则这个信息将帮助人们探索事件发生的"原因"，称这个概率 $P(B_i \mid A)$ 为后验概率. 例如，在医疗诊断中，看到的是临床现象，如体温升高，脉搏加速等，产生这类现象的疾病可能是 $B_1, B_2, \cdots, B_n$. 如果有某类地区、某类人群发生这些疾病的大数据，即可粗略估计 $P(B_i), i = 1, 2, \cdots, n$，再由医学知识确定 $P(A \mid B_i), i = 1, 2, \cdots, n$，则根据贝叶斯公式可以计算 $P(B_i \mid A), i = 1, 2, \cdots, n$. 若其中某个 $P(B_i \mid A)$ 明显较大，则有理由认为该病人患上了疾病. 这种思想可用于疾病的计算机辅助诊断. 在百度搜索或搜狗拼音输入法中，也利用了类似的思想，用于提高搜索和输入效率.

【例 1-23】（摸彩模型）　设 n 张彩票中有一张可中奖，求第二人摸到中奖彩票的概率.

解　设 $A_i = $ "第 i 人摸到中奖彩票"，$i = 1, 2, \cdots, n$. 下面求 $P(A_2)$. 由于 A_1 是否发生影响 A_2，即 $P(A_2 \mid A_1) = 0$，$P(A_2 \mid \overline{A}_1) = \dfrac{1}{n-1}$.

而 $P(A_1) = \dfrac{1}{n}$，$P(\overline{A}_1) = \dfrac{n-1}{n}$，于是由全概率公式得

$$P(A_2) = P(A_1) P(A_2 \mid A_1) + P(\overline{A}_1) P(A_2 \mid \overline{A}_1) = \frac{1}{n} \cdot 0 + \frac{n-1}{n} \cdot \frac{1}{n-1} = \frac{1}{n}.$$

这表明：摸到中奖彩票的机会与先后次序无关. 因后者处于"不利情况"（前者已摸到中奖彩票），但也可能处于"有利情况"（前者没摸到奖，从而增加后者摸到中奖彩票的机会），两种情况用全概率公式综合（加权平均）所得结果（机会均等）既公平又合理.

用类似方法可得

$$P(A_3) = P(A_4) = \cdots = P(A_n) = \frac{1}{n}.$$

如果 n 张彩票中有 k 张可中奖，则可得

$$P(A_1) = P(A_2) = \cdots = P(A_n) = \frac{k}{n}.$$

这说明，在购买彩票时，不论先买还是后买，中奖机会都是均等的.

【例1−24】 在某工厂中有甲、乙、丙 3 台机器生产同一型号的产品，它们的产量分别为 30%、35%、35%，并且在各自的产品中次品率分别为 5%、4%、3%.

（1）从该厂的这种产品中任取一件是次品的概率.

（2）若任取一件产品为次品，分别求它是由甲、乙、丙生产的概率.

解 设 A_1, A_2, A_3 分别表示从该厂的这种产品中任取一件是由甲、乙、丙机器生产的产品，B 表示"从该厂的这种产品中任取一件是次品"，则 A_1, A_2, A_3 是样本空间 S 的划分. 由题设

$$P(A_1) = 30\%, P(A_2) = 35\%, P(A_3) = 35\%,$$
$$P(B|A_1) = 5\%, P(B|A_2) = 4\%, P(B|A_3) = 3\%,$$

（1）由全概率公式，有

$$P(B) = P(A_1)P(B|A_1) + P(A_2)P(B|A_2) + P(A_3)P(B|A_3) = 3.95\%.$$

（2）由贝叶斯公式，有

$$P(A_1|B) = \frac{P(A_1)P(B|A_1)}{\sum_{k=1}^{3} P(A_k)P(B|A_k)} = \frac{30\% \times 5\%}{3.95\%} = \frac{30}{79},$$

$$P(A_2|B) = \frac{P(A_2)P(B|A_2)}{\sum_{k=1}^{3} P(A_k)P(B|A_k)} = \frac{35\% \times 4\%}{3.95\%} = \frac{28}{79},$$

$$P(A_3|B) = \frac{P(A_3)P(B|A_3)}{\sum_{k=1}^{3} P(A_k)P(B|A_k)} = \frac{35\% \times 3\%}{3.95\%} = \frac{21}{79}.$$

【例1−25】 在数字通信中，若发报机以 0.7 和 0.3 的概率发出信号 0 和 1，由于干扰的影响，当发出信号 0 时，接收机以概率 0.8 和 0.2 收到信号 0 和 1；同样，当信号机发出信号 1 时，接收机以概率 0.9 和 0.1 收到信号 1 和 0，记 A_i 为发出信号 i，B_i 为接收信号 i，$i = 0,1$，求 $P(A_0|B_0)$.

解 由于 $P(A_0) = 0.7$，$P(A_1) = 0.3$，$P(B_0|A_0) = 0.8$，$P(B_0|A_1) = 0.1$，用贝叶斯公式求得

$$P(A_0|B_0) = \frac{P(B_0|A_0)P(A_0)}{P(B_0|A_0)P(A_0) + P(B_0|A_1)P(A_1)}$$

$$= \frac{0.7 \times 0.8}{0.7 \times 0.8 + 0.3 \times 0.1} = 0.949,$$

同样可计算得

$$P(A_1 \mid B_0) = \frac{P(B_0 \mid A_1)P(A_1)}{P(B_0 \mid A_0)P(A_0) + P(B_0 \mid A_1)P(A_1)}$$

$$= \frac{0.3 \times 0.1}{0.7 \times 0.8 + 0.3 \times 0.1} = 0.05.$$

1.5　独　立　性

独立性是概率论中又一个重要的概念，利用独立性可以简化概率的计算. 下面先讨论两个事件的独立性，再讨论多个事件的独立性.

1.5.1　两个事件的独立性

两个事件之间的独立性是指：事件 A 的发生不影响另一个事件的发生. 设 $P(B) > 0$，若 $P(A \mid B) = P(A)$，则 $P(AB) = P(A \mid B)P(B) = P(A)P(B)$. 把具有这种性质的两事件称为独立.

定义 1-6　设 A, B 为两个事件，如果

$$P(AB) = P(A)P(B)$$

则称事件 A 与 B 相互独立，简称 A 与 B 独立. 否则称 A 与 B 不独立或相依.

在许多实际问题中，两个事件是否独立大多是是根据经验（相互有无影响）来判断的，如在抛硬币试验中，一般可假设两次的结果互不影响，即出现正反面的情况相互独立.

性质 1-10　若事件 A 与 B 相互独立，则 A 与 $\bar{B}$，$\bar{A}$ 与 B，$\bar{A}$ 与 $\bar{B}$ 独立.

证明： 由概率的性质和题设 $P(AB) = P(A)P(B)$ 得

$P(A\bar{B}) = P(A) - P(AB) = P(A) - P(A)P(B) = P(A)[1 - P(B)] = P(A)P(\bar{B})$，这说明 A 与 $\bar{B}$ 相互独立. 类似可证，$\bar{A}$ 与 B，$\bar{A}$ 与 $\bar{B}$ 独立.

性质 1-10 是说 A 与 B，A 与 $\bar{B}$，$\bar{A}$ 与 B，$\bar{A}$ 与 $\bar{B}$ 独立是相互等价的，可直观理解为若 A 与 B 相互独立，则 A 的发生不影响 B 的发生，那么 A 的发生也不会影响 B 的不发生，A 的不发生也不会影响 B 的发生，A 的不发生也不会影响 B 的不发生.

1.5.2　多个事件的独立性

首先看三个事件之间的独立性.

定义 1-7　设 A, B, C 为三个事件，如果

$$\begin{cases} P(AB) = P(A)P(B) \\ P(AC) = P(A)P(C) \\ P(BC) = P(B)P(C) \end{cases}$$

则称 A, B, C 两两独立. 若还有

$$P(ABC) = P(A)P(B)P(C)$$

则称 A, B, C 相互独立.

【**例 1-26**】一均匀正四面体，一面涂上红色，另一面涂上白色，第三面涂上蓝色，第四

个面分别涂上红色、白色和蓝色（共 3 色）. 在一个水平面上抛此四面体，令 A, B, C 分别表示"抛得底面涂有红色""抛得底面涂有白色""抛得底面涂有蓝色". 验证：$P(AB) = P(A)P(B)$，$P(AC) = P(A)P(C)$，$P(BC) = P(B)P(C)$，但 $P(ABC) \neq P(A)P(B)P(C)$，即 A, B, C 两两独立但不相互独立.

解 容易算得 $P(A) = P(B) = P(C) = \dfrac{1}{2}$，

$$P(AB) = P(AC) = P(BC) = P(ABC) = \frac{1}{4},$$

所以

$$P(AB) = P(A)P(B), \quad P(AC) = P(A)P(C), \quad P(BC) = P(B)P(C),$$

但

$$P(ABC) \neq P(A)P(B)P(C).$$

定义 1–8 若 n 个事件 $A_1, A_2, \cdots, A_n$ 同时满足下列的 $2^n - n - 1$ 个等式：

$$P(A_{i_1} A_{i_2}) = P(A_{i_1})P(A_{i_2}), \quad 1 \leqslant i_1 < i_2 \leqslant n,$$
$$P(A_{i_1} A_{i_2} A_{i_3}) = P(A_{i_1})P(A_{i_2})P(A_{i_3}), \quad 1 \leqslant i_1 < i_2 < i_3 \leqslant n,$$
$$\vdots$$
$$P(A_{i_1} A_{i_2} \cdots A_{i_{n-1}}) = P(A_{i_1})P(A_{i_2}) \cdots P(A_{i_{n-1}}), \quad 1 \leqslant i_1 < i_2 < i_3 \leqslant n,$$
$$P(A_1 A_2 \cdots A_n) = P(A_1)P(A_2) \cdots P(A_n), \quad 1 \leqslant i_1 < i_2 < i_3 \leqslant n,$$

则称 $A_1, A_2, \cdots, A_n$ 相互独立.

性质 1–11 若事件 $A_1, A_2, \cdots, A_n$ 相互独立，把其中的任何 $m(1 \leqslant m \leqslant n)$ 个事件换成各自的对立事件后所构成的 n 个事件也相互独立.

【例 1–27】 设 A, B, C 相互独立，试证：$A \cup B$ 与 C 相互独立.

证明 因为

$$P((A \cup B)C) = P(AC \cup BC) = P(AC) + P(BC) - P(ABC)$$
$$= P(A)P(C) + P(B)P(C) - P(A)P(B)P(C)$$
$$= (P(A) + P(B) - P(A)P(B))P(C) = P(A \cup B)P(C).$$

所以，$A \cup B$ 与 C 相互独立.

【例 1–28】 两射手彼此独立地朝同一目标射击，设甲击中目标的概率是 0.9，乙击中目标的概率是 0.8，求目标被击中的概率是多少？

解 令 $A = $ "甲击中目标"，$B = $ "乙击中目标"，注意到"目标被击中" $= A \cup B$，所以
$$P(A \cup B) = P(A) + P(B) - P(A)P(B) = 0.9 + 0.8 - 0.9 \times 0.8 = 0.98.$$

本题也可用对立事件求解，

$$P(A \cup B) = 1 - P(\overline{A \cup B}) = 1 - P(\overline{A})P(\overline{B}) = 1 - (1 - 0.9) \times (1 - 0.8) = 0.98.$$

【例 1–29】 两射手彼此独立地朝同一目标射击，设甲击中目标的概率是 α，乙击中目标的概率是 β，甲先射击，谁先命中谁得胜. 问甲、乙两人获胜的概率各为多少？

解法 1 令 $A_i = $ "第 i 次射击命中目标"，$i = 1, 2, \cdots$. 因为甲先射，所以事件"甲获胜"可以表示为

$$A_1 \cup \overline{A_1} A_2 A_3 \cup \overline{A_1} \overline{A_2} \overline{A_3} \overline{A_4} A_5 \cup \cdots$$

又因为各次射击是独立的，所以

$$P（甲获胜）= \alpha + (1-\alpha)(1-\beta)\alpha + (1-\alpha)^2 (1-\beta)^2 \alpha + \cdots$$

$$= \alpha \sum_{n=0}^{\infty} (1-\alpha)^n (1-\beta)^n = \frac{\alpha}{1-(1-\alpha)(1-\beta)}.$$

同理可得事件"乙获胜"可以表示为

$$\overline{A_1} A_2 \cup \overline{A_1} \overline{A_2} \overline{A_3} A_4 \cup \cdots$$

又因为各次射击是独立的，所以

$$P（乙获胜）= (1-\alpha)\beta + (1-\alpha)(1-\beta)(1-\alpha)\beta + \cdots$$

$$= \beta(1-\alpha) \sum_{n=0}^{\infty} (1-\alpha)^n (1-\beta)^n = \frac{\beta(1-\alpha)}{1-(1-\alpha)(1-\beta)}.$$

由题意，$\alpha, \beta \in (0,1)$，公比 $0 < (1-\alpha)(1-\beta) < 1$，符合收敛性条件.

解法 2　由于"甲第 1 枪不中且乙第 1 枪也不中"之后，比赛可视为从头开始，于是

$$P（甲获胜）= \alpha + (1-\alpha)(1-\beta)P（甲获胜），$$

解得

$$P（甲获胜）= \frac{\alpha}{1-(1-\alpha)(1-\beta)},$$

从而

$$P（乙获胜）= 1 - P（甲获胜）= 1 - \frac{\alpha}{1-(1-\alpha)(1-\beta)} = \frac{\beta(1-\alpha)}{1-(1-\alpha)(1-\beta)}.$$

1.5.3　事件的独立性与试验的独立性

利用事件的独立性可以定义两个或更多个试验的独立性.

定义 1-9　设 E_1, E_2 为两个随机试验，如果 E_1 的任一结果（事件）与 E_2 的任一结果（事件）都是相互独立的事件，则称这两个试验相互独立.

如 "E_1：抛一枚硬币" 和 "E_2：掷一颗骰子" 是两个相互独立的试验.

类似地，可以定义 n 个随机试验的独立性，如果 E_1 的任一结果，E_2 的任一结果，$\cdots$，E_n 的任一结果都是相互独立的事件，则称试验 $E_1, E_2, \cdots, E_n$ 相互独立. 如果这 n 个随机试验还是相同的，则称它为 n 重独立重复试验. 如果在 n 重独立重复试验中，每次试验的结果可能为两个：A 和 $\overline{A}$，则称这种试验为 n 重伯努利（Bernoulli）试验.

将伯努利试验独立重复 n 次，求

（1）前 $k(k = 0, 1, \cdots, n)$ 次出现 A，后 $n-k$ 次出现 $\overline{A}$ 的概率；

（2）恰有 $k(k = 0, 1, \cdots, n)$ 次出现 A 的概率.

先对 $n = 5, k = 2$ 求上述概率，再推广.

设 $A_i (i = 1, 2, \cdots, n)$ 表示"在第 i 次试验中出现 A"，则当 $n = 5, k = 2$ 时有

（1）$P(A_1 A_2 \overline{A_3} \overline{A_4} \overline{A_5}) = p^2 (1-p)^3$；

（2）设 D_n^k 表示"在 n 次试验中，恰有 k 次出现 A"，则

$$D_5^2 = A_1 A_2 \bar{A}_3 \bar{A}_4 \bar{A}_5 \bigcup A_1 \bar{A}_2 A_3 \bar{A}_4 \bar{A}_5 \bigcup A_1 \bar{A}_2 \bar{A}_3 A_4 \bar{A}_5 \bigcup A_1 \bar{A}_2 \bar{A}_3 \bar{A}_4 A_5 \bigcup \bar{A}_1 A_2 A_3 \bar{A}_4 \bar{A}_5 \bigcup$$
$$\bar{A}_1 A_2 \bar{A}_3 A_4 \bar{A}_5 \bigcup \bar{A}_1 A_2 \bar{A}_3 \bar{A}_4 A_5 \bigcup \bar{A}_1 \bar{A}_2 A_3 A_4 \bar{A}_5 \bigcup \bar{A}_1 \bar{A}_2 A_3 \bar{A}_4 A_5 \bigcup \bar{A}_1 \bar{A}_2 \bar{A}_3 A_4 A_5,$$

于是

$$P(D_5^2) = P(A_1 A_2 \bar{A}_3 \bar{A}_4 \bar{A}_5) + P(A_1 \bar{A}_2 A_3 \bar{A}_4 \bar{A}_5) + P(A_1 \bar{A}_2 \bar{A}_3 A_4 \bar{A}_5) + P(A_1 \bar{A}_2 \bar{A}_3 \bar{A}_4 A_5) +$$
$$P(\bar{A}_1 A_2 A_3 \bar{A}_4 \bar{A}_5) + P(\bar{A}_1 A_2 \bar{A}_3 A_4 \bar{A}_5) + P(\bar{A}_1 A_2 \bar{A}_3 \bar{A}_4 A_5) +$$
$$P(\bar{A}_1 \bar{A}_2 A_3 A_4 \bar{A}_5) + P(\bar{A}_1 \bar{A}_2 A_3 \bar{A}_4 A_5) + P(\bar{A}_1 \bar{A}_2 \bar{A}_3 A_4 A_5)$$
$$= 10 p^2 (1-p)^3 = C_5^2 p^2 (1-p)^3.$$

推广：对于一般的 n 和 $k(k = 0,1,\cdots,n)$ 有

$$P(A_1 A_2 \cdots A_k \bar{A}_{k+1} \cdots \bar{A}_n) = p^k (1-p)^{n-k},$$
$$P(D_n^k) = C_n^k p^k (1-p)^{n-k}.$$

【例 1-30】 在投篮测试中，每人投 3 次，至少投中 2 次才能通过测试. 已知某同学每次投篮投中的概率为 0.6，且各次投篮是否投中相互独立，求该同学通过测试的概率.

解 投 3 次篮球相当于做了 3 次伯努利试验，即 $n = 3$，令 A 表示"投篮时投中"，则 $P(A) = 0.6$，该同学投中 2 次或 3 次时则通过测试，概率为

$$P(D_3^2) + P(D_3^3) = C_3^2 \times 0.6^2 \times 0.4 + 0.6^3 = 0.648.$$

【例 1-31】 某写字楼有 5 台公共饮水机同时工作. 调查表明，在工作时间任一时刻 t，每台饮水机被使用的概率为 0.2，求在同一时刻：

（1）恰好有 2 台饮水机被使用的概率；

（2）至少有 3 台饮水机被使用的概率；

（3）至多有 3 台饮水机被使用的概率；

（4）至少有 1 台饮水机被使用的概率.

解 观察 5 台独立工作的饮水机相当于做了 5 次伯努利试验，即 $n = 5$，令 A 表示"饮水机被使用"，则 $P(A) = 0.2$，因此

（1）$P(D_5^2) = C_5^2 0.2^2 0.8^3 = 0.204\,8$；

（2）$P(D_5^3 \bigcup D_5^4 \bigcup D_5^5) = P(D_5^3) + P(D_5^4) + P(D_5^5)$
$$= C_5^3 \times 0.2^3 \times 0.8^2 + C_5^4 \times 0.2^4 \times 0.8 + 0.2^5 = 0.057\,9;$$

（3）$P(\bigcup_{k=0}^{3} D_5^k) = 1 - P(D_5^4) - P(D_5^5)$
$$= 1 - (C_5^4 \times 0.2^4 \times 0.8 + 0.2^5) = 0.993\,3;$$

（4）$P(\bigcup_{k=1}^{5} D_5^k) = 1 - P(D_5^0) = 1 - 0.8^5 = 0.672\,3.$

习　题　1

1. 写出下列随机试验的样本空间：

（1）抛三枚硬币；

（2）抛三颗骰子；

（3）连续抛一枚硬币，直至出现正面为止；

（4）不透明罐子中有外形和大小相同的黑、白、红球各一个，先从中任取出一个，放回后再任取出一个；

（5）不透明罐子中有外形和大小相同的黑、白、红球各一个，先从中任取出一个，不放回后取样.

2. 先抛一枚硬币，若出现正面（记为 H），则再掷一颗骰子，试验停止；若出现反面（记为 T），则再抛一枚硬币. 那么该试验的样本空间 S 是什么？

3. 设 A，B，C 为三事件，试表示下列事件：

（1）A，B，C 都发生或都不发生；

（2）A，B，C 中不多于一个发生；

（3）A，B，C 中不多于两个发生；

（4）A，B，C 中至少有两个发生.

4. 指出下列事件等式成立的条件：

（1）$A \cup B = A$；

（2）$AB = A$；

（3）$A - B = A$.

5. 试问下列命题是否成立？（1）$A-(B-C)=(A-B)-C$；（2）若 $AB=\varnothing$ 且 $C \subset A$，则 $BC=\varnothing$；（3）$(A \cup B)-B=A$；（4）$(A-B) \cup B=A$.

6. 若事件 $ABC=\varnothing$，是否一定有 $AB=\varnothing$？

7. 请叙述下列事件的对立事件：

（1）$A=$ "掷两枚硬币，皆为正面"；

（2）$B=$ "射击三次，皆命中目标"；

（3）$C=$ "加工四个零件，至少有一个合格品".

8. 证明下列事件的运算公式：（1）$A=AB \cup A\bar{B}$；（2）$A \cup B=A \cup \bar{A}B$.

9. 设 A 表示事件 "甲种产品畅销，乙种产品滞销"，则其对立事件 $\bar{A}$ 为（　　）.

（A）"甲种产品滞销或乙种产品畅销"　　（B）"甲种产品滞销"

（C）"乙种产品畅销"　　（D）"甲种产品滞销，乙种产品畅销"

10. 设 A、B、C 为三个事件，则事件 "A、B、C 都不发生" 可表示为（　　）.

（A）$\overline{ABC}$　　（B）$1-ABC$

（C）$\bar{A}\,\bar{B}\,\bar{C}$　　（D）$\bar{A} \cup \bar{B} \cup \bar{C}$

11. 某地震现场应急工作组对震区三幢楼房开展建筑安全评估与鉴定，设事件 A_i 表示 "第 i 幢楼房经评估鉴定为安全"（$i=1$，2，3）. 事件 "恰有一幢楼房经评估鉴定为安全" 用 A_1、A_2、A_3

可表示为_____.

12. 某人向同一目标独立地重复射击，每次射击命中目标的概率为 $p\,(0<p<1)$，则此人第 4 次射击恰好是第 2 次命中的概率为（　　）.

(A) $3p(1-p)^2$ (B) $6p(1-p)^2$

(C) $3p^2(1-p)^2$ (D) $6p^2(1-p)^2$

13. 设 X 在 $1,2,3,4$ 中等可能取值，Y 再从 $1,\cdots,X$ 中等可能取一整数，则 $P(Y=4)=$（　　）.

(A) $\dfrac{1}{16}$ (B) $\dfrac{7}{48}$ (C) $\dfrac{13}{48}$ (D) $\dfrac{25}{48}$

14. 设 10 件产品中有 3 件是次品. 今从中随机地取 3 件，则这 3 件产品中至少有 1 件是次品的概率为_____.

15. 已知 10 件产品中有 2 件次品，在其中任取 2 次，每次任取一件，作不放回抽样，则其中一件是正品，一件是次品的概率为_____.

16. 10 张彩票中有 5 张是有奖彩票. 从中任意抽取 5 张，其中至少有两张中奖的概率为_____.

17. 10 张彩票中有 5 张是有奖彩票. 从中每次取一张，作不放回抽样，前 3 次都中奖的概率为_____.

18. 一部 4 卷的文集随机地排放在书架上，卷号恰好是自左向右或自右向左地呈 1、2、3、4 排列的概率是_____.

19. 同时抛掷 3 枚硬币，则恰好有两枚正面朝上的概率为_____.

20. 袋中有 10 个球（3 个红球，7 个白球），每次取 1 个球，无放回地抽取两次，则第二次取到红球的概率为_____.

21. 同时抛掷 3 枚硬币，则恰好有两枚硬币正面向上的概率为（　　）.

(A) $\dfrac{1}{8}$ (B) $\dfrac{2}{8}$ (C) $\dfrac{3}{8}$ (D) $\dfrac{4}{8}$

22. 袋中有 5 个球（3 个红球，2 个白球），每次取 1 个球，无放回地抽取两次，则第二次取到红球的概率为（　　）.

(A) $\dfrac{3}{5}$ (B) $\dfrac{3}{4}$ (C) $\dfrac{1}{2}$ (D) $\dfrac{3}{10}$

23. 在桥牌比赛中，将 52 张牌任意地分给东、南、西、北四家，求在北家的 13 张牌中：

(1) 恰有 5 张黑桃、5 张红心、2 张方块、1 张梅花的概率；

(2) 在已知有一张 K 的情况下，这张 K 是黑桃的概率.

24. 若随机事件 A 与 B 相互独立，则 $P(A\cup B)=$（　　）.

(A) $P(A)+P(B)$ (B) $P(A)+P(B)-P(A)P(B)$

(C) $P(A)P(B)$ (D) $P(\overline{A})+P(\overline{B})$

25. A、B 为两事件，若 $P(A\cup B)=0.8$，$P(A)=0.2$，$P(\overline{B})=0.4$，则（　　）成立.

(A) $P(A\overline{B})=0.32$ (B) $P(\overline{A}\overline{B})=0.2$

(C) $P(B-A)=0.4$ (D) $P(\overline{B}A)=0.48$

26. 设 A，B 为任意两个事件，则（　　）.

　　（A）$P(A-B)=P(A)-P(B)$　　　　　　（B）$P(A\bigcup B)=P(A)+P(B)$

　　（C）$P(AB)=P(A)P(B)$　　　　　　　　（D）$P(A)=P(AB)+P(A\bar{B})$

27. 对任意两个事件 A 和 B，若 $P(AB)=0$，则（　　）.

　　（A）$AB=\varnothing$　　　　　　　　　　（B）$\bar{A}\bar{B}=\varnothing$

　　（C）$P(A)P(B)=0$　　　　　　　　　　（D）$P(A-B)=P(A)$

28. 已知 $P(A)=P(B)=P(C)=\dfrac{1}{4}$，$P(AB)=P(BC)=0$，$P(AC)=\dfrac{1}{8}$，则 $P(A\bigcup B\bigcup C)=$
_____.

29. 设 A、B 是任意两事件，则 $P(A-B)=$（　　）.

　　（A）$P(A)-P(B)$　　　　　　　　　　（B）$P(A)-P(B)+P(AB)$

　　（C）$P(A)-P(AB)$　　　　　　　　　　（D）$P(A)+P(B)-P(AB)$

30. 已知 $P(B)=b$，$P(AB)=c$，且 $b>c$，则 $P(B-A)=$_____.

31. 设事件 A、B 互不相容，$P(A)=p$，$P(B)=q$，则 $P(A-B)=$（　　）.

　　（A）$(1-p)q$　　　　（B）pq　　　　（C）$p-q$　　　　（D）p

32. 已知事件 A，B 有概率 $P(A)=0.4$，$P(B)=0.5$，条件概率 $P(\bar{B}|A)=0.3$，则 $P(A\bigcup B)=$
_____.

33. 已知事件 A，B 有概率 $P(A)=0.4$，条件概率 $P(\bar{B}|A)=0.3$，则 $P(A\bigcap B)=$_____.

34. 若 $P(A)=\dfrac{1}{4}$，$P(B|A)=\dfrac{1}{3}$，$P(A|B)=\dfrac{1}{2}$，则 $P(A\bigcup B)=$（　　）.

　　（A）$\dfrac{1}{5}$　　　　（B）$\dfrac{1}{4}$　　　　（C）$\dfrac{1}{3}$　　　　（D）$\dfrac{1}{2}$

35. 设 $P(A)=0.8$，$P(B)=0.7$，$P(A|B)=0.8$，则下列结论正确的是（　　）.

　　（A）A 与 B 相互独立　　　　　　　　（B）A 与 B 互斥

　　（C）$B\supset A$　　　　　　　　　　　　（D）$P(A\bigcup B)=P(A)+P(B)$

36. 在某工厂里有甲、乙、丙三台机器生产螺丝钉，它们的产量各占 25%、35%、40%，并且在各自的产品里，不合格品各占 5%、4%、2%.

　　问：（1）全部螺丝钉的不合格品率为多少？（2）若现在从产品中任取一件恰好是不合格品，则该不合格品是甲厂生产的概率为多大？

37. 已知一批产品中 90% 是合格品，检查时，一个合格品被误认为是次品的概率为 0.05，一个次品被误认为是合格品的概率为 0.02，求（1）一个产品经检查后被认为是合格品的概率；（2）一个产品经检查后被认为是合格品的产品确是合格品的概率.

38. 有甲、乙、丙三个盒子，其中分别有一个白球和两个黑球、一个黑球和两个白球、三个白球和三个黑球. 掷一枚骰子，若出现 1、2、3 点则选甲盒，若出现 4 点则选乙盒，否则选丙盒. 然后从所选中的盒子中任取一球. 求：

　　（1）取出的球是白球的概率；

（2）当取出的球为白球时，此球来自甲盒的概率.

39. 设 A、B、C 是随机事件，A 与 C 互不相容，$P(AB)=\dfrac{1}{2}$，$P(C)=\dfrac{1}{3}$，则 _____

$P(AB\,|\,\overline{C})=$ _____.

40. 若随机事件 A，B 的概率分别为 $P(A)=0.6$，$P(B)=0.5$，则 A 与 B 一定（ ）.

   （A）相互对立　　　　　　　　　　（B）相互独立

   （C）互不相容　　　　　　　　　　（D）相容

41. 设 A_1，A_2 两个随机事件相互独立，当 A_1，A_2 同时发生时，必有 A 发生，则（ ）.

   （A）$P(A_1A_2)\leqslant P(A)$

   （B）$P(A_1A_2)\geqslant P(A)$

   （C）$P(A_1A_2)=P(A)$

   （D）$P(A_1)P(A_2)=P(A)$

42. 若事件 A_1，A_2，A_3 两两独立，则下列结论成立的是（ ）.

   （A）A_1，A_2，A_3 相互独立

   （B）$\overline{A_1}$，$\overline{A_2}$，$\overline{A_3}$ 两两独立

   （C）$P(A_1A_2A_3)=P(A_1)P(A_2)P(A_3)$

   （D）$\overline{A_1}$，$\overline{A_2}$，$\overline{A_3}$ 相互独立

43. 设 $P(A)=0.8$，$P(B)=0.7$，$P(A\,|\,B)=0.8$，则下面结论正确的是（ ）.

   （A）事件 A 与 B 相互独立

   （B）事件 A 与 B 互不相容

   （C）$A\subset B$

   （D）$P(A\bigcup B)=P(A)+P(B)$

数学实验

抛硬币的计算机模拟

抛一枚密度均匀的硬币，容易知道正面朝上的概率为 0.5. 若抛 n 次硬币，正面朝上的次数为 k 次，则正面朝上的频率为 k/n，由频率的稳定性可知，k/n 会趋近于概率 0.5，这体现了频率的稳定性.

在 MATLAB 中建立新的脚本文件 coin.m.

```
function y=coin(n)
for i=1:i:n
x(i)=binornd(1,0.5);
end;
K=sum(x);
```

```
Y=k/n
```
在 MATLAB 命令窗口中输入：
```
coin(100)
y=
0.4600
coin(1000)
y=
0.4820
coin(10000)
y=
0.4987
```

第 2 章　随机变量及其分布

2.1　随　机　变　量

为了将随机事件数量化，进一步用数学分析的方法进行研究，这一章引入随机变量的概念. 随机变量根据取值的不同，主要可以分为离散型随机变量和非离散型随机变量. 这一节先介绍随机变量的概念，随机变量的概念是由俄国数学家切比雪夫（Chebyshev, 1821—1894）在 19 世纪中叶建立和提倡使用的.

【例 2–1】随机试验 E_1：投掷一颗质地均匀的骰子，观察骰子出现的点数，样本空间为 $S = \{1, 2, 3, 4, 5, 6\}$. 设 X 表示骰子出现的点数，$X = i$ 就表示"骰子出现的点数为 i"，$i = 1, 2, \cdots, 6$. 这样骰子出现的点数就与 X 的取值对应起来.

【例 2–2】随机试验 E_2：投掷一颗质地均匀的硬币，观察硬币出现正面还是反面. $S = \{$正面，反面$\}$，为了将实验结果数量化，可以令"硬币出现正面"=1，"硬币出现反面"=0.

例 2–1 中随机试验的结果是数字，则结果直接与变量 X 的取值相对应. 例 2–2 中随机试验的结果不是数字，可以数值化与 X 的取值相对应. 这里的 X 就是所要介绍的随机变量的概念.

2.1.1　随机变量的概念

定义 2–1　设随机试验 E 的样本空间为 $S = \{e\}$，$X = X(e)$ 是定义在 S 上的单值实值函数，则称 $X = X(e)$ 为随机变量（random variable，有时用简写 $r.v$ 表示随机变量）.

定义 2–1 表明随机变量 $X = X(e)$ 是样本点 e 的函数，这个函数是建立在样本空间与实数之间的映射（见图 2–1），为方便起见，通常写为 X.

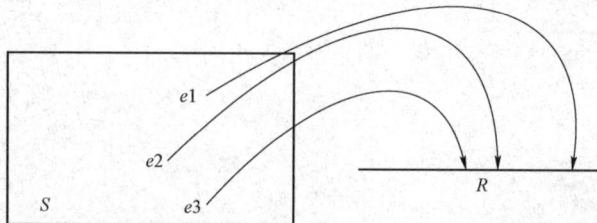

图 2–1　随机变量的定义

在例 2–1 中，掷出骰子的点数不大于 5 的事件可表示为 $\{X \leqslant 5\}$，掷出骰子的点数为偶数可表示为 $\{X = 2, 4, 6\}$.

　　随机变量的引入将试验的结果数量化，更有利于使用数学分析的方法研究随机变量. 本书中一般以大写的 $X,Y,Z,W,\cdots$ 表示随机变量，用小写的字母 $x,y,z,w,\cdots$ 表示实数.

　　随机变量的取值随随机试验的结果而定，在试验之前不能确定它到底取什么值，试验的结果有一定的概率，因此随机变量的取值也有一定的概率. 这也是随机变量与普通函数的本质区别.

2.1.2　随机变量的分类

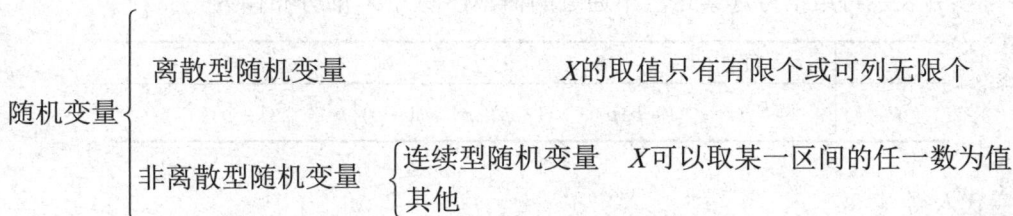

$$
\text{随机变量}\begin{cases}
\text{离散型随机变量} & X\text{的取值只有有限个或可列无限个} \\[2mm]
\text{非离散型随机变量}\begin{cases}\text{连续型随机变量}\quad X\text{可以取某一区间的任一数为值} \\ \text{其他}\end{cases}
\end{cases}
$$

2.2　离散型随机变量及其分布律

　　对于离散型随机变量，需考虑这个离散型随机变量的取值和对应取值的概率，将这两个信息放在一起就是离散型随机变量的分布律的概念.

2.2.1　离散型随机变量的分布律

　　定义 2-2　设 X 是 S 上的随机变量，若 X 的全部可能取值为有限个或可列无限个（ X 的全部可能取值可一一列举出来），则称 X 为离散型随机变量.

　　若 X 的所有取值为 $x_k,(k=1,2,\cdots)$ ，事件 $\{X=x_k\}$ 的概率记为

$$P\{X=x_k\}=p_k,k=1,2,\cdots, \tag{2-1}$$

这里的 p_k 满足以下两个条件：

　　（1）非负性： $p_k\geqslant 0$ ；

　　（2）规范性： $\sum\limits_{k=1}^{\infty}p_k=1$.

那么称 $P\{X=x_k\}=p_k,k=1,2,\cdots$ 为离散型随机变量 X 的分布律.

分布律也可用表格形式表示出来，具体如下：

X	x_1	x_2	$\cdots$	x_k	$\cdots$
p_k	p_1	p_2	$\cdots$	p_k	$\cdots$

　　抛硬币的试验，观察正面朝上还是反面朝上，若用 $X=1$ 表示正面朝上，用 $X=0$ 表示反面朝上，则 X 的分布律可以表示为

X	0	1
p_k	$\dfrac{1}{2}$	$\dfrac{1}{2}$

【例 2-3】 设汽车在开往目的地的道路上需要经过四组信号灯,每组信号灯以 1/2 的概率允许或禁止汽车通过,以 X 表示汽车首次停下时,它已经通过的信号灯的组数(设各组信号灯的工作时间长度相互独立),求 X 的分布律.

解 以 p 表示每组信号灯禁止汽车通过的概率,易知 X 的分布律为

X	0	1	2	3	4
p_k	p	$(1-p)p$	$(1-p)^2 p$	$(1-p)^3 p$	$(1-p)^4$

将 $p=\dfrac{1}{2}$ 代入得

X	0	1	2	3	4
p_k	0.5	0.25	0.125	0.062 5	0.062 5

2.2.2 常用的离散型随机变量的分布律

1. 0-1 分布

设随机变量 X 只可能取 0 和 1,它的分布律是

$$P\{X=k\}=p^k(1-p)^{1-k}, \quad k=0,1 \quad (0<p<1)$$

则称 X 服从 0-1 分布.

0-1 分布的分布律也可写成

X	0	1
p_k	$1-p$	p

满足 0-1 分布的试验应该只有两个结果.

【例 2-4】 判断下列试验中的随机变量是否服从 0-1 分布

(1)抛掷一颗骰子所得的点数为随机变量 X.

解 因为抛掷一颗骰子所得的点数为 1、2、3、4、5、6 共 6 种点数,所以不是 0-1 分布.

(2)从装有 30 件正品和 5 件次品的盒子里任取一件产品,取得正品的件数 X.

解 从装有 30 件正品和 5 件次品的盒子里任取一件产品,其中正品的件数只有两种情况:正品为 1 件或正品为 0 件,所以是 0-1 分布.

2. 二项分布

假设试验 E 只有两个可能的结果:A 及 $\overline{A}$,$P(A)=p$,$P(\overline{A})=1-p=q\,(0<p<1)$. 将 E 独立地重复地进行 n 次,则称这一串重复的独立试验为 n 重伯努利试验.

用 X 表示 n 次试验中事件 A 发生的次数,用 $A_i\,(i=1,2,\cdots,n)$ 表示 A 在第 i 次试验中发生共有 $\dbinom{n}{k}$ 种,它们是两两不相容的,故在 n 次试验中 A 发生 k 次的概率为 $\dbinom{n}{k}p^k(1-p)^{n-k}$,即

$$P\{X=k\}=\binom{n}{k}p^k q^{n-k}, k=0,1,2,\cdots,n. \qquad (2-2)$$

显然

$$P\{X=k\}\geqslant 0, k=0,1,2,\cdots,n, \quad \sum_{k=0}^{n}\binom{n}{k}p^k q^{n-k}=(p+q)^n=1.$$

注意到 $\binom{n}{k}p^k q^{n-k}$ 刚好是二项式 $(p+q)^n$ 的展开式中出现 p^k 的一项. 故称随机变量 X 服从参数为 n,p 的二项分布，记为 $X\sim B(n,p)$.

特别地，当 $n=1$ 时，X 的分布律为

$$P\{X=k\}=p^k q^{1-k}, k=0,1.$$

这就是 $0-1$ 分布.

二项分布是一种常见的离散型随机变量的分布，如抛掷密度均匀的硬币 100 次，正面出现的次数 X 服从二项分布；调查 30 个新出生婴儿中男孩的个数 X 服从二项分布；检查 50 件产品中次品的个数 X 服从二项分布.

【例 2-5】某种特效药的临床有效率为 0.95，现在有 10 人服用，问至少有 8 人治愈的概率是多少？

解　设 X 为 10 人中被治愈的人数，则 $X\sim B(10,0.95)$，而所求概率为
$$P\{X\geqslant 8\}=P\{X=8\}+P\{X=9\}+P\{X=10\}$$
$$=C_{10}^{8}0.95^8 0.05^2+C_{10}^{9}0.95^9 0.05+C_{10}^{10}0.95^{10}$$
$$=0.988\,5.$$

因此，10 人中至少 8 人被治愈的概率为 0.988 5.

【例 2-6】通过某路口的每辆汽车发生事故的概率为 $p=0.0001$，假设在某段时间内有 1 000 辆汽车通过此路口，试求在此段时间内发生事故次数 X 的概率分布和发生 2 次以上事故的概率.

解　观察通过路口的 1 000 辆汽车发生事故与否，可视为是重复次数为 $n=1000$ 的伯努利试验，出现事故的概率为 $p=0.0001$，因此 X 服从二项分布，即 $X\sim B(1\,000,0.000\,1)$
$$P\{X\geqslant 2\}=1-P\{X=0\}-P\{X=1\}$$
$$=1-0.999\,9^{1000}-1000\times 0.000\,1\times 0.999\,9^{999}.$$

由于 $n=1\,000$ 很大，且 $p=0.0001$，计算量比较大，直接计算上式是麻烦的.

3. 泊松分布

随机变量 X 所有可能取值为 $0,1,2,\cdots$，而取各个值的概率为 $P\{X=k\}=\dfrac{\lambda^k e^{-\lambda}}{k!}$，$k=0,1,2,\cdots$ 其中 $\lambda>0$ 是常数，则称 X 服从参数为 λ 的泊松分布，记为 $X\sim\pi(\lambda)$
$$P\{X=k\}\geqslant 0 \qquad k=0,1,2\cdots$$
$$\sum_{k=0}^{\infty}P\{X=k\}=\sum_{k=0}^{\infty}\frac{\lambda^k e^{-\lambda}}{k!}=e^{-\lambda}\sum_{k=0}^{\infty}\frac{\lambda^k}{k!}=e^{-\lambda}e^{\lambda}=1$$

由此可以验证，泊松分布满足分布律的规范性.

泊松分布描述了单位时间或单位空间内随机事件发生次数的概率分布，λ 是单位时间发生的平均次数. 通常泊松分布可以描述放射性物质发射出的粒子数，服务系统中对服务的呼叫数，产品的缺陷数（如一本书中的差错数），一定时期内某地发生的地震、洪水次数等.

【例 2-7】由某个商店过去的销售记录知道，某种商品每月的销售数可以用参数 $\lambda=10$ 的泊松分布来描述，为了有 95% 以上的把握保证不脱销该商品，问商店应该在月底至少进多少件该种商品？

解 设商店每月销售某种商品 X 件，月底的进货为 a 件，则当 $X \leqslant a$ 时就不会脱销，因而按题意有 $P\{X \leqslant a\} \geqslant 0.95$，即 $\displaystyle\sum_{k=0}^{a} \frac{10^k}{k!} \mathrm{e}^{-10} \geqslant 0.95$

由泊松分布表可知 $\displaystyle\sum_{k=0}^{14} \frac{10^k}{k!} \mathrm{e}^{-10} \approx 0.916\,6 < 0.95$，则

$$\sum_{k=0}^{15} \frac{10^k}{k!} \mathrm{e}^{-10} \approx 0.9513 > 0.95$$

所以这家商店只要在月底进该种商品 15 件，就可以有 95% 以上的把握保证这种商品在下个月不脱销.

4. 泊松定理

设 $\lambda > 0$ 是一常数，n 是任意正整数，设 $np_n = \lambda$，则对于任一个固定的非负整数 k，有

$$\lim_{n \to \infty} \binom{n}{k} p_n^k (1-p_n)^{n-k} = \frac{\lambda^k \mathrm{e}^{-\lambda}}{k!} \qquad (2-3)$$

证： 由 $p_n = \dfrac{\lambda}{n}$，有

$$\binom{n}{k} p_n^k (1-p_n)^{n-k} = \frac{n(n-1)\cdots(n-k+1)}{k!} \left(\frac{\lambda}{n}\right)^k \left(1-\frac{\lambda}{n}\right)^{n-k}$$

$$= \frac{\lambda^k}{k!} \left[1\left(1-\frac{1}{n}\right)\cdots\left(1-\frac{k-1}{n}\right)\right] \left(1-\frac{\lambda}{n}\right)^n \left(1-\frac{\lambda}{n}\right)^{-k}$$

对于任意固定的 k，当 $n \to \infty$ 时，

$$1\left(1-\frac{1}{n}\right)\cdots\left(1-\frac{k-1}{n}\right) \to 1, \quad \left(1-\frac{\lambda}{n}\right)^n \to \mathrm{e}^{-\lambda}, \quad \left(1-\frac{\lambda}{n}\right)^{-k} \to 1,$$

故有 $\displaystyle\lim_{n \to \infty} \binom{n}{k} p_n^k (1-p_n)^{n-k} = \frac{\lambda^k \mathrm{e}^{-\lambda}}{k!}$.

因此，上述定理表明当 n 很大、p 很小时有以下近似式

$$\binom{n}{k} p^k (1-p)^{n-k} \approx \frac{\lambda^k e^{-\lambda}}{k!}，\text{其中 } np = \lambda.$$

上式也能用来作二项分布概率的近似计算，二项分布与泊松分布的概率近似如图 2−2 所示.

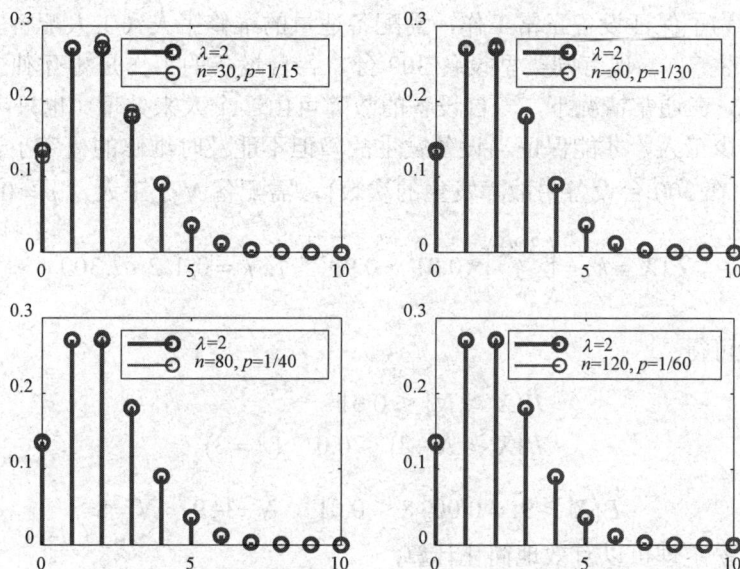

图 2−2　二项分布与泊松分布的概率近似

【例 2−8】由泊松定理可知，若 $X \sim B(n, p)$，$0 < p < 1$，$\lambda = np$ 适中，p 很小，n 比较大时，$\binom{n}{k} p^k (1-p)^{n-k} \approx \frac{\lambda^k}{k!} e^{-\lambda}$. 某人独立射击 400 次，设每次射击的命中率为 0.02，试求至少命中两次的概率.

解　将一次射击看成一次试验，设命中次数为 X，则 $X \sim B(400, 0.02)$，所求概率为：

$P\{X \geqslant 2\} = 1 - P\{X = 0\} - P\{X = 1\} = 1 - 0.98^{400} - 400 \times 0.02 \times 0.98^{399} = 0.974\,4$

由于 $p = 0.02$，可用泊松分布近似，$\lambda = np = 400 \times 0.02 = 8$，

可得所求概率为

$$P\{X \geqslant 2\} = 1 - P\{X = 0\} - P\{X = 1\} = 1 - e^{-8} - 8e^{-8} \approx 0.997\,0.$$

【例 2−9】已知某种疾病的发病率为 $\dfrac{1}{1\,000}$，某单位共 5\,000 人，问该单位患有这种疾病的人数超过 5 的概率.

解　设该单位患有这一种疾病的人数为 X，则 $X \sim B(5\,000, \dfrac{1}{1\,000})$，$\lambda = 5\,000 \times \dfrac{1}{1\,000} = 5$，

应用泊松定理计算

$$P\{X > 5\} = 1 - P\{X \leqslant 5\}$$

$$\approx 1 - \sum_{k=0}^{5} \frac{5^k}{k!} e^{-5}$$

$$\approx 1 - 0.616\,2$$

$$= 0.383\,8$$

【例 2−10】 为了保证设备正常工作，需配备适量的维修工人（工人配备多了就浪费，配备少了又要影响生产），现有同类型设备 300 台，各台设备的工作是相互独立的，发生故障的概率都是 0.01，在通常情况下，一台设备的故障可由一个人来处理（也只考虑这种情况），问至少需配备多少工人，才能保证当设备发生故障但不能及时维修的概率小于 0.01？

解 设 $X = \{$在 300 台设备中故障发生的次数$\}$，需配备 N 个工人，$p = 0.01$，$q = 0.99$，

$$P\{X = k\} = \binom{300}{k} \times 0.01^k \times 0.99^{300-k}, \ k = 0, 1, 2, \cdots, 300$$

由泊松定理可得

$$P\{X > N\} < 0.01$$

$$P\{X \geqslant N+1\} < 0.01 \quad (\lambda = 3)$$

查表可知 $\qquad P\{X \geqslant 9\} = 0.003\,8 < 0.01$，$N+1 = 9$，$N = 8$.

显然应用泊松定理可以有效地简化计算.

5. 超几何分布

假设 N 件产品，其中有 M 件不合格品. 若从中不放回随机抽取 n 件，则其中含有不合格品的件数 X 服从超几何分布，记为 $X \sim H(n, N, M)$，其概率分布律为

$$P\{X = k\} = \frac{\binom{M}{k}\binom{N-M}{n-k}}{\binom{N}{n}} \ (k = d, d+1, \cdots, r) \qquad (2-4)$$

其中 $r = \min\{M, n\}$，$d = \max\{0, n-N+M\}$ 且 $M \leqslant N$，$n \leqslant N$，N, M 均为正整数.

6. 几何分布

在伯努利试验中，记每次试验中事件 A 发生的概率为 $p \, (0 < p < 1)$. 如果 X 为事件 A 首次出现时的试验次数，则 X 的可能取值为 $1, 2, \cdots$，则称 X 服从几何分布，记为 $X \sim \mathrm{Ge}(p)$，其分布律为

$$P\{X = k\} = (1-p)^{k-1} p, \ (k = 1, 2, \cdots) \qquad (2-5)$$

【例 2−11】 设某批产品的次品率为 p，对该批产品做有放回地抽样检查，直到第一次抽到一只次品为止（在此之前抽到的全是正品），那么所抽到的产品数 X 是一个随机变量，求 X 的分布律.

解 设 A_i 表示"抽到的第 i 个产品是正品"

$$P\{X=k\} = P(A_1 A_2 \cdots A_{k-1} \overline{A_k})$$

$$= P(A_1) \cdot P(A_2) \cdot \cdots \cdot P(A_{k-1}) \cdot P(\overline{A_k})$$

$$= \underbrace{(1-p)(1-p) \cdot \cdots \cdot (1-p)}_{k-1} \cdot p$$

$$= q^{k-1} p. \ (k=1,2,\cdots)$$

所以 X 服从几何分布.

7. 负二项分布（帕斯卡分布）

在伯努利试验序列中，记每次试验中事件 A 发生的概率为 p. 如果 X 为事件 A 第 r 次出现时的试验次数，则 X 的可能取值为 $r, r+1, \cdots$ 则称 X 服从负二项分布或帕斯卡分布，记为 $X \sim NB(r,p)$，其分布律为

$$P\{X=k\} = \binom{k-1}{r-1} p^r (1-p)^{k-r}, (k=r, r+1, r+2, \cdots) \tag{2-6}$$

当 $r=1$ 时是几何分布.

以上是常用的几种离散型随机变量的分布，在实际应用中可以根据已知条件和分布的特点来确定随机变量服从何种分布.

2.3　随机变量的分布函数

在实际中有时研究的不是某一个确定值的概率，而是研究随机变量落在某一区间内的概率. 当实数 $x_1 < x_2$ 时，X 落在数轴上的区间无非有三种情形：$\{X \leqslant x_1\}$，$\{X > x_2\}$ 及 $\{x_1 < X \leqslant x_2\}$，如果已知 $P\{X \leqslant x_1\}$，有：$P\{X > x_1\} = 1 - P\{X \leqslant x_1\}$ 和 $P\{x_1 < X \leqslant x_2\} = P\{X \leqslant x_2\} - P\{X \leqslant x_1\}$，所以这里 $P\{X \leqslant x_1\}$ 就尤为重要，它也是随机变量分布函数的概念.

2.3.1　随机变量分布函数的概念

定义 2-3　设 X 是一个随机变量，对 $\forall x \in R$，函数

$$F(x) = P\{X \leqslant x\} \tag{2-7}$$

称为 X 的分布函数（cumulative distribution function，CDF）.

对于任意实数 x_1, x_2（$x_1 < x_2$），有

$$P\{x_1 < X \leqslant x_2\} = P\{X \leqslant x_2\} - P\{X \leqslant x_1\} = F(x_2) - F(x_1)$$

因此，若已知 X 的分布函数，就知道 X 落在任一区间 $(x_1, x_2]$ 上的概率. 分布函数本质是一个函数且它表示事件的概率，这时概率与函数联系起来了，就可以通过函数来全面研究随机变量的统计规律性.

如果将 X 看成是数轴上的随机点的坐标，那么，分布函数 $F(x)$ 在 x 处的函数值就表示 X 落在区间 $(-\infty, x]$ 上的概率.

2.3.2　随机变量分布函数的性质

分布函数 $F(x)$ 具有以下性质：

（1）$F(x)$ 是单调不减函数，即对 $\forall x_1 < x_2 \in \mathbf{R}$，$F(x_1) \leqslant F(x_2)$

证明：对 $\forall x_1 < x_2$，有 $F(x_2) - F(x_1) = P\{x_1 < X \leqslant x_2\} \geqslant 0$．因此，$F(x_1) \leqslant F(x_2)$

（2）规范性：$0 \leqslant F(x) \leqslant 1$ 且

$$F(-\infty) = \lim_{x \to -\infty} F(x) = 0, \ F(+\infty) = \lim_{x \to +\infty} F(x) = 1 \qquad (2-8)$$

（3）右连续性：对 $\forall x_0 \in \mathbf{R}$，有 $\lim_{x \to x_0^+} F(x) = F(x_0)$

注意：反之可证明，对于任意一个函数，若满足上述三条性质的话，则它一定是某随机变量的分布函数．

已知随机变量的分布函数，可以计算出随机变量落入任何区间的概率．

若 $a < b \in R$，$X \sim F(x)$ 则有

$P\{a < X \leqslant b\} = F(b) - F(a)$，$P\{X < a\} = \lim_{x \to a^-} F(x) = F(a-0)$，

$P\{X = a\} = P\{X \leqslant a\} - P\{X < a\} = F(a) - F(a-0)$，

$P\{X > a\} = 1 - F(a)$，$P\{X \geqslant a\} = 1 - F(a-0)$，

$P\{a \leqslant X \leqslant b\} = F(b) - F(a-0)$，$P\{a \leqslant X < b\} = F(b-0) - F(a-0)$，

$P\{a < X < b\} = F(b-0) - F(a)$

【**例 2-12**】反正切函数 $F(x) = \dfrac{1}{\pi}\left(\arctan x + \dfrac{\pi}{2}\right)$，$-\infty < x < \infty$．

它在整个数轴上是连续、严格单调增函数，且 $F(-\infty) = 0, F(+\infty) = 1$，由于 $F(x)$ 满足分布函数的三条基本性质，故 $F(x)$ 是一个分布函数．

2.2 节所学的随机变量的分布律和这节课所学的分布函数都可以计算离散型随机变量落在一个区间上的概率，两者之间可以相互转化．

【**例 2-13**】设随机变量 X 的分布律为

X	-1	2	3
p_k	$\dfrac{1}{4}$	$\dfrac{1}{2}$	$\dfrac{1}{4}$

求 X 的分布函数及图像，并求 $P\left\{X \leqslant \dfrac{1}{2}\right\}$，$P\left\{\dfrac{3}{2} < X \leqslant \dfrac{5}{2}\right\}$，$P\{2 \leqslant X \leqslant 3\}$．

解　由概率的有限可加性，得所求分布函数为

$$F(x) = \begin{cases} 0, & x < -1 \\ \dfrac{1}{4}, & -1 \leqslant x < 2 \\ \dfrac{1}{4} + \dfrac{1}{2}, & 2 \leqslant x < 3 \\ \dfrac{1}{4} + \dfrac{1}{2} + \dfrac{1}{4}, & x \geqslant 3 \end{cases}$$

即
$$F(x) = \begin{cases} 0, & x < -1 \\ \dfrac{1}{4}, & -1 \leqslant x < 2 \\ \dfrac{3}{4}, & 2 \leqslant x < 3 \\ 1, & x \geqslant 3 \end{cases}$$
，它的图像如图 2-3 所示.

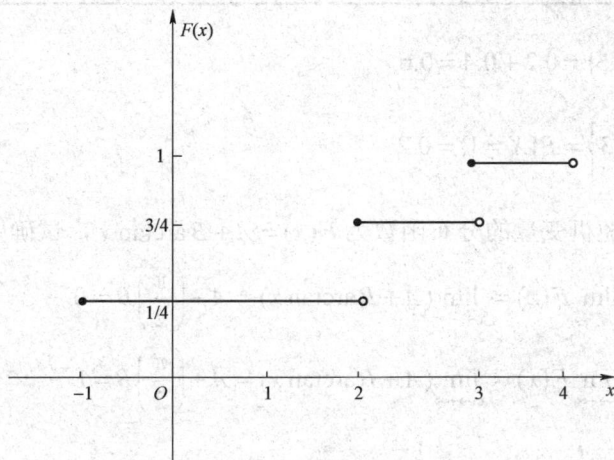

图 2-3　$F(x)$ 的图像

由分布函数可以计算相应的概率如下：

$$P\left\{ X \leqslant \dfrac{1}{2} \right\} = F\left(\dfrac{1}{2} \right) = \dfrac{1}{4};$$

$$P\left\{ \dfrac{3}{2} < X \leqslant \dfrac{5}{2} \right\} = F\left(\dfrac{5}{2} \right) - F\left(\dfrac{3}{2} \right) = \dfrac{3}{4} - \dfrac{1}{4} = \dfrac{1}{2};$$

$$P\{2 \leqslant X \leqslant 3\} = F(3) - F(2) + P(X=2) = 1 - \dfrac{3}{4} + \dfrac{1}{2} = \dfrac{3}{4}.$$

由图 2-3 可见，分布函数的图形是一条阶梯形的曲线，并具有右连续性.

一般地，设离散型随机变量 X 的分布律为 $P\{X = x_k\} = p_k$，$k = 1, 2, \cdots$

由概率的可列可加性得 X 的分布函数为

$$F(x) = P\{X \leqslant x\} = \sum_{x_k \leqslant x} P\{X \leqslant x_k\},$$

即
$$F(x) = \sum_{x_k \leqslant x} p_k.$$

【例 2-14】离散型随机变量 X 的分布函数是 $F(x) = \begin{cases} 0, & x < -1 \\ 0.4, & -1 \leqslant x < 1 \\ 0.6, & 1 \leqslant x < 3 \\ 1, & 3 \leqslant x \end{cases}$，求：

（1）X 的分布律；（2）$P\{-1<X\leqslant 3\}$；（3）$P\left\{\dfrac{1}{2}\leqslant X<3\right\}$.

解 （1）

X	-1	1	3
p_k	0.4	0.2	0.4

（2）$P\{-1<X\leqslant 3\}=0.2+0.4=0.6$

（3）$P\left\{\dfrac{1}{2}\leqslant X<3\right\}=P\{X=1\}=0.2$

【例 2-15】设某随机变量的分布函数为 $F(x)=A+B\arctan x$，试确定 A,B 的值.

解 由 $F(-\infty)=\lim\limits_{x\to-\infty}F(x)=\lim\limits_{x\to-\infty}(A+B\arctan x)=A-\left(\dfrac{\pi}{2}\right)B=0$

$F(+\infty)=\lim\limits_{x\to+\infty}F(x)=\lim\limits_{x\to+\infty}(A+B\arctan x)=A+\left(\dfrac{\pi}{2}\right)B=1$

得　$A=\dfrac{1}{2},B=\dfrac{1}{\pi}$.

【例 2-16】一个靶子是半径为 2 m 的圆盘，设击中靶上任一同心圆盘上的点的概率与该圆盘的面积成正比，并设射击都能中靶，以 X 表示弹着点与圆心的距离. 试求随机变量 X 的分布函数.

解 设 $X=\{$弹着点与圆心的距离$\}$

$$F(x)=P\{X\leqslant x\}=\begin{cases}0, & x<0\\[2mm]k\pi x^2=\dfrac{x^2}{4}, & 0\leqslant x<2\\[2mm]1, & x\geqslant 2\end{cases}$$

（其中 $F(2)=k\pi\times 2^2=1\Rightarrow k=\dfrac{1}{4\pi}$），与前面离散型随机变量的分布函数不同，它的图形是一条连续的曲线，如图 2-4 所示.

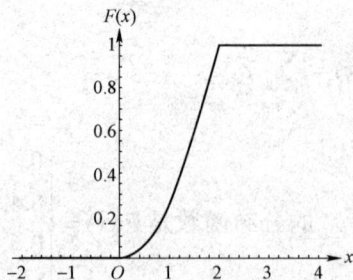

图 2-4　$F(x)$ 图形

2.4 连续型随机变量

2.4.1 概率密度函数的概念

定义 2-4 对于随机变量 X 的分布函数 $F(x)$，存在非负函数 $f(x)$，使得对任意的实数 $x \in (-\infty, +\infty)$，有

$$F(x) = \int_{-\infty}^{x} f(t)\mathrm{d}t \qquad (2-9)$$

则称 X 为连续型随机变量。其中函数 $f(x)$ 称为 X 的概率密度函数（probability density function，PDF），简称概率密度。由定义显然可知，$F(x)$ 连续。

$f(x)$ 在几何上表示一条曲线，称为分布密度曲线，则 $F(x)$ 的几何意义是：以分布密度曲线 $f(x)$ 为顶，以 Ox 轴为底，从 $-\infty$ 到 x 的一块曲边梯形的面积，如图 2-5 阴影部分所示。

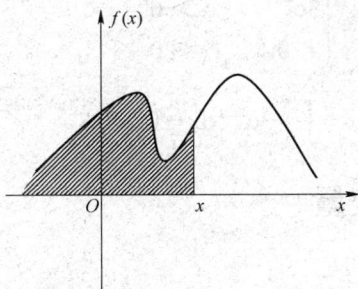

图 2-5 $F(x)$ 的几何意义

2.4.2 概率密度函数性质

（1）非负性：$f(x) \geqslant 0,\ x \in R$。

（2）规范性：$\int_{-\infty}^{+\infty} f(x)\mathrm{d}x = 1$。

注意：任意一个满足以上两个性质的函数，都可以作为某连续型随机变量的概率密度函数。

证明 由分布函数的性质有：

$$1 = \lim_{x \to +\infty} F(x) = \int_{-\infty}^{+\infty} f(t)\mathrm{d}t$$

（3）若 $f(x)$ 在 x 处是连续的，则 $F'(x) = f(x)$。

注意：由该性质，在连续点 x 处有

$$f(x) = \lim_{\Delta x \to 0^+} \frac{F(x + \Delta x) - F(x)}{\Delta x} = \lim_{\Delta x \to 0^+} \frac{P\{x < X \leqslant x + \Delta x\}}{\Delta x}$$

（4）$P\{x_1 < X \leqslant x_2\} = F(x_2) - F(x_1) = \int_{x_1}^{x_2} f(x)\mathrm{d}x$。

（5）若 X 是连续型随机变量，则 $\forall a \in \mathbf{R}, P\{X = a\} = 0$。

因为，$\forall \Delta x > 0$，有 $0 \leqslant P\{X=a\} \leqslant P\{a-\Delta x < X \leqslant a\} = \int_{a-\Delta x}^{a} f(x)\mathrm{d}x$，

而 $\lim\limits_{\Delta x \to 0} \int_{a-\Delta x}^{a} f(x)\mathrm{d}x = 0$，所以 $P\{X=a\} = 0$.

由此可知：概率为 0 的事件不一定是不可能事件，称为几乎不可能事件；同样概率为 1 的事件也不一定是必然事件. 对于连续型随机变量 X 有：

$$P\{x_1 < X \leqslant x_2\} = P\{x_1 \leqslant X < x_2\} = P\{x_1 < X < x_2\} = P\{x_1 \leqslant X \leqslant x_2\}$$
$$P\{X \geqslant x\} = P\{X > x\}$$

【例 2-17】设随机变量 X 具有概率密度 $f(x) = \begin{cases} k\mathrm{e}^{-3x}, & x > 0 \\ 0, & x \leqslant 0 \end{cases}$，试确定常数 k 的值，并求概率 $P\{X > 0.1\}$.

解 （1）由 $1 = \int_{-\infty}^{+\infty} f(x)\mathrm{d}x = \int_{0}^{+\infty} k\mathrm{e}^{-3x}\mathrm{d}x = k\int_{0}^{+\infty} \mathrm{e}^{-3x}\mathrm{d}x = \dfrac{k}{3} \Rightarrow k = 3$.

于是 k 的概率密度为 $\quad f(x) = \begin{cases} 3\mathrm{e}^{-3x}, & x > 0 \\ 0, & x \leqslant 0 \end{cases}$.

（2）$P\{X > 0.1\} = \int_{0.1}^{+\infty} f(x)\mathrm{d}x = \int_{0.1}^{+\infty} 3\mathrm{e}^{-3x}\mathrm{d}x = 0.740\,8$.

2.4.3 常用连续型随机变量

1. 均匀分布

设连续型随机变量 X 具有概率密度

$$f(x) = \begin{cases} \dfrac{1}{b-a}, & a < x < b \\ 0, & 其他 \end{cases} \tag{2-10}$$

则称 X 在区间 (a,b) 上服从均匀分布，记为 $X \sim U(a,b)$.

特性：X 在 (a,b) 内任一小区间内的概率与小区间所在的位置无关，而只与小区间的长度有关.

证明：设 $(c,d) \subset (a,b)$，则

$$P(c < X \leqslant d) = \int_{c}^{d} f(x)\mathrm{d}x = \int_{c}^{d} \dfrac{1}{b-a}\mathrm{d}x = \dfrac{d-c}{b-a}$$

均匀分布的分布函数为

$$F(x) = \int_{-\infty}^{x} f(t)\mathrm{d}t = \begin{cases} 0, & x < a \\ \int_{a}^{x} f(t)\mathrm{d}t, & a \leqslant x < b \\ \int_{a}^{b} f(t)\mathrm{d}t, & x \geqslant b \end{cases} = \begin{cases} 0, & x < a \\ \dfrac{x-a}{b-a}, & a \leqslant x < b \\ 1, & x \geqslant b \end{cases}$$

图 2-6 是均匀分布密度 $f(x)$ 和分布函数 $F(x)$ 的图形.

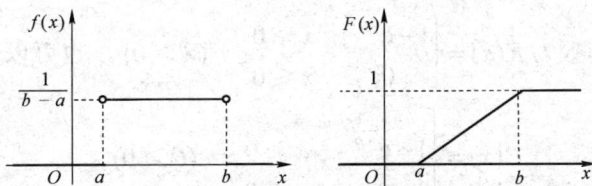

图 2-6　均匀分布密度 $f(x)$ 和分布函数 $F(x)$ 的图形

计算服从均匀分布的随机变量落在一个区间上的概率，可以直接用该区间长度除总的区间长度.

【例 2-18】 电阻值 R 是一个随机变量，均匀分布在 $900 \sim 1\,100\ \Omega$. 求 R 的概率密度及 R 落在 $950 \sim 1\,050\ \Omega$ 的概率.

解　按题意，R 的概率密度

$$f(r) = \begin{cases} \dfrac{1}{1100 - 900}, & 900 < r < 1100 \\ 0, & \text{其他} \end{cases}$$

故有
$$P\{950 < R \leqslant 1\,050\} = \int_{950}^{1\,050} \frac{1}{200}\,\mathrm{d}r = 0.5\,.$$

2. 指数分布

若随机变量 X 具有概率密度

$$f(x) = \begin{cases} \lambda \mathrm{e}^{-\lambda x}, & x > 0 \\ 0, & x \leqslant 0 \end{cases} \qquad (\lambda > 0)\,, \qquad\qquad (2\text{-}11)$$

则称 X 服从参数为 λ 的指数分布，记作 $X \sim E(\lambda)$.

指数分布的密度函数有时也写为

$$f(x) = \begin{cases} \dfrac{1}{\theta} \mathrm{e}^{-\frac{1}{\theta}x}, & x > 0 \\ 0, & x \leqslant 0 \end{cases} \qquad (\theta > 0)\,.$$

指数分布的概率密度函数曲线图如图 2-7 所示.

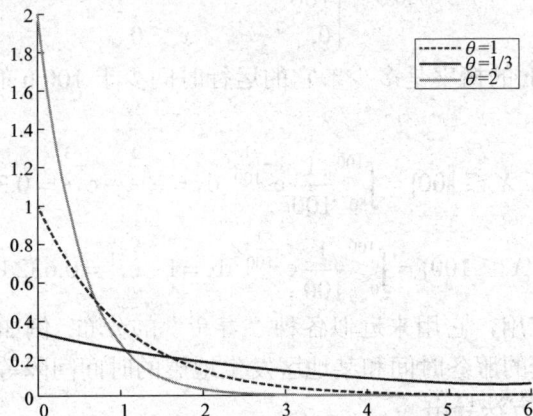

图 2-7　指数分布的概率密度函数曲线

指数分布的分布函数为 $F(x) = \begin{cases} 1 - e^{-\lambda x}, & x > 0 \\ 0, & x \leqslant 0 \end{cases}$ $(\lambda > 0)$，也可以表示为

$$F(x) = \begin{cases} 1 - e^{-\frac{1}{\theta}x}, & x > 0 \\ 0, & x \leqslant 0 \end{cases} \quad (\theta > 0),$$

图形如图 2-8 所示.

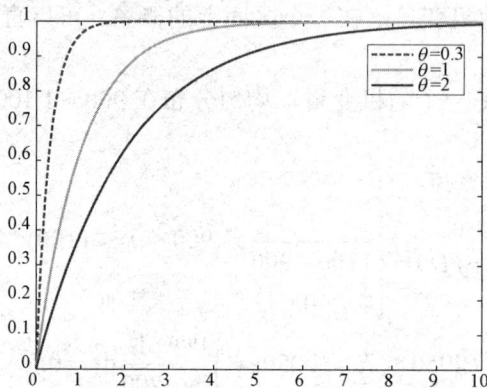

图 2-8　$F(x)$ 图形

指数分布是一种"永远年轻"或"没有记忆"的分布，可以证明：若 $X \sim E(\lambda)$，则对任意的 $s > 0, t > 0$，有

$$P\{X > s + t \mid X > s\} = \frac{P\{X > s + t, X > s\}}{P\{X > s\}} = \frac{P\{X > s + t\}}{P\{X > s\}} = \frac{e^{-\lambda(s+t)}}{e^{-\lambda s}} = e^{-\lambda t} = P\{X > t\}$$

若将 X 解释为一棵银杏树的寿命，上面表明如果已知该树活了 s 年，则该树再活 t 年的概率与它已经活过的 s 年无关，这是指数分布的重要特征.

【例 2-19】已知某校信息计算中心某型号工作站无故障工作时间 X（单位：h）服从指数分布，其密度函数为

$$f(x) = \begin{cases} \dfrac{1}{100} e^{-\frac{1}{100}x}, & x \geqslant 0 \\ 0, & x < 0 \end{cases},$$

求它无故障工作 $50 \sim 100\,h$ 的概率是多少？它的运行时间少于 $100\,h$ 的概率是多少？

解　由题设

$$P\{50 \leqslant X \leqslant 100\} = \int_{50}^{100} \frac{1}{100} e^{-\frac{1}{100}x} \mathrm{d}x = e^{-\frac{1}{2}} - e^{-\frac{3}{2}} = 0.383\,4,$$

$$P\{0 \leqslant X \leqslant 100\} = \int_{0}^{100} \frac{1}{100} e^{-\frac{1}{100}x} \mathrm{d}x = 1 - e^{-1} = 0.632\,1.$$

指数分布有重要的应用，它用来近似各种"寿命"的分布. 例如，电子元件的寿命，动物的寿命，随机服务系统的服务时间和某地区发生地震的时间间隔等，都常假定服从指数分布. 指数分布可由下面的方法导出.

设某元件在 $t = 0$ 时开始工作，在工作中受到外界的各种随机冲击，假如在 $(0, t)$ 内受到外界冲击的次数 N_t 是一个泊松流，即有

$$P\{N_t = k\} = \frac{(\lambda t)^k}{k!} e^{-\lambda t}, k = 0,1,2,\cdots$$

有这样一种元件，它经受不住外界的冲击，当外界冲击来到时，元件就会立即失效. 以 X 表示这种元件的寿命，则 X 就是第一次冲击到来的时间. 它的可靠度函数为

$$R(t) = P\{X > t\} = P\{在(0,t)内无冲击\} = P\{N_t = 0\} = e^{-\lambda t},$$

于是 X 的分布函数为

$$F(t) = 1 - R(t) = 1 - e^{-\lambda t}, t > 0$$

密度函数为

$$f(t) = \begin{cases} \lambda e^{-\lambda t}, & t > 0 \\ 0, & t \leqslant 0 \end{cases}$$

即 X 服从指数分布，λ 称为失效率，失效率越高则平均寿命就越小. 指数分布描述了无老化时的寿命分布，但"无老化"是不可能的，因而只是一种近似. 对一些寿命长的原件，在初期阶段老化现象很小，在这一阶段，指数分布比较确切地描述了寿命的分布情况.

3. 威布尔分布

若考虑老化，则应取失效率随时间而上升，而不能为常数，故应取为一个 x 的增函数，比如 λx^m，其中 $\lambda > 0, m > 0$ 为常数. 在这个条件下，将得出：寿命分布函数 $F(x)$ 满足微分方程

$$\frac{F'(x)}{1 - F(x)} = \lambda x^m$$

此与初始条件 $F(0) = 0$ 结合，得出

$$F(x) = 1 - e^{-(\lambda/(m+1))x^{m+1}}$$

取 $\alpha = m + 1 (\alpha > 1)$，并把 $\lambda / (m+1)$ 记为 λ，得出

$$F(x) = 1 - e^{-\lambda x^{\alpha}} \quad (x > 0) \tag{2-12}$$

而当 $x \leqslant 0$ 时，此分布的密度函数为

$$f(x) = \begin{cases} \lambda \alpha x^{\alpha-1} e^{-\lambda x^{\alpha}}, & 当 x > 0 时 \\ 0, & 当 x \leqslant 0 时 \end{cases}, \tag{2-13}$$

式（2-12）和式（2-13）分别称为威布尔分布函数和威布尔分布密度函数，它与指数分布一样，在可靠性统计分析中占有重要地位，实际上，指数分布是威布尔分布当 $\alpha=1$ 时的特例.

【例 2-20】设母鸡在任意的 $[t_0, t_0 + t]$ 的时间间隔内下蛋个数 X 服从 $P\{X = k\} = \frac{(\lambda t)^k}{k!} e^{-\lambda t}$，$k = 0,1,2,\cdots$ 问鸡两次下蛋之间的"等待时间" Y 服从怎样的分布？

解　假设前一次下蛋时刻为 0，因为 Y 不可能为负，所以当 $t \leqslant 0$ 时，显然有 $P\{Y < t\} = 0$ 而当 $t > 0$ 时，因为在等待时间内，鸡不下蛋 $\{Y > t\} = \{X = 0\}$ 从而 $P\{Y > t\} = P\{X = 0\} = e^{-\lambda t}$，于是 $P\{Y \leqslant t\} = 1 - P\{Y > t\} = 1 - e^{-\lambda t}$.

4. Γ 分布

Γ 分布是指数分布的一种推广.

有这样一种元件，它能经受住外界的若干次冲击，但当第 r 次外界冲击来到时，元件失效. 假如在 $(0,t)$ 内受到外界冲击的次数 N_t 是一个泊松流，即有

$$P\{N_t = k\} = \frac{(\lambda t)^k}{k!} e^{-\lambda t}, k = 0, 1, 2, \cdots$$

以 X 表示这种元件的寿命，则当 $r=1$，$X \sim E(\lambda)$；当 r 为任意自然数时，元件的寿命 X 就是第 r 次冲击到来的时间，它的可靠度函数

$$R(t) = P\{X > t\} = P\{\text{在}(0,t)\text{内出现冲击次数不超过} r-1\}$$

$$= P\{N_t \leqslant r-1\} = \sum_{i=0}^{r-1} P\{N_t = i\} = e^{-\lambda t} \sum_{i=0}^{r-1} \frac{(\lambda t)^i}{i!},$$

于是 X 的分布函数为

$$F(t) = 1 - R(t) = 1 - e^{-\lambda t} \sum_{i=0}^{r-1} \frac{(\lambda t)^i}{i!}, t > 0$$

密度函数为

$$f(t) = -\left[-\lambda e^{-\lambda t} \sum_{i=0}^{r-1} \frac{(\lambda t)^i}{i!} + e^{-\lambda t} \sum_{i=0}^{r-1} \frac{i\lambda(\lambda t)^{i-1}}{i!} \right]$$

$$= \lambda e^{-\lambda t} \left[\sum_{i=0}^{r-1} \frac{(\lambda t)^i}{i!} - \sum_{i=1}^{r-1} \frac{(\lambda t)^{i-1}}{(i-1)!} \right]$$

$$= \lambda e^{-\lambda t} \frac{(\lambda t)^{r-1}}{(r-1)!}$$

得

$$f(t) \begin{cases} \dfrac{\lambda^r}{(r-1)!} t^{r-1} e^{-\lambda t}, & t > 0 \\ 0, & t \leqslant 0 \end{cases}$$

一般地，设 X 为连续型随机变量，概率密度为

$$f(t) = \begin{cases} \dfrac{\lambda^r}{\Gamma(r)} x^{r-1} e^{-\lambda x}, & x > 0 \\ 0, & x \leqslant 0 \end{cases} \tag{2-14}$$

其中 $r > 0, \lambda > 0$ 为常数，则称 X 服从参数为 (r, λ) 的 Γ 分布，记为 $X \sim \Gamma(r, \lambda)$.

这里

$$\Gamma(r) = \int_0^{+\infty} x^{r-1} e^{-x} dx \ (r > 0)$$

是 Γ 函数. 当 r 为正整数时，$\Gamma(r) = (r-1)!$

显然，当 $r=1$ 时，$\Gamma(1, \lambda)$ 就是指数分布.

5. 正态分布

设连续型随机变量 X 具有概率密度

$$f(x) = \frac{1}{\sqrt{2\pi}\sigma} e^{-\frac{(x-\mu)^2}{2\sigma^2}} \quad -\infty < x < +\infty, \tag{2-15}$$

其中 $\mu, \sigma(\sigma > 0)$ 为常数，则称 X 服从参数为 μ, σ 的正态分布或高斯分布，记为 $X \sim N(\mu, \sigma^2)$

正态分布的密度曲线如图 2-9 所示，它具有以下的性质.

（1）曲线 $f(x)$ 关于 $x = \mu$ 对称，那么对于任意 $h > 0$，有

$$P\{\mu - h < X \leqslant \mu\} = P\{\mu < X \leqslant \mu + h\}.$$

（2）当 $x = \mu$ 时，$f(\mu) = \dfrac{1}{\sqrt{2\pi}\sigma}$ 为最大值.

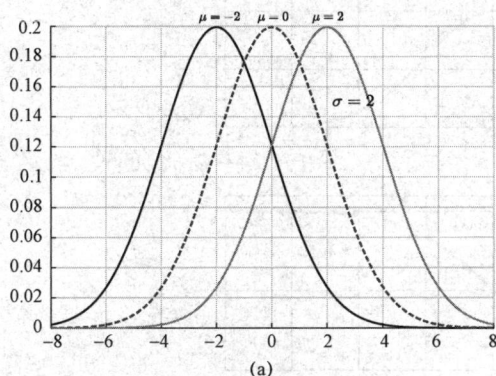

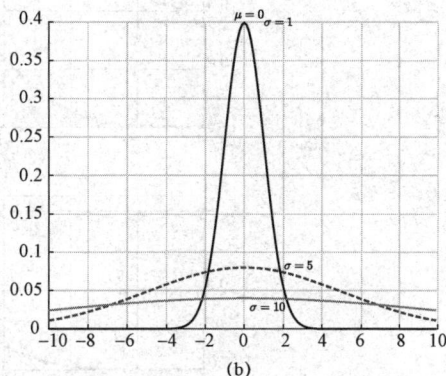

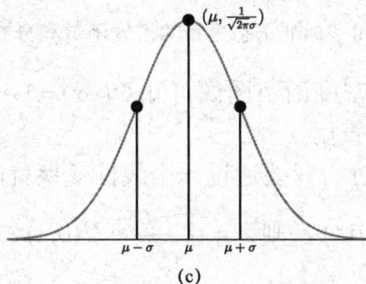

图 2-9　正态分布的密度曲线

从图 2-9 可看到，x 离 μ 越远，$f(x)$ 的值越小. 表明对于相同长度的区间，离 μ 越远 X 落在该区间上的概率越小.

① 若 σ 不变，改变 μ 的值，图形的形状不发生改变，只是图形沿 x 轴平移，可见 $f(x)$ 的位置完全由参数 μ 所确定，称 μ 为位置参数.

② 若 μ 不变，改变 σ 的值，由于最大值 $f(\mu) = \dfrac{1}{\sqrt{2\pi}\sigma}$，$\sigma$ 越小，则 $f(\mu)$ 越大，图形越尖；σ 越大，则 $f(\mu)$ 越小. 可见，$f(x)$ 的形状由参数 σ 所确定，称 σ 为形状参数.

③ 曲线在 $x = \mu - \sigma$ 和 $x = \mu + \sigma$ 处各有一个拐点；当 $x < \mu$ 时函数 $f(x)$ 递增，当 $x > \mu$ 时函数 $f(x)$ 递减，在 $x = \mu$ 处达到最大值 $\dfrac{1}{\sqrt{2\pi}\sigma}$.

正态分布的分布函数为

$$F(x) = \int_{-\infty}^{x} \frac{1}{\sqrt{2\pi}\sigma} \mathrm{e}^{-\frac{(t-\mu)^2}{2\sigma^2}} \, \mathrm{d}t = \frac{1}{\sqrt{2\pi}\sigma} \int_{-\infty}^{x} \mathrm{e}^{-\frac{(t-\mu)^2}{2\sigma^2}} \, \mathrm{d}t \qquad （2-16）$$

特别地，当 $\mu = 0$，$\sigma = 1$ 时称 X 服从标准正态分布，其概率密度和分布函数分别用 $\varphi(x)$，$\Phi(x)$ 表示，即有 $\varphi(x) = \dfrac{1}{\sqrt{2\pi}}\mathrm{e}^{-\frac{x^2}{2}}$，$\Phi(x) = \dfrac{1}{\sqrt{2\pi}}\displaystyle\int_{-\infty}^{x}\mathrm{e}^{-\frac{t^2}{2}}\mathrm{d}t$．图 2-10 为标准正态分布的密度函数和分布函数的图形．

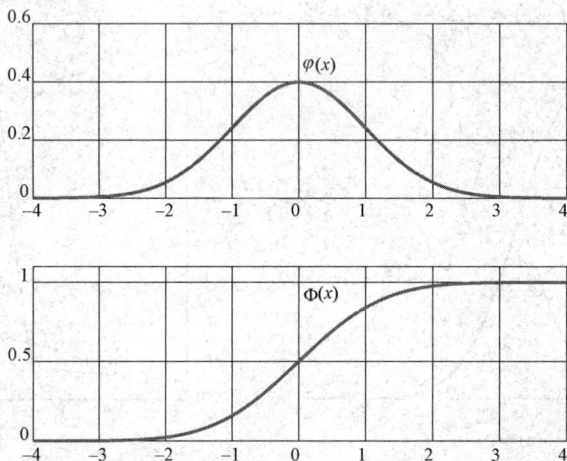

图 2-10 标准正态分布的密度函数和分布函数的图形

由标准正态分布的概率密度函数图像可知 $\Phi(-x) = 1 - \Phi(x)$．前人已编制了 $\Phi(x)$ 的函数值表（见附录表 A.2），可供查用．

一般地，若 $X \sim N(\mu, \sigma^2)$，只要通过一个线性变换就能将它化成标准正态分布．

定理 2-1 若 $X \sim N(\mu, \sigma^2)$，则 $Z = \dfrac{X-\mu}{\sigma} \sim N(0,1)$．

证 $F_Y(y) = P\{Y \leqslant y\} = P\left\{\dfrac{X-\mu}{\sigma} \leqslant y\right\} = P\{X \leqslant \mu + \sigma y\} = \displaystyle\int_{-\infty}^{\mu+\sigma y} \dfrac{1}{\sqrt{2\pi}\sigma}\mathrm{e}^{-\frac{(x-\mu)^2}{2\sigma^2}}\mathrm{d}x$，

$f_Y(y) = F_Y'(y) = \sigma \dfrac{1}{\sqrt{2\pi}\sigma}\mathrm{e}^{-\frac{\sigma^2 y^2}{2\sigma^2}} = \dfrac{1}{\sqrt{2\pi}}\mathrm{e}^{-\frac{y^2}{2}}$，

因此，$Z = \dfrac{X-\mu}{\sigma} \sim N(0,1)$．

若 $X \sim N(\mu, \sigma^2)$ 则 $\dfrac{X-\mu}{\sigma} \sim N(0,1)$．一般正态分布与标准正态分布之间建立了联系，可以通过标准正态分布求概率．

（1）$F(x) = P\{X \leqslant x\} = P\left\{\dfrac{X-\mu}{\sigma} \leqslant \dfrac{x-\mu}{\sigma}\right\} = \Phi\left(\dfrac{x-\mu}{\sigma}\right)$ 可查表求值．

（2）$P\{x_1 < X \leqslant x_2\} = P\left\{\dfrac{x_1-\mu}{\sigma} < \dfrac{X-\mu}{\sigma} \leqslant \dfrac{x_2-\mu}{\sigma}\right\} = \Phi\left(\dfrac{x_2-\mu}{\sigma}\right) - \Phi\left(\dfrac{x_1-\mu}{\sigma}\right)$．

（3）$\Phi(0) = 0.5, \Phi(+\infty) = 1, \Phi(-\infty) = 0$，$\Phi(-x) = 1 - \Phi(x)$．

【例 2-21】设 $X \sim N(1, 4)$，查表得

$$P\{0 < X \leqslant 1.6\} = \Phi\left(\frac{1.6-1}{2}\right) - \Phi\left(\frac{0-1}{2}\right)$$

$$= \Phi(0.3) - \Phi(-0.5)$$

$$= 0.617\,9 - [1 - \Phi(0.5)]$$

$$= 0.617\,9 - 1 + 0.691\,5 = 0.309\,4$$

【例 2-22】通过抽样调查，某市男子的身高（单位：cm），服从正态分布 $N(170,36)$，则如何设计公交车门的高度，才能使得该市男子与车门碰头的概率小于 5%？

解 设 X 为该市男子的身高，则 $X \sim N(170,36)$，又设公交车门的高度为 h（常数）. 由题中的条件知 $P\{X > h\} < 0.05$，即 $P\{X \leqslant h\} \geqslant 0.95$，则

$$\Phi\left(\frac{h-170}{6}\right) \geqslant 0.95 \approx \Phi(1.645)$$

$$\frac{h-170}{6} > 1.645 \Rightarrow h > 179.87$$

因此，公交车门高度至少为 179.87 cm，才能保证该市男子与车门碰头的概率小于 5%.

为了便于今后应用，对于标准正态随机变量，引入了 α 分位点的定义.

设 $X \sim N(0,1)$，若 Z_α 满足条件 $P\{X > Z_\alpha\} = \alpha$，$0 < \alpha < 1$，则称点 Z_α 为标准正态分布的上 α 分位点. 如何求上 α 分位点 Z_α 呢？已知 $P(X > Z_\alpha) = 0.05$，求 Z_α

$$P\{X \leqslant Z_\alpha\} = 1 - \alpha \Rightarrow \Phi(Z_\alpha) = 1 - \alpha$$

先求 $1 - \alpha$，再查表，$\alpha = 0.05$，$1 - \alpha = 0.95$，则 $Z_\alpha = 1.645$，即 $Z_{0.05} = 1.645$.

随机变量 $X \sim N(\mu, \sigma^2)$，则通过查表可以求出以下概率：

$$P\{\mu - k\sigma < X < \mu + k\sigma\} = P\left\{\left|\frac{X-\mu}{\sigma}\right| < k\right\} = \Phi(k) - \Phi(-k) = 2\Phi(k) - 1，\text{当 } k = 1,2,3 \text{ 时有}$$

$$P\{\mu - \sigma < X < \mu + \sigma\} = 2\Phi(1) - 1 = 0.682\,6$$

$$P\{\mu - 2\sigma < X < \mu + 2\sigma\} = 2\Phi(2) - 1 = 0.954\,5$$

$$P\{\mu - 3\sigma < X < \mu + 3\sigma\} = 2\Phi(3) - 1 = 0.997\,3$$

在实际应用中通常认为服从正态分布 $N(\mu, \sigma^2)$ 的随机变量 X 落在区间 $(\mu - 3\sigma, \mu + 3\sigma)$ 内几乎是肯定的事情，这就是人们所说的 3σ 准则，图形如图 2-11 所示.

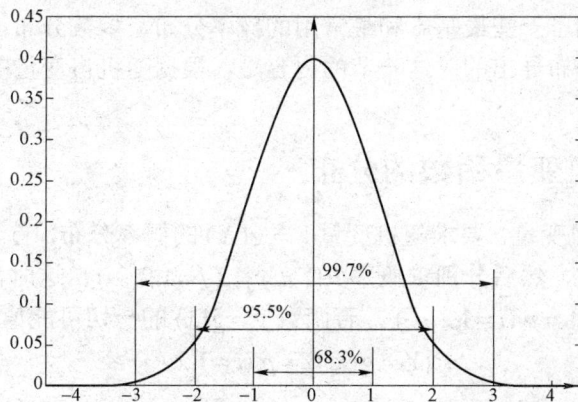

图 2-11 3σ 准则图形

设 $X \sim N(0,1)$，若 Z_α 满足条件 $P\{X > Z_\alpha\} = \alpha, 0 < \alpha < 1$，则称 Z_α 为标准正态分布的上 α 分位点. Z_α 的图形如图 2-12 所示.

通过查表可以得到 $Z_{0.05} = 1.645, Z_{0.005} = 2.57, Z_{1-\alpha} = -Z_\alpha$

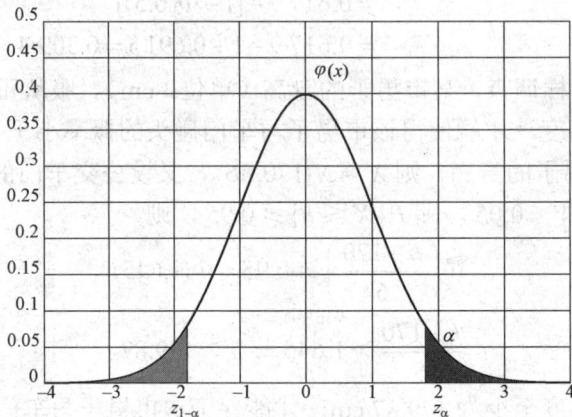

图 2-12　Z_α 的图形

除了离散型分布和连续型分布外，还有既非离散型又非连续型的分布，见下例.

【例 2-23】 $F(x) = \begin{cases} 0, & x < 0 \\ \dfrac{1+x}{2}, & 0 \leqslant x < 1 \\ 1, & x \geqslant 1 \end{cases}$

该函数是一个分布函数，它的图形既不是阶梯状的也不是连续的，所以它既不是离散型分布也不是连续型分布.

2.5　随机变量函数的分布

人们已经掌握了数百种概率分布，其中每一种概率分布都有各自的应用领域. 在众多的分布中，前文已经介绍了一些最基本和最常用的概率分布，多数分布都是作为具有一定分布的随机变量的函数的分布导出的. 这一节的内容是，根据随机自变量的概率分布求其函数的概率分布的方法.

2.5.1　离散型随机变量函数的分布

设 X 是离散型随机变量，要求随机变量 $Y = g(X)$ 的概率分布，首先由函数关系 $y = g(x)$ 列出 Y 的一切可能取值，然后分别求概率 $P\{Y = y_j\}$ $(j = 1, 2, \cdots)$. 这时，

（1）已知 $P\{X = x_i\} = p_i (i = 1, 2, \cdots)$，若函数 $y = g(x)$ 的一切可能值两两不等，则

$$P\{Y = g(x_i)\} = p_i (i = 1, 2, \cdots)$$

就是 Y 的概率分布；

（2）若对于某些 X 的可能值 $\{x_{k_1}, \cdots, x_{k_n}\}$，$y = g(x_{k_j})$ 等于同一值 y_k，则

$$P\{Y = y_k\} = P\{X = x_{k_1}\} + \cdots + P\{X = x_{k_n}\} = p_{k_1} + \cdots + p_{k_n}$$

这种做法可以推广到可列无限个情形.

【例 2−24】设随机变量 X 具有以下的分布律. 试求 $Y = (X - 1)^2$ 的分布律.

X	−1	0	1	2
p_k	0.2	0.3	0.1	0.4

解 Y 所有可能取的值是 0，1，4 由

$$P\{Y = 0\} = P\{(X - 1)^2 = 0\} = P\{X = 1\} = 0.1$$
$$P\{Y = 1\} = P\{X = 0\} + P\{X = 2\} = 0.7$$
$$P\{Y = 4\} = P\{X = -1\} = 0.2$$

即得 Y 的分布律为

Y	0	1	4
p_k	0.1	0.7	0.2

2.5.2 连续型随机变量函数的分布

设 X 是连续型随机变量，则随机变量 $Y = g(X)$ 可能是连续型的，也可能是离散型的.

（1）若函数 $y = g(x)$ 只有有限个取值或无限可列个取值，按上述离散型情形处理.

（2）若函数 $y = g(x)$ 所有可能值的集合是一个区间，则一般先求 Y 的分布函数 $F(x)$，再求导数 $F'(x)$，即可得到 $Y = g(X)$ 的概率密度 $f(x)$.

【例 2−25】设随机变量 X 具有概率密度

$$f_X(x) = \begin{cases} \dfrac{x}{8}, & 0 < x < 4 \\ 0, & 其他 \end{cases} ，求随机变量 Y = 2X + 8 的概率密度.$$

解 分别记 X, Y 的分布函数为 $F_X(x)$，$F_Y(y)$

$$F_Y(y) = P\{Y \leqslant y\} = P\{2X + 8 \leqslant y\} = P\left\{X \leqslant \frac{y-8}{2}\right\} = \int_{-\infty}^{\frac{y-8}{2}} f_X(x)\mathrm{d}x$$

$$f_Y(y) = f_X\left(\frac{y-8}{2}\right)\left(\frac{y-8}{2}\right)'$$

$$= \begin{cases} \dfrac{1}{8}\left(\dfrac{y-8}{2}\right)\dfrac{1}{2}, & 0 < \dfrac{y-8}{2} < 4 \\ 0, & 其他 \end{cases}$$

$$= \begin{cases} \dfrac{y-8}{32}, & 8 < y < 16 \\ 0, & 其他 \end{cases}$$

【例 2−26】已知随机变量 X 服从标准正态分布，求 $Y = X^2$ 的概率密度.

解 以 $F_Y(y)$ 和 $f_Y(y)$ 分别表示 Y 的分布函数和概率密度. 当 $y \leqslant 0$ 时显然 $F_Y(y)=0$；对于 $y>0$，有

$$F_Y(y) = P\{Y \leqslant y\} = P\{X^2 \leqslant y\} = P\{|X| \leqslant \sqrt{y}\}$$

$$= P\{-\sqrt{y} \leqslant X \leqslant \sqrt{y}\} = \frac{1}{\sqrt{2\pi}} \int_{-\sqrt{y}}^{\sqrt{y}} e^{-\frac{x^2}{2}} dx \ .$$

对 y 求导，得

$$f_Y(y) = \frac{1}{\sqrt{2\pi}} \left[e^{-\frac{y}{2}} \frac{1}{2\sqrt{y}} + e^{-\frac{y}{2}} \frac{1}{2\sqrt{y}} \right] = \frac{1}{\sqrt{2\pi y}} e^{-\frac{y}{2}}$$

于是，$Y = X^2$ 的概率密度为

$$f(y) = F'(x) = \begin{cases} \dfrac{1}{\sqrt{2\pi y}} e^{-\frac{y}{2}}, & y>0, \\ 0, & y \leqslant 0. \end{cases}$$

定理 2-2 设随机变量 X 具有概率密度 $f_X(x)$，$-\infty < x < \infty$，又设函数 $g(x)$ 处处可导且有 $g'(x) > 0$ （或恒有 $g'(x) < 0$）则 $Y = g(x)$ 是连续型随机变量，其概率密度为

$$f_Y(y) = \begin{cases} f_X(h(y))|h'(y)|, & \alpha < y < \beta, \\ 0, & \text{其他}. \end{cases} \tag{2-17}$$

其中 $\alpha = \min(g(-\infty), g(\infty))$, $\beta = \max(g(-\infty), g(\infty))$, $h(y)$ 是 $g(x)$ 的反函数.

例 2-25、例 2-26 的求解过程即为定理 2-2 的证明思路.

【**例 2-27**】设随机变量 $X \sim N(\mu, \sigma^2)$. 试证明 X 的线性函数 $Y = aX + b$ $(a \neq 0)$ 也服从正态分布.

证明： $X \sim f(x) = \dfrac{1}{\sqrt{2\pi}\sigma} e^{-\frac{(x-\mu)^2}{2\sigma^2}}$

$Y = aX + b$ 单调函数，且值域为 $(-\infty, +\infty)$

$y = ax + b$ 有 $x = \dfrac{y-b}{a}$，$\dfrac{dx}{dy} = \dfrac{1}{a}$

所以
$$f_Y(y) = f\left(\frac{y-b}{a}\right) \left|\frac{1}{a}\right|$$

$$= \frac{1}{\sqrt{2\pi}\sigma} e^{-\frac{\left(\frac{y-b}{a} - \mu\right)^2}{2\sigma^2}} \left|\frac{1}{a}\right|$$

$$= \frac{1}{\sqrt{2\pi}\sigma|a|} e^{-\frac{[y-(b+a\mu)]^2}{2\sigma^2 a^2}} \qquad -\infty < y < +\infty$$

即有 $Y = aX + b \sim N(a\mu + b, (a\sigma)^2)$.

注意：（1）正态随机变量 X 的线性函数 $aX + b$ 仍然是正态随机变量.

（2）$a = \dfrac{1}{\sigma}$，$b = -\dfrac{\mu}{\sigma}$，$Y = aX + b = \dfrac{1}{\sigma}X - \dfrac{\mu}{\sigma} = \dfrac{X-\mu}{\sigma} \sim N(0, 1)$

习 题 2

1. 设随机变量 X 的分布律为 $P\{X=k\}=3\lambda^k, k=1,2,\cdots$，求参数 λ．

2. 某人进行射击，设每次射击的命中率为 0.02，独立射击 400 次，试求至少击中两次的概率．

3. 电话交换台每分钟的呼叫次数服从参数为 4 的泊松分布，求每分钟恰有 8 次呼叫的概率．

4. 在一幢大楼内装有 5 个同类型的供水设备，调查表明在任一时刻 t 每个设备使用的概率为 0.1，问在同一时刻，恰有 2 个设备被同时使用的概率是多少？

5. 贾同学喜欢某型号手机，欲通过该手机官网网站抢购，直到抢到为止，记抢购次数为随机变量 X，若再设每次抢购的成功率均为 $1/9$，则 X 的分布律为_____．

6. 某地每天因交通事故而死亡的人数服从参数为 1 的泊松分布，则明天没有人因交通事故而死亡的概率为_____．

7. 在一个袋中装有 5 只乒乓球，编号为 1、2、3、4、5，在其中同时取三只乒乓球，以 X 表示取出的三只球中的最小号码，写出随机变量 X 的分布律．

8. 某人射击一次，已知击中目标的概率是未击中目标概率的 3 倍，设随机变量
$X=\begin{cases}0, & \text{未击中目标}\\ 1, & \text{击中目标}\end{cases}$，试求 X 的分布律．

9. 从一副 52 张（不含两张王牌）的扑克牌中任取 5 张，求其中红桃张数的概率分布．

10. 设离散型随机变量 X 的分布律为：

X	0	1	2
P_k	0.1	0.2	0.7

求（1）X 的分布函数 $F(x)$；（2）$P\{-1<X\leqslant 1\}$；（3）$P\{X>1\}$．

11. 离散型随机变量 X 的分布函数是 $F(x)=\begin{cases}0, & x<-1\\ 0.4, & -1\leqslant x<1\\ 0.6, & 1\leqslant x<3\\ 1, & 3\leqslant x\end{cases}$，求：

（1）X 的分布律；（2）$P\{-1<X\leqslant 3\}$；（3）$P\left\{\dfrac{1}{2}\leqslant X<3\right\}$．

12. 随机变量 X 的分布函数是 $F(x)=\begin{cases}0, & x<-1\\ 0.6, & -1\leqslant x<1\\ 0.8, & 1\leqslant x<3\\ 1, & 3\leqslant x\end{cases}$，则 $P\{-1<X\leqslant 3\}=$_____．

13. 在一个口袋中有 7 个白球，3 个黑球，每次从中任取一个球，不放回，求首次取出

白球时的取球次数 X 的概率分布.

14. 离散型随机变量 X 的分布律为 $P\{X=n\}=\dfrac{a}{n(n+1)}(n=1,2,3,4)$，其中 a 为常数，求 $P\left\{\dfrac{1}{2}<X<\dfrac{5}{2}\right\}$ 的值.

15. 在心理学研究中，常采用对比试验的方法来评价不同心理暗示对人的影响，具体方法如下：将参加试验的志愿者随机分成两组，一组接受甲种心理暗示，另一种接受乙种心理暗示. 通过对比这两组志愿者接受心理暗示后的结果来评价两种心理暗示的作用. 现有 6 名男志愿者 A_1,A_2,A_3,A_4,A_5,A_6 和 4 名女志愿者 B_1,B_2,B_3,B_4，从中随机抽取 5 人接受甲种心理暗示，另外 5 人接受乙种心理暗示.

（1）求接受甲种心理暗示的志愿者中包含 A_1 但不包含 B_1 的概率.

（2）用 X 表示接受乙种心理暗示的女志愿者人数，求 X 的分布律.

16. 甲、乙两人为了响应政府"节能减排"的号召，决定各自购置一辆纯电动汽车. 经了解，目前市场上销售的主流纯电动汽车，按行驶里程数 R（单位：km）可分为三类车型：

$$A:80\leqslant R<150,\quad B:150\leqslant R<250,\quad C:R\geqslant 250,$$

甲从 A，B，C 三类车型中挑选，乙从 B，C 两类车型中挑选，甲、乙两人选择各类车型的概率如下表：

概率	车型		
	A	B	C
甲	1/5	p	q
乙	0	1/4	3/4

若甲、乙都选 C 类车型的概率为 3/10，则

（1）求 p，q 的值.

（2）求甲、乙选择不同车型的概率.

（3）某市对购买纯电动汽车进行补贴，补贴标准见下表：

车型	A	B	C
补贴金额（万元/辆）	3	4	5

记甲、乙两人购车所获得的财政补贴和为 X，求 X 的分布律.

17. 设随机变量 X 的分布函数为 $F_X(x)=\begin{cases}0, & x<1,\\ \ln x, & 1\leqslant x<\mathrm{e},\\ 1, & x\geqslant \mathrm{e}.\end{cases}$

求（1）$P\{X<2\}$，$P\{0<X\leqslant 3\}$，$P\left\{2<X<\dfrac{5}{2}\right\}$；（2）求概率密度 $f_X(x)$.

18. 设 $X\sim N(10,5^2)$ 则 $P\{8<X<12\}=(\qquad)$.

（A）$\Phi(0.4)$ （B）$2\Phi(0.4)-1$ （C）$2-2\Phi(0.4)$ （D）$1-\Phi(0.4)$

19. 设随机变量 A 在 $[1, 6]$ 上服从均匀分布，则方程 $x^2 + Ax + 1 = 0$ 有实根的概率为_____.

20. 若一次通话时间 X （以分钟记）服从参数为 0.25 的指数分布，试求一次通话不超过 5 分钟的时间的概率.

21. 设连续型随机变量 X 的分布函数为

$$F(x) = \begin{cases} 0, & x \leqslant -1, \\ A + B\arcsin x, & -1 < x < 1, \\ 1, & x \geqslant 1. \end{cases}$$

求（1） A 和 B ；（2） $P\{|X| < 1/2\}$ ；（3）概率密度函数 $f(x)$.

22. 已知随机变量 X 的概率密度函数为 $f(x) = \begin{cases} k\sin x, & 0 \leqslant x \leqslant \pi, \\ 0, & \text{其他.} \end{cases}$

（1）求常数 k ；（2）求 X 的分布函数 $F(x)$;
（3）现对 X 独立地重复观察 5 次，以 Y 表示 X 大于 $\pi/3$ 的次数，求 Y 的分布律.

23. 设随机变量 $X \sim U(-1, 2)$ ，令 $Y = \begin{cases} 1, & X \geqslant 0, \\ -1, & X < 0. \end{cases}$ ，则 Y 的分布律为_____.

24. 随机变量 X 的概率密度为 $f(x) = Ae^{-|x|}, -\infty < x < +\infty$.
求（1）常数 A ；（2） $P\{X > 0.1\}$ ；（3） X 的分布函数 $F(x)$.

25. 设随机变量 X 的分布函数为 $F(x) = \begin{cases} x, & x < 0 \\ Ax^2, & 0 \leqslant x < 1 \\ 1, & \text{其他} \end{cases}$ ，求常数 A 及密度函数.

26. 将一温度调节器放置在贮存某种液体的容器内，调节器整定在 $d(℃)$ ，液体的温度 X （以 ℃ 计）是一个随机变量，且 $X \sim N(d, 0.5^2)$ ，（1）若 $d = 90$ ，求 X 小于 89℃ 的概率.（2）若要求保持液体的温度至少为 80℃ 的概率不低于 0.99，问 d 至少为多少？

27. 学生完成一道作业题的时间为 X ，是一个随机变量，单位为小时，它的密度函数为

$$f(x) = \begin{cases} cx^2 + x, & 0 \leqslant x \leqslant 0.5 \\ 0, & \text{其他} \end{cases}$$

（1）确定常数 c .
（2）写出 X 的分布函数.
（3）试求在 20 分钟内完成一道作业题的概率.

28. 在某项测量中，测量结果 X 服从正态分布 $N(4, \sigma^2)$ ，若 X 在 $(0, 4)$ 内取值的概率为 0.4，则 X 在 $(0, +\infty)$ 内取值的概率为多少？

29. 某校在一次月考中约有 600 人参加考试，数学考试成绩 $X \sim N(90, a^2)$ $(a > 0$, 满分 150 分），统计结果显示数学考试成绩在 70～110 分的人数约为总人数的 3/5，则此次月考中数学考试的成绩不低于 110 分的学生约有多少人？

30. 假设某潜在震源区年地震发生数为 X ，且 $X \sim \pi(2)$ ，则未来一年内该震源区发生至少一次地震的概率为多少？

31. 设随机变量 X 的概率密度为 $f(x)=\begin{cases}\dfrac{1}{x^2}, & x\geqslant 1, \\ 0, & x<1.\end{cases}$ ，令 $Y=\begin{cases}1, & X<4; \\ 2, & X\geqslant 4.\end{cases}$ ，则 Y 的分布律

为_____.

32. 离散型随机变量 X 的分布律为：

X	0	1	2
P	0.1	0.2	0.7

设 $Y=|X-1|$ ，则 Y 的分布律为_____.

33. 设随机变量 $X \sim U(0,4)$ ，求随机变量 $Y=-2X+8$ 的概率密度.

34. 设随机变量 $X \sim N(0,1)$ ，求 $Y=X^2$ 的密度函数 $f_Y(y)$.

35. 设随机变量 X 的概率密度函数为 $f(x)=\begin{cases}\mathrm{e}^{-x}, & x>0 \\ 0, & \text{其他}\end{cases}$ ，求随机变量 Y 的密度函数

（1） $Y=2X+1$ ；（2） $Y=X^2$ ；（3） $Y=\mathrm{e}^X$.

36. 设 $X \sim N(0,1)$ ，求 $Y=|X|$ 的概率密度.

37. 设随机变量 X 在 $(0,1)$ 上服从均匀分布，求 $Y=-2\ln X$ 的概率密度.

数学实验

1. 基于 MATLAB 的常见离散型随机变量的分布律图形绘制.

（1）二项分布的分布律为 $X \sim B(n,p)$ ， $P\{X=k\}=C_n^k p^k q^{n-k}, k=0,1,\cdots,n$.

MATLAB 代码如下：

```
n=10;k=0:10;p=0.2;pk=binopdf(k,n,p);stem(k,pk);
```

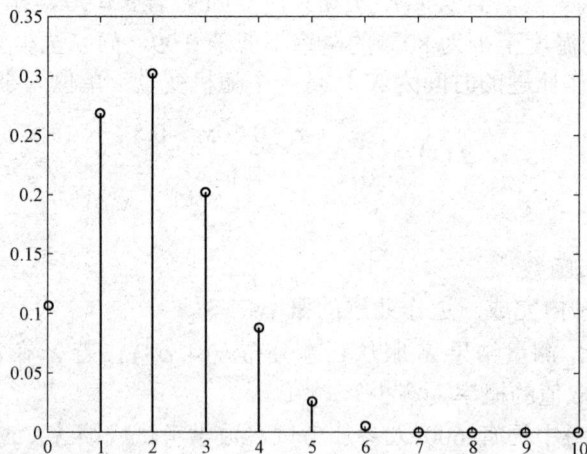

```
n = [20,20,50,100];
p = [0.2,0.5,0.04,0.02];
for i = 1:4
    t = 0:n(i);
```

```
    pb = pdf('bino',t,n(i),p(i));
  subplot(2,2,i),stem(0:20,pb(1:21),'linewidth',2);
  str = ['$ n = ', num2str(n(i)),'\quad  p = ',num2str(p(i)),' $'];
  legend(str,'interpreter','latex')
end
```

运行程序可以得到以下图形.

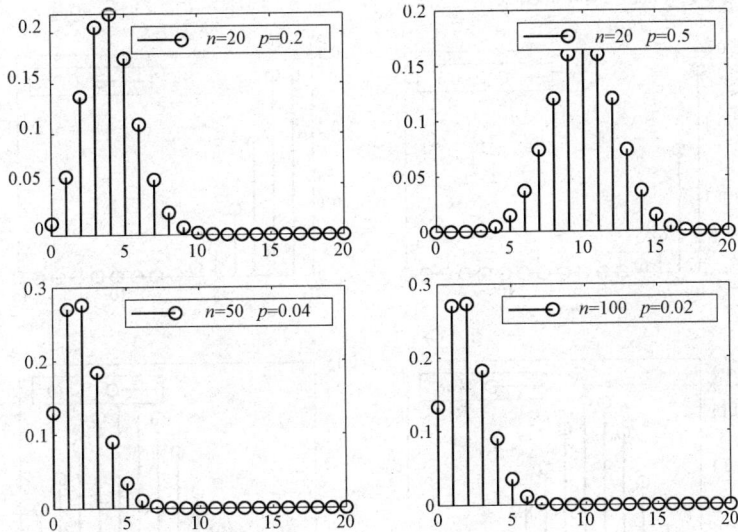

（2）泊松分布的分布律：$X \sim \pi(\lambda)$，$P\{X = k\} = \dfrac{\lambda^k}{k!}\mathrm{e}^{-\lambda}, k = 0,1,\cdots$

MATLAB 代码如下：

```
lam=2;k=0:10;pₖ=poisspdf(k,lam);stem(k,pₖ)
```

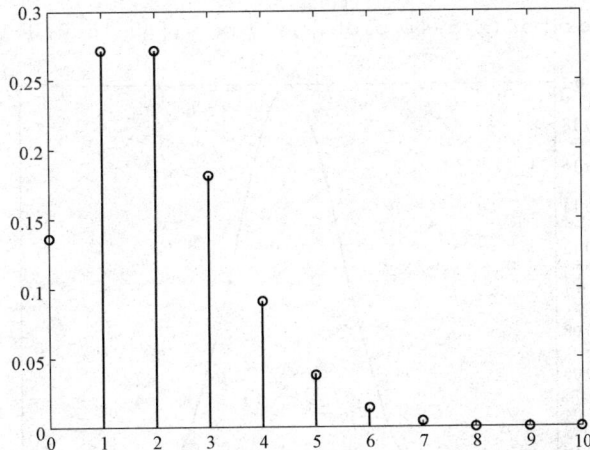

```
lam = [0.6,2,6,10];
for i = 1:4
```

```
    t = 0:15;
    pb = poisspdf(t,lam(i));
    subplot(2,2,i),stem(t,pb);
    str = ['$ \lambda = ', num2str(lam(i)),' $'];
    legend(str,'interpreter','latex')
end
```

运行上述程序可以得到以下图形.

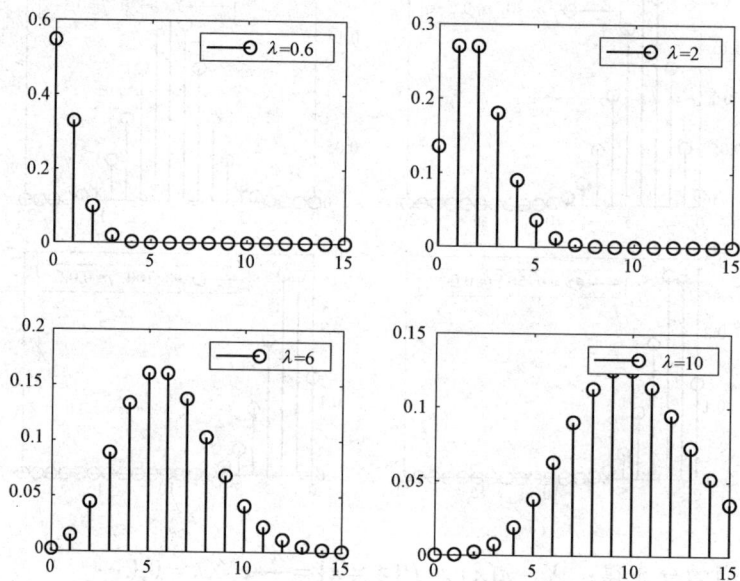

2. 基于 MATLAB 的常见连续型随机变量的分布律图形绘制.

正态分布概率密度函数图形绘制.

在 MATLAB 中输入以下代码:

```
x=-5:0.1:15;y=normpdf(x,5,4);plot(x,y);axis([-5 15 0,0.15]);grid on
```

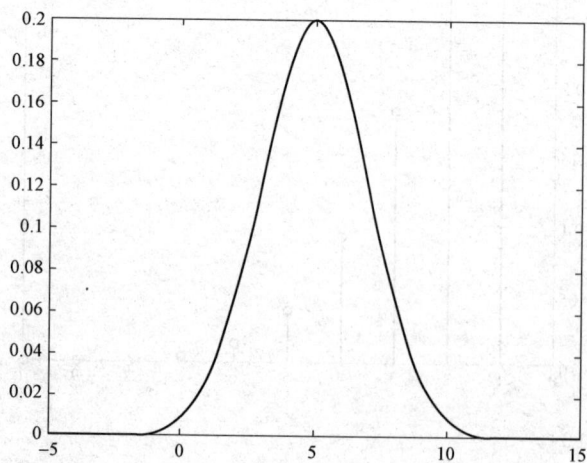

正态分布分布函数没有解析表达式，但可求数值解，从而绘制出图形.

```
x=-5:0.1:15;y=normpdf(x,5,4);plot(x,y);axis([-5 15 0,1.1]);grid on
```

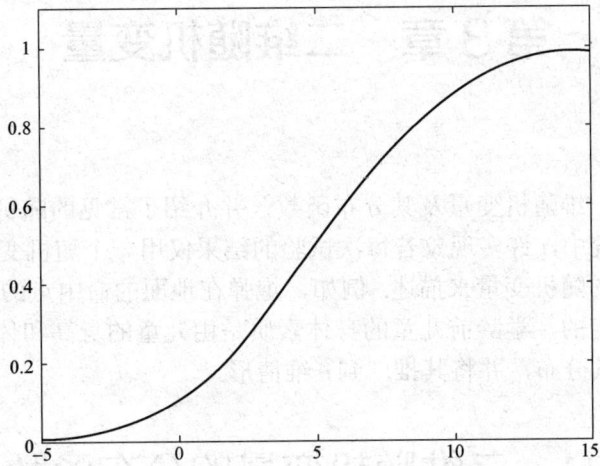

第3章　二维随机变量

前面主要介绍了一维随机变量及其分布函数，并介绍了常见的随机变量的概率分布. 但在实际应用和理论研究中，许多现象若每次试验的结果仅用一个随机变量描述还不够，往往要用两个或两个以上的随机变量来描述. 例如，炮弹在地面的命中点的位置是由两个随机变量（两个坐标）来确定的，学龄前儿童的身体素质是由儿童的身高和体重确定的等. 这一章介绍二维随机变量及其分布，并将其推广到 n 维情形.

3.1　二维随机变量的分布函数

3.1.1　二维随机变量分布函数的概念

定义 3-1　设 E 是一个随机试验，它的样本空间是 $S = \{e\}$，设 $X = X(e)$ 和 $Y = Y(e)$ 是定义在 S 上的随机变量，如图 3-1 所示. 由它们构成的一个向量 (X, Y)，叫作二维随机向量或二维随机变量.

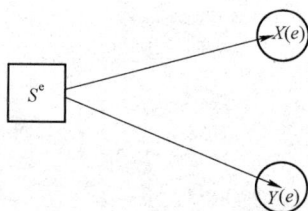

图 3-1　定义在 S 上的随机变量

二维随机变量 (X, Y) 的性质不仅与 X 及 Y 有关，而且还依赖于这两个随机变量的相互关系，因此，逐个地来研究 X 或 Y 的性质是不够的，还需要将 (X, Y) 作为一个整体来进行研究. 与一维的情形类似，也借助"分布函数"来研究二维随机变量.

定义 3-2　设 (X, Y) 为二维随机变量，对任意实数 x, y，称二元函数

$$F(x, y) = P\{X \leqslant x, Y \leqslant y\} \tag{3-1}$$

为二维随机变量 (X, Y) 的分布函数.

几何意义：$F(x, y)$ 在 (x, y) 处的函数值就是随机点 (X, Y) 落在以点 (x, y) 为顶点的左下方无穷矩形区域内的概率，如图 3-2 所示.

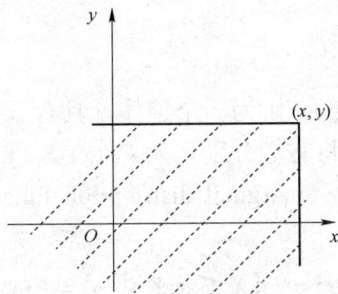

图 3-2　落在无穷矩形区域内的概率

性质 3-1

（1）对每个自变量具有单调不减性：

即对 $\forall$ 固定的 y，当 $x_1 < x_2$ 时，有 $F(x_1, y) \leqslant F(x_2, y)$

对 $\forall$ 固定的 x，当 $y_1 < y_2$ 时，有 $F(x, y_1) \leqslant F(x, y_2)$

（2）规范性：

$$F(-\infty, -\infty) = \lim_{\substack{x \to -\infty \\ y \to -\infty}} F(x, y) = 0 \qquad F(+\infty, +\infty) = \lim_{\substack{x \to +\infty \\ y \to +\infty}} F(x, y) = 1$$

$$F(x, -\infty) = \lim_{y \to -\infty} F(x, y) = 0 \quad 对 \forall x \in \mathbf{R}$$

$$F(-\infty, y) = \lim_{x \to -\infty} F(x, y) = 0 \quad 对 \forall y \in \mathbf{R}$$

（3）对于每个自变量具有右连续性：

即对 $\forall$ 固定的 y，$F(x_0 + 0, y) = \lim_{x \to x_0^+} F(x, y) = F(x_0, y)$

对 $\forall$ 固定的 x，$F(x, y_0 + 0) = \lim_{y \to y_0^+} F(x, y) = F(x, y_0)$

（4）对 $\forall x_1 < x_2 \in \mathbf{R}$，$y_1 < y_2 \in \mathbf{R}$，有

$$F(x_2, y_2) - F(x_1, y_2) - F(x_2, y_1) + F(x_1, y_1) \geqslant 0$$

事实上，如图 3-3 所示，落在矩形区域的概率为

$$F(x_2, y_2) - F(x_1, y_2) - F(x_2, y_1) + F(x_1, y_1)$$
$$= P\{x_1 < X \leqslant x_2, y_1 < Y \leqslant y_2\} \geqslant 0$$

（3-2）

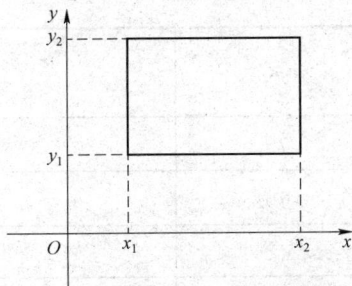

图 3-3　落在矩形区域的概率

3.1.2　边缘分布函数

定义 3-3　二维随机变量 (X,Y) 作为一个整体，具有分布函数 $F(x,y)$. 而 X 和 Y 都是随机变量，也有自己的分布函数，将它们分别记为 $F_X(x), F_Y(y)$，依次称为二维随机变量 (X,Y) 关于 X 和关于 Y 的边缘分布函数（marginal distribution function），且边缘分布函数完全由联合分布函数确定.

$$F_X(x) = P\{X \leqslant x\} = P\{X \leqslant x, Y < \infty\} = F(x,\infty) = \lim_{y \to \infty} F(x,y)$$

$$F_Y(y) = P\{Y \leqslant y\} = P\{X < \infty, Y \leqslant y\} = F(\infty, y) = \lim_{x \to \infty} F(x,y) \tag{3-3}$$

对于任意 n 个实数 $x_1, x_2, \cdots, x_n$，n 元函数

$$F(x_1, x_2, \cdots, x_n) = P\{X_1 \leqslant x_1, X_2 \leqslant x_2, \cdots, X_n \leqslant x_n\}$$

称为 n 维随机变量 $X_1, X_2 \cdots, X_n$ 的联合分布函数，它具有类似于二维随机变量的分布函数的性质.

3.2　二维离散型随机变量的分布

3.2.1　二维离散型随机变量及其分布

定义 3-4　若二维随机变量 (X,Y) 可能取的值为有限对或可列对实数，则称 (X,Y) 为二维离散型随机变量，称

$$P\{X = x_i, Y = y_j\} = P_{ij}, \quad i, j = 1, 2, \cdots \tag{3-4}$$

为二维离散型随机变量 (X,Y) 的联合分布律，容易看出，联合分布律满足 $p_{ij} \geqslant 0$，$\sum_{i=1}^{\infty} \sum_{j=1}^{\infty} p_{ij} = 1$.

也可以用表格表示 X 和 Y 的联合分布律，如下表所示：

Y \ X	x_1	x_2	$\cdots$	x_i	$\cdots$
y_1	p_{11}	p_{21}	$\cdots$	p_{i1}	$\cdots$
y_2	p_{12}	p_{22}	$\cdots$	p_{i2}	$\cdots$
$\vdots$	$\vdots$	$\vdots$		$\vdots$	
y_j	p_{1j}	p_{2j}	$\cdots$	p_{ij}	$\cdots$
$\vdots$	$\vdots$	$\vdots$		$\vdots$	

【例 3-1】 设随机变量 X 在 $1,2,3,4$ 四个整数中等可能取一个值，另一个随机变量 Y 在 $1 \sim X$ 中等可能地取一个整数值，试求 (X,Y) 的联合分布律.

解　$\{X=i, Y=j\}$ 的取值情况，$i=1,2,3,4$，j 取不大于 i 的正整数且

$$P\{X=i, Y=j\} = P\{Y=j \mid X=i\} P\{X=i\} = \frac{1}{i} \cdot \frac{1}{4} = \frac{1}{4i}, i=1,2,3,4, j \leqslant i.$$

从而得到联合概率分布表为：

Y \ X	1	2	3	4
1	$\frac{1}{4}$	$\frac{1}{8}$	$\frac{1}{12}$	$\frac{1}{16}$
2	0	$\frac{1}{8}$	$\frac{1}{12}$	$\frac{1}{16}$
3	0	0	$\frac{1}{12}$	$\frac{1}{16}$
4	0	0	0	$\frac{1}{16}$

【例 3-2】 设二维离散型随机变量 (X,Y) 的联合分布律如下表，求联合分布函数 $F(X,Y)$

Y \ X	1	2
1	0	1/3
2	1/3	1/3

解　（1）当 $x<1$ 或 $y<1$ 时，$F(x,y) = P\{X \leqslant x, Y \leqslant y\} = 0$;

（2）当 $1 \leqslant x < 2, 1 \leqslant y < 2$ 时，$F(x,y) = p_{11} = 0$;

（3）当 $1 \leqslant x < 2, y \geqslant 2$ 时，$F(x,y) = p_{11} + p_{12} = 1/3$;

所以 (X,Y) 的分布函数为

$$F(x,y) = \begin{cases} 0, & x<1 \text{ 或 } y<1, \\ \dfrac{1}{3}, & 1 \leqslant x < 2, y \geqslant 2 \text{ 或 } x \geqslant 2, 1 \leqslant y < 2, \\ 1, & x \geqslant 2, y \geqslant 2. \end{cases}$$

3.2.2　离散型随机变量的边缘分布律

定义 3-5　设 (X,Y) 为二维离散型随机变量，X 和 Y 的分布律

$$p_{i\cdot} = \sum_{j=1}^{\infty} p_{ij} = P\{X = x_i\}(i = 1, 2, \cdots) \qquad \text{和} \quad p_{\cdot j} = \sum_{i=1}^{\infty} p_{ij} = P\{Y = y_j\}(j = 1, 2, \cdots)$$

依次称为 (X, Y) 关于 X 和 Y 的边缘分布律. 上述关于联合分布律与边缘分布律之间的关系可用下表来表示:

Y \ X	x_1	x_2	$\cdots$	x_i	$\cdots$	$p_{\cdot j}$
y_1	p_{11}	p_{21}	$\cdots$	p_{i1}	$\cdots$	$p_{\cdot 1}$
y_2	p_{12}	p_{22}	$\cdots$	p_{i2}	$\cdots$	$p_{\cdot 2}$
$\vdots$	$\vdots$	$\vdots$		$\vdots$		$\vdots$
y_j	p_{1j}	p_{2j}	$\cdots$	p_{ij}	$\cdots$	$p_{\cdot j}$
$\vdots$	$\vdots$	$\vdots$		$\vdots$		$\vdots$
$p_{i\cdot}$	$p_{1\cdot}$	$p_{2\cdot}$	$\cdots$	$p_{i\cdot}$	$\cdots$	$\sum\sum p_{ij} = 1$

【例 3-3】 在例 3-1 的基础上求 X, Y 的边缘分布律.

解 在联合分布律表中分别对列求和、对行求和可得到 X, Y 的边缘分布律如下:

$$P\{X = 1\} = P\{X = 1, Y = 1\} + P\{X = 1, Y = 2\} + P\{X = 1, Y = 3\} + P\{X = 1, Y = 4\}$$

$$= \frac{1}{4} + \frac{1}{8} + \frac{1}{12} + \frac{1}{16} = \frac{25}{48}$$

类似地可以求出 X, Y 各自取值的概率.

X	1	2	3	4
p_k	$\dfrac{25}{48}$	$\dfrac{13}{48}$	$\dfrac{7}{48}$	$\dfrac{3}{48}$

Y	1	2	3	4
p_k	$\dfrac{1}{4}$	$\dfrac{1}{4}$	$\dfrac{1}{4}$	$\dfrac{1}{4}$

3.2.3 离散型随机变量的条件分布律

考察二维随机变量 (X, Y) 时,常常需要考虑已知其中一个随机变量取得某值的条件下,求另一个随机变量取值的概率.

设 (X,Y) 是一个二维离散型的随机变量，其分布律为

$$P\{X=x_i, Y=y_j\} = p_{ij} \quad (i, j=1, 2, \cdots)$$

(X,Y) 关于 X 和 Y 的边缘分布律分别为

$$P\{X=x_i\} = p_i. = \sum_{j=1}^{\infty} p_{ij} \quad (i=1, 2, \cdots) \tag{3-5}$$

$$P\{Y=y_j\} = p._j = \sum_{i=1}^{\infty} p_{ij} \quad (j=1, 2, \cdots) \tag{3-6}$$

对于固定的 j，若 $P\{Y=y_j\} > 0$，则称

$$P\{X=x_i | Y=y_j\} = \frac{P\{X=x_i, Y=y_j\}}{P\{Y=y_j\}} = \frac{p_{ij}}{p._j} \quad (i=1, 2, \cdots)$$ 为在 $Y=y_j$ 条件下随机变量 X 的条件分布律.

同样，在给定条件 $X=x_i$ 下，随机变量 X 的条件分布律为

$$P=\{Y=y_j | X=x_i\} = \frac{P\{X=x_i, Y=y_j\}}{P\{X=x_i\}} = \frac{p_{ij}}{p_i.} \quad (j=1, 2, \cdots)$$

【例 3-4】 在例 3-1 和例 3-3 的基础上求 $P\{X=3 | Y=1\}$，$P\{Y=1 | X=2\}$ 及 $X=1$ 的条件下，Y 的条件分布.

解　由条件概率的公式可以得到 $P\{X=3 | Y=1\} = \dfrac{P\{X=3, Y=1\}}{P\{Y=1\}} = \dfrac{0}{\dfrac{1}{4}} = 0$

$$P\{Y=1 | X=2\} = \frac{P\{X=2, Y=1\}}{P\{X=2\}} = \frac{0}{\dfrac{13}{48}} = 0$$

$$P\{Y=1 | X=1\} = \frac{P\{X=1, Y=1\}}{P\{X=1\}} = \frac{\dfrac{1}{4}}{\dfrac{25}{48}} = \frac{12}{25}$$

$$P\{Y=2 | X=1\} = \frac{P\{X=1, Y=2\}}{P\{X=1\}} = \frac{\dfrac{1}{8}}{\dfrac{25}{48}} = \frac{6}{25}$$

$$P\{Y=3 | X=1\} = \frac{P\{X=1, Y=3\}}{P\{X=1\}} = \frac{\dfrac{1}{12}}{\dfrac{25}{48}} = \frac{4}{25}$$

$$P\{Y=4 | X=1\} = \frac{P\{X=1, Y=4\}}{P\{X=1\}} = \frac{\dfrac{1}{16}}{\dfrac{25}{48}} = \frac{3}{25}$$

可以写出在 $X=1$ 的条件下，Y 的条件分布律如下：

$Y\mid X=1$	1	2	3	4
p_k	$\dfrac{12}{25}$	$\dfrac{6}{25}$	$\dfrac{4}{25}$	$\dfrac{3}{25}$

3.2.4 二维离散型随机变量的独立性

随机变量的独立性是概率论与数理统计中的一个很重要的概念，它是由随机事件的相互独立性引伸而来的. 一般地，两个事件 A、B 是相互独立的当且仅当它们满足条件 $P(AB)=P(A)P(B)$. 由此，可引出两个随机变量的相互独立性.

设 X、Y 为两个随机事件，"$X\leqslant x$""$Y\leqslant y$"为两个事件，则两事件"$X\leqslant x$""$Y\leqslant y$"相互独立，相当于下式成立：$P\{X\leqslant x, Y\leqslant y\}=P\{X\leqslant x\}\cdot P\{Y\leqslant y\}$ 或写成 $F(x,y)=F_X(x)\cdot F_Y(y)$，则称 X 和 Y 相互独立.

具体地对离散型与连续型随机变量的独立性，可分别用概率分布与概率密度描述.

离散型随机变量 X 与 Y 相互独立的充要条件是：对于 (X,Y) 的所有可能取的值 (x_i,y_j) 有

$$P\{X=x_i, Y=y_j\}=P\{X=x_i\}\cdot P\{Y=y_j\}$$

【例 3-5】若 (X,Y) 的分布律及边缘分布律如下：

Y \ X	0	1	$p_{\cdot j}$
1	$\dfrac{1}{6}$	$\dfrac{2}{6}$	$\dfrac{1}{2}$
2	$\dfrac{1}{6}$	$\dfrac{2}{6}$	$\dfrac{1}{2}$
$p_{i\cdot}$	$\dfrac{1}{3}$	$\dfrac{2}{3}$	1

判断 X,Y 是否独立？

解 由 (X,Y) 的联合分布律可以得到

$$P\{X=0, Y=1\}=\frac{1}{6}=P\{X=0\}\cdot P\{Y=1\},$$

$$P\{X=0, Y=2\}=\frac{1}{6}=P\{X=0\}\cdot P\{Y=2\},$$

$$P\{X=1, Y=1\}=\frac{2}{6}=P\{X=1\}\cdot P\{Y=1\},$$

$$P\{X=1, Y=2\}=\frac{2}{6}=P\{X=1\}\cdot P\{Y=2\}，因而 X,Y 是相互独立的.$$

3.2.5 二维离散型随机变量的函数的分布

【例 3-6】二维离散型随机变量 (X,Y) 的联合分布律如下：

X＼Y	−1	1
0	1/10	3/10
1	1/10	2/10
2	2/10	1/10

求：（1）$Z_1 = X + Y$ 的分布律；

（2）$Z_2 = XY$ 的分布律；

（3）$Z_3 = \max\{X, Y\}$ 的分布律.

解

（1）计算 $X+Y$ 所有可能的取值及对应的概率如下表

(X,Y)	$(0,-1)$	$(0,1)$	$(1,-1)$	$(1,1)$	$(2,-1)$	$(2,1)$
Z_1	−1	1	0	2	1	3
p_k	$\dfrac{1}{10}$	$\dfrac{3}{10}$	$\dfrac{1}{10}$	$\dfrac{2}{10}$	$\dfrac{2}{10}$	$\dfrac{1}{10}$

从而可得 Z_1 的分布律为

Z_1	−1	0	1	2	3
p_k	$\dfrac{1}{10}$	$\dfrac{1}{10}$	$\dfrac{5}{10}$	$\dfrac{2}{10}$	$\dfrac{1}{10}$

（2）计算 XY 所有可能的取值及对应的概率如下表

(X,Y)	$(0,-1)$	$(0,1)$	$(1,-1)$	$(1,1)$	$(2,-1)$	$(2,1)$
Z_2	0	0	−1	1	−2	2
p_k	$\dfrac{1}{10}$	$\dfrac{3}{10}$	$\dfrac{1}{10}$	$\dfrac{2}{10}$	$\dfrac{2}{10}$	$\dfrac{1}{10}$

Z_2 的分布律为

Z_2	−2	−1	0	1	2
p_k	$\dfrac{2}{10}$	$\dfrac{1}{10}$	$\dfrac{4}{10}$	$\dfrac{2}{10}$	$\dfrac{1}{10}$

（3）计算 $\max\{X, Y\}$ 所有可能的取值及对应的概率如下表

(X,Y)	$(0,-1)$	$(0,1)$	$(1,-1)$	$(1,1)$	$(2,-1)$	（2，1）
Z_3	0	1	1	1	2	2
p_k	$\dfrac{1}{10}$	$\dfrac{3}{10}$	$\dfrac{1}{10}$	$\dfrac{2}{10}$	$\dfrac{2}{10}$	$\dfrac{1}{10}$

所以 Z_3 的分布律为

Z_3	0	1	2
p_k	$\dfrac{1}{10}$	$\dfrac{6}{10}$	$\dfrac{3}{10}$

3.3 二维连续型随机变量的分布

3.3.1 二维连续型随机变量及其分布

定义 3-6 设二维随机变量 (X,Y) 的分布函数为 $F(x,y)$，若存在非负函数 $f(x,y)$，使得对任意实数 x,y 有

$$F(x,y) = \int_{-\infty}^{y} \int_{-\infty}^{x} f(u,v)\mathrm{d}u\mathrm{d}v \tag{3-7}$$

则称 (X,Y) 为二维连续型随机变量，$f(x,y)$ 称为二维随机变量 (X,Y) 联合概率密度.

联合概率密度性质如下.

（1）$f(x,y) \geqslant 0$；

（2）$\displaystyle\int_{-\infty}^{+\infty} \int_{-\infty}^{+\infty} f(x,y)\mathrm{d}x\mathrm{d}y = 1$.

在几何中 $z = f(x,y)$ 表示空间的一个曲面，由性质（2）可知，介于它和 xOy 平面的空间区域的体积为 1.

（3）对某一区域 G，$P\{(X,Y) \in G\} = \displaystyle\iint\limits_{G} f(x,y)\mathrm{d}x\mathrm{d}y$

由性质（3）可知，$P\{(X,Y) \in G\}$ 的值等于以 G 为底，以曲面 $Z = f(x,y)$ 为顶的曲顶柱体的体积.

（4）若 $P(x,y)$ 在点 (x,y) 连续，则 $\dfrac{\partial^2 F(x,y)}{\partial x \partial y} = f(x,y)$

【例 3-7】 设二维随机变量 (X,Y) 的概率密度为

$$f(x,y) = \begin{cases} c\mathrm{e}^{-(2x+y)}, & x > 0, y > 0. \\ 0, & \text{其他}. \end{cases}$$

求：（1）求常数 c；（2）$P\{Y \leqslant X\}$.

解 （1）由于 $\displaystyle\int_{-\infty}^{\infty}\int_{-\infty}^{\infty} f(x,y)\mathrm{d}x\mathrm{d}y = 1$，$\displaystyle\int_{-\infty}^{+\infty}\int_{-\infty}^{+\infty} f(x,y)\mathrm{d}x\mathrm{d}y = \int_{0}^{+\infty}\int_{0}^{+\infty} c\mathrm{e}^{-(2x+y)}\mathrm{d}x\mathrm{d}y = 1$.

解得 $c = 2$.

（2）又 $\{Y \leqslant X\} = \{(X,Y) \in G\}$，其中 G 为 xOy 平面上直线 $y = x$ 及其下方的部分，如图 3–4 所示的阴影部分区域，概率密度函数 $f(x, y)$ 的值在下半平面的值为 0，于是 $P(Y \leqslant X) = \iint\limits_{G} f(x, y)$

$\mathrm{d}x\mathrm{d}y = \int_0^\infty \int_y^\infty 2\mathrm{e}^{-(2x+y)}\mathrm{d}x\mathrm{d}y = 1/3$.

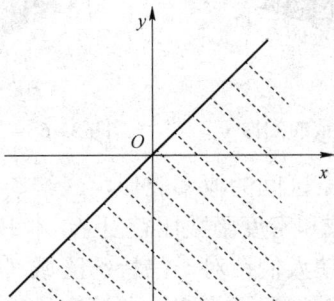

图 3–4 G 的区域图

3.3.2 常用二维连续型随机变量的分布

1. 二维均匀分布

设 D 为 $\mathbf{R}^2$ 的一个有界区域，其面积为 S_D，如果二维随机变量 (X,Y) 的联合概率密度函数为

$$f(x, y) = \begin{cases} \dfrac{1}{S_D}, & (X,Y) \in D \\ 0, & \text{其他} \end{cases} \qquad (3\text{–}8)$$

则称 (X,Y) 服从区域 D 上的均匀分布.

二维均匀分布所描述的随机现象就是向平面区域 D 中随机投点，该点坐标 (X,Y) 落在 D 的子区域 G 中的概率只与 G 的面积有关而与 G 的位置无关，即：

$$P\{(X,Y) \in G\} = \frac{S_G}{S_D}$$

2. 二维正态分布

如果二维随机变量 (X,Y) 联合概率密度函数

$$f(x, y) = \frac{1}{2\pi\sigma_1\sigma_2\sqrt{1-\rho^2}} \exp\left\{ -\frac{1}{2(1-\rho^2)} \left[\frac{(x-\mu_1)^2}{\sigma_1^2} - 2\rho\frac{(x-\mu_1)(y-\mu_2)}{\sigma_1\sigma_2} + \frac{(y-\mu_2)^2}{\sigma_2^2} \right] \right\},$$

$$(3\text{–}9)$$

则称 (X,Y) 服从二维正态分布，二维正态分布共 5 个参数，其中 $\sigma_1 > 0$，$\sigma_2 > 0$，$-1 < \rho < 1$，记作 $(X,Y) \sim N(\mu_1, \mu_2, \sigma_1^2, \sigma_2^2, \rho)$.

图 3–5 为参数 $\mu_1 = 1$，$\sigma_1 = 2$，$\mu_2 = -1$，$\sigma_2 = 4$，$\rho = -0.6$ 的二维正态分布的密度函数的图

像，图3-6为参数 $\mu_1=1$，$\sigma_1=2$，$\mu_2=-1$，$\sigma_2=4$，$\rho=0.9$ 的二维正态分布的密度函数图像.

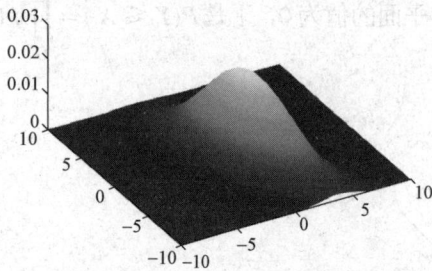
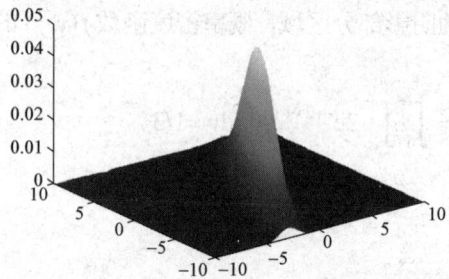

图3-5　二维正态分布的密度函数的图像1　　　　图3-6　二维正态分布的密度函数的图像2

与一维正态分布计算其落入某区间的概率类似，二维、三维甚至更高维正态分布也涉及落到某区域的概率，只是由于区域和密度函数比较复杂，本书没有给出相关概率计算方法. 但由于正态分布应用的广泛性，促使人们针对一些特殊区域（矩形、圆形、椭圆形和立方体）情形，给出了较好的数值方法，并编写了相应的书籍和计算程序. 可参阅 Alan Genz 相关著作 http://www.math.wsu.edu/faculty/genz/homepage.

3.3.3　连续型随机变量的边缘分布

定义 3-7　对于连续型随机变量(X,Y)，设它的概率密度为$f(x,y)$，由 $F_X(x)=F(x,+\infty)=\int_{-\infty}^{x}\left[\int_{-\infty}^{+\infty}f(x,y)\mathrm{d}y\right]\mathrm{d}x$ 知，

$$f_X(x)=\int_{-\infty}^{\infty}f(x,y)\mathrm{d}y \tag{3-10}$$

为 X 的边缘概率密度函数，同理

$$f_Y(y)=\int_{-\infty}^{\infty}f(x,y)\mathrm{d}x \tag{3-11}$$

为 Y 的边缘概率密度函数.

【例3-8】 求例3-7中 X 和 Y 的边缘概率密度.

解　二维随机变量(X,Y)具有概率密度

$$f(x,y)=\begin{cases}2\mathrm{e}^{-(2x+y)}, & x>0,\ y>0,\\ 0, & 其他.\end{cases}$$

$$f_X(x)=\int_{-\infty}^{+\infty}f(x,y)\mathrm{d}y=\begin{cases}\int_{0}^{+\infty}2\mathrm{e}^{-(2x+y)}\mathrm{d}y,\ x>0\\ 0,\ 其他.\end{cases}=\begin{cases}2\mathrm{e}^{-2x}, & x>0,\\ 0,其他.\end{cases}$$

$$f_Y(y)=\int_{-\infty}^{+\infty}f(x,y)\mathrm{d}x=\begin{cases}\int_{0}^{+\infty}2\mathrm{e}^{-(2x+y)}\mathrm{d}x,\ y>0\\ 0,\ 其他.\end{cases}=\begin{cases}\mathrm{e}^{-y}, & y>0,\\ 0,其他.\end{cases}$$

【例 3-9】设随机变量 X 和 Y 具有联合概率密度 $f(x,y) = \begin{cases} 6, & x^2 \leqslant y \leqslant x \\ 0, & \text{其他} \end{cases}$，求边缘概率密度 $f_X(x)$ 和 $f_Y(y)$.

解　$f_X(x) = \int_{-\infty}^{\infty} f(x,y)\mathrm{d}y = \begin{cases} \int_{x^2}^{x} 6\mathrm{d}y = 6(x - x^2), & 0 \leqslant x \leqslant 1, \\ 0, & \text{其他}. \end{cases}$

$$f_Y(y) = \int_{-\infty}^{\infty} f(x,y)\mathrm{d}x = \begin{cases} \int_{y}^{\sqrt{y}} 6\mathrm{d}x = 6(\sqrt{y} - y), & 0 \leqslant y \leqslant 1, \\ 0, & \text{其他}. \end{cases}$$

【例 3-10】设二维随机变量 X，Y 的概率密度

$$f(x,y) = \frac{1}{2\pi\sigma_1\sigma_2\sqrt{1-\rho^2}} \exp\left\{ \frac{-1}{2(1-\rho^2)} \left[\frac{(x-\mu_1)^2}{\sigma_1^2} - 2\rho\frac{(x-\mu_1)(y-\mu_2)}{\sigma_1\sigma_2} + \frac{(y-\mu_2)^2}{\sigma_2^2} \right] \right\}$$

$$-\infty < x < +\infty, \qquad -\infty < y < +\infty,$$

其中 μ_1、μ_2、σ_1、σ_2、ρ 都是常数，且 $\sigma_1 > 0, \sigma_2 > 0, -1 < \rho < 1$，称 (X,Y) 为服从参数为 μ_1、μ_2、σ_1、σ_2、ρ 的二维正态分布，记为 $(X,Y) \sim N(\mu_1, \mu_2, \sigma_1^2, \sigma_2^2, \rho)$

试求它的边缘概率密度.

解　$f_X(x) = \int_{-\infty}^{+\infty} f(x,y)\mathrm{d}y$，由于

$$\frac{(x-\mu_2)^2}{\sigma_2^2} - 2\rho\frac{(x-\mu_1)(y-\mu_2)}{\sigma_2\sigma_1}$$

$$= \left(\frac{y-\mu_2}{\sigma_2} - \rho\frac{x-\mu_1}{\sigma_1} \right)^2 - \rho^2\frac{(x-\mu_1)^2}{\sigma_1^2}$$

于是　$f_X(x) = \frac{1}{2\pi\sigma_1\sigma_2\sqrt{1-\rho^2}} \mathrm{e}^{-\frac{(x-\mu_1)^2}{2\sigma_1^2}} \int_{-\infty}^{+\infty} \mathrm{e}^{-\frac{1}{2(1-\rho^2)}\left(\frac{y-\mu_2}{\sigma_2} - \rho\frac{y-\mu_1}{\sigma_1} \right)^2} \mathrm{d}y$

令　$t = \frac{1}{\sqrt{1-\rho^2}} \left(\frac{y-\mu_2}{\sigma_2} - \rho\frac{x-\mu_1}{\sigma_1} \right)$，

则有

$$f_X(x) = \frac{1}{2\pi\sigma_1} \mathrm{e}^{-\frac{(x-\mu_1)^2}{2\sigma_1^2}} \int_{-\infty}^{+\infty} \mathrm{e}^{-t^2/2}\mathrm{d}t$$

即

$$f_X(x) = \frac{1}{\sqrt{2\pi}\sigma_1} \mathrm{e}^{-\frac{(x-\mu_1)^2}{2\sigma_1^2}}, \quad -\infty < x < +\infty$$

同理

$$f_Y(y) = \frac{1}{\sqrt{2\pi}\sigma_2} e^{-\frac{(y-\mu_2)^2}{2\sigma_2^2}}, \quad -\infty < y < +\infty$$

二维正态分布的两个边缘分布是一维正态分布，并且都不依赖于参数 ρ，即对于给定的 μ_1、μ_2、σ_1、σ_2，不同的 ρ 对应不同的二维正态分布，但它们的边缘分布却都是一样的，这一事实表明：只由 X 和 Y 的边缘分布，一般来说是不能确定随机变量 X 和 Y 的联合分布的.

3.3.4 连续型随机变量的条件分布

对二维连续型随机变量，也想定义分布函数 $P\{X \leqslant x | Y = y\}$，但是，由于 $P\{Y = y\} = 0$，故不能像离散型随机变量那样简单地定义. 自然想到，设 A 为某一事件，Y 为随机变量，其分布函数为 $F_Y(y)$，如果 $P\{y < Y \leqslant y + \varepsilon\} > 0$，则由条件概率公式可知：

$$P\{A | y < Y \leqslant y + \varepsilon\} = \frac{P\{A, y < Y \leqslant y + \varepsilon\}}{P\{y < Y \leqslant y + \varepsilon\}}$$

如果当 $\varepsilon \to 0$ 时，上式极限存在，则称为事件 A 在条件 $Y = y$ 之下的条件概率. 即

$$P\{A | Y = y\} = \lim_{\varepsilon \to 0^+} \frac{P\{A, y < Y \leqslant y + \varepsilon\}}{P\{y < Y \leqslant y + \varepsilon\}}$$

设 X 为随机变量，而取事件 A 为 $\{X \leqslant x\}$，则称 $P\{X \leqslant x | Y = y\}$ 为随机变量 X 在条件 $Y = y$ 之下的条件分布函数，记作 $F_{X|Y}(x|y)$. 设 (X, Y) 为二维连续型随机变量，分布函数为 $F(x, y)$，其概率密度函数为 $f(x, y)$ 且连续，则

$$F_{X|Y}(x|y) = \lim_{\varepsilon \to 0^+} P\{X \leqslant x | y \leqslant y + \varepsilon\} = \lim_{\varepsilon \to 0^+} \frac{F(y, y + \varepsilon) - F(x, y)}{F_Y(y + \varepsilon) - F_Y(y)}$$

由中值定理，可知

$$F_{X|Y}(x|y) = \lim_{\xi \to 0^+} \frac{F'_y(x, \xi) \cdot \varepsilon}{F'_Y(\eta) \cdot \varepsilon} \quad (\xi, \eta \text{ 都在 } y \text{ 与 } y + \varepsilon \text{ 之间})$$

$$= \lim_{\xi \to 0^+} \frac{F'_y(x, \xi)}{F'_Y(\eta)} = \frac{F'_y(x, y)}{F'_Y(y)} = \frac{\frac{\partial}{\partial y} \int_{-\infty}^{y} \int_{-\infty}^{x} f(u, v) \mathrm{d}u \mathrm{d}v}{f_Y(y)}$$

$$= \frac{\int_{-\infty}^{x} f(u, y) \mathrm{d}u}{f_Y(y)} = \int_{-\infty}^{x} \frac{f(u, y)}{f_Y(y)} \mathrm{d}u$$

则上式就是在给定条件 $Y = y$ 之下，随机变量 X 的条件分布函数. 而 $\frac{f(x, y)}{f_Y(y)}$ 称为在给定条件 $Y = y$ 之下，X 的条件概率密度，记为 $f_{X|Y}(x|y) = \frac{f(x, y)}{f_Y(y)}$.

同样，可定义 $F_{Y|X}(y|x) = \int_{-\infty}^{y} \frac{f(x, v)}{f_X(x)} \mathrm{d}v$，$f_{Y|X}(y|x) = \frac{f(x, y)}{f_X(x)}$

【例 3-11】求例 3-7 中条件概率密度 $f_{X|Y}(x|y)$ 和 $f_{Y|X}(y|x)$.

解

$$f_{X|Y}(x|y) = \frac{f(x,y)}{f_Y(y)} = \begin{cases} 2e^{-2x}, & x>0, y>0, \\ 0, & \text{其他}. \end{cases}$$

$$f_{Y|X}(y|x) = \frac{f(x,y)}{f_X(x)} = \begin{cases} e^{-y}, & x>0, y>0, \\ 0, & \text{其他}. \end{cases}$$

【例 3–12】设 G 是平面上的有界区域，其面积为 A，若 (X,Y) 具有概率密度

$$f(x,y) = \begin{cases} \dfrac{1}{A}, & (x,y)\in G, \\ 0, & \text{其他}. \end{cases}$$

即 (X,Y) 在 G 上服从均匀分布. 设 (X,Y) 服从区域 $x^2+y^2\leqslant 1$ 上的均匀分布.

求条件概率密度 $f_{X|Y}(x|y)$.

解　由假设得随机变量 (X,Y) 具有概率密度 $f(x,y) = \begin{cases} \dfrac{1}{\pi}, & x^2+y^2\leqslant 1, \\ 0, & \text{其他}. \end{cases}$

且有边缘概率密度 $f_Y(y) = \displaystyle\int_{-\infty}^{\infty} f(x,y)\mathrm{d}x = \begin{cases} \displaystyle\int_{-\sqrt{1-y^2}}^{\sqrt{1-y^2}} \dfrac{1}{\pi}\mathrm{d}x = \dfrac{2}{\pi}\sqrt{1-y^2}, & -1\leqslant y\leqslant 1, \\ 0, & \text{其他}. \end{cases}$

于是当 $-1<y<1$ 时，　$f_{X|Y}(x|y) = \begin{cases} \dfrac{1/\pi}{\dfrac{2}{\pi}\sqrt{1-y^2}} = \dfrac{1}{2\sqrt{1-y^2}}, & -\sqrt{1-y^2}\leqslant x\leqslant \sqrt{1-y^2}, \\ 0, & \text{其他}. \end{cases}$

当 $y=0$ 和 $y=\dfrac{1}{2}$ 时，$f_{X|Y}(x|y)$ 的图形分别如图 3–7 和图 3–8 所示.

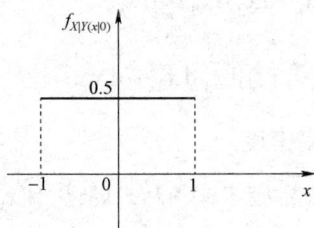

图 3–7　$f_{X|Y}(x|y)$ 的图形（$y=0$）　　　图 3–8　$f_{X|Y}(x|y)$ 的图形（$y=\dfrac{1}{2}$）

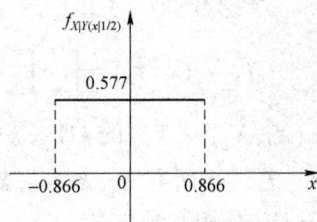

3.3.5　相互独立的随机变量

设二维随机变量 (X,Y) 的联合分布函数为 $F(x,y)$，又 X,Y 的分布函数分别为 $F_X(x)$，$F_Y(y)$，若对于任意的 $(x,\ y)$ 有 $F(x,\ y) = F_X(x)F_Y(y)$ 成立，则称二维随机变量 X,Y 是相互独立的.

离散型随机变量 (X,Y) 独立的充要条件是：$P\{X=x_i, Y=y_j\} = P\{X=x_i\}\{Y=y_j\}$.

连续型随机变量 (X,Y)，X 和 Y 相互独立的充要条件是：$f(x,y) = f_X(x) \, f_Y(y)$ 几乎处处成立.

【例 3-13】判断例 3-7 中的随机变量 X,Y 是否独立.

设二维随机变量 (X,Y) 具有概率密度

$$f(x,y) = \begin{cases} 2e^{-(2x+y)}, & x>0, y>0, \\ 0, & \text{其他.} \end{cases}, \quad f_X(x) = \begin{cases} 2e^{-2x}, & x>0, \\ 0, & \text{其他.} \end{cases}, \quad f_Y(y) = \begin{cases} e^{-y}, & y>0, \\ 0, & \text{其他.} \end{cases}, \quad \text{故有}$$

$f(x,y) = f_X(x)f_Y(y)$，因而 X 和 Y 相互独立.

3.3.6 n 维随机变量的分布

由二维随机变量的概念可以类似推广到 n 维随机变量. n 维随机变量 $(X_1, X_2, \cdots, X_n)$ 的分布函数 $F(x_1, x_2, \cdots, x_n) = P\{X_1 \leqslant x_1, X_2 \leqslant x_2, \cdots, X_n \leqslant x_n\}$，其中 $x_1, x_2, \cdots, x_n$ 为任意实数.

若存在非负函数 $f(x_1, x_2, \cdots, x_n)$，使对于任意实数 $x_1, x_2, \cdots, x_n$ 有

$$F(x_1, x_2, \cdots, x_n) = \int_{-\infty}^{x_n} \int_{-\infty}^{x_{n-1}} \cdots \int_{-\infty}^{x_1} f(x_1, x_2, \cdots, x_n) \, \mathrm{d}x_1 \, \mathrm{d}x_2 \cdots \mathrm{d}x_n,$$

则称 $f(x_1, x_2, \cdots, x_n)$ 为 $(X_1, X_2, \cdots, X_n)$ 的概率密度函数.

$$F_{X_1}(x_1) = F(x_1, \infty, \infty, \cdots, \infty)$$

称为 n 维随机变量 $(X_1, X_2, \cdots, X_n)$ 关于 X_1 的边缘分布函数.

$$F_{X_1, X_2}(x_1, x_2) = F(x_1, x_2, \infty, \infty, \cdots, \infty)$$

称为 n 维随机变量 $(X_1, X_2, \cdots, X_n)$ 关于 (X_1, X_2) 的边缘分布函数.

其他依次类推.

由两个随机变量的独立性，直接推出关于多个随机变量的独立性.

若 $f(x_1, x_2, \cdots, x_n)$ 是 $(X_1, X_2, \cdots, X_n)$ 的概率密度,则 $(X_1, X_2, \cdots, X_n)$ 关于 X_1，关于 (X_1, X_2) 的边缘概率密度分别为

$$f_{X_1}(x_1) = \int_{-\infty}^{+\infty} \int_{-\infty}^{+\infty} \cdots \int_{-\infty}^{+\infty} f(x_1, x_2, \cdots, x_n) \, \mathrm{d}x_2 \, \mathrm{d}x_3 \cdots \mathrm{d}x_n,$$

$$f_{X_1, X_2}(x_1, x_2) = \int_{-\infty}^{+\infty} \int_{-\infty}^{+\infty} \cdots \int_{-\infty}^{+\infty} f(x_1, x_2, \cdots, x_n) \, \mathrm{d}x_3 \, \mathrm{d}x_4 \cdots \mathrm{d}x_n.$$

同理可得 $(X_1, X_2, \cdots, X_n)$ 的 $k(1 \leqslant k < n)$ 维边缘概率密度.

定义 3-8 若对于所有 $X_1, X_2, \cdots, X_n$ 有 $F(x_1, x_2, \cdots, x_n) = F_{X_1}(x_1)F_{X_2}(x_2) \cdots F_{X_n}(x_n)$ 则称 $X_1, X_2, \cdots, X_n$ 是相互独立的.

定义 3-9 若对于所有的 $X_1, X_2, \cdots, X_m$；$Y_1, Y_2, \cdots, Y_n$ 有

$$F(x_1, x_2, \cdots, x_m, y_1, y_2, \cdots, y_n) = F_1(x_1, x_2, \cdots, x_m)F_2(y_1, y_2, \cdots, y_n)$$

其中 F_1, F_2, F 依次为随机变量 $(X_1, X_2, \cdots, X_m)$，$(Y_1, Y_2, \cdots, Y_n)$ 和 $(X_1, X_2, \cdots, X_m, Y_1, Y_2, \cdots, Y_n)$ 的分布函数，则称随机变量 $(X_1, X_2, \cdots, X_m)$ 和 $(Y_1, Y_2, \cdots, Y_n)$ 是相互独立的.

3.4　两个随机变量函数的分布

3.4.1　$Z=X+Y$ 的分布

设 (X,Y) 的概率密度为 $f(x,y)$，则 $Z=X+Y$ 的分布函数为

$$F_Z(z)=P\{Z\leqslant z\}=P\{X+Y\leqslant z\}=\iint\limits_{x+y\leqslant z}f(x,y)\mathrm{d}x\mathrm{d}y=\int_{-\infty}^{+\infty}\left[\int_{-\infty}^{z-y}f(x,y)\mathrm{d}x\right]\mathrm{d}y$$

对应的积分区域如图 3-9 所示.

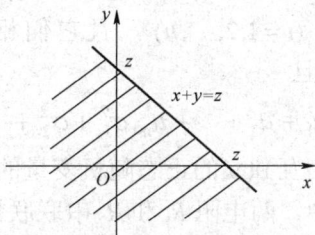

图 3-9　积分区域

固定 z 和 y，对积分 $\displaystyle\int_{-\infty}^{z-y}f(x,y)\mathrm{d}x$ 作变量变换，令 $x=u-y$，得

$$\int_{-\infty}^{z-y}f(x,y)\mathrm{d}x=\int_{-\infty}^{z}f(u-y,y)\mathrm{d}u$$

于是 $\displaystyle F_Z(z)=\int_{-\infty}^{+\infty}\left[\int_{-\infty}^{z}f(u-y,y)\mathrm{d}u\right]\mathrm{d}y=\int_{-\infty}^{z}\left[\int_{-\infty}^{+\infty}f(u-y,y)\mathrm{d}y\right]\mathrm{d}u$

由概率密度的定义，即得 $Z=X+Y$ 的概率密度为

$\displaystyle f_Z(z)=\int_{-\infty}^{+\infty}f(z-y,y)\mathrm{d}y$，由 X、Y 的对称性，$f_Z(z)$ 又可写成

$$f_Z(z)=\int_{-\infty}^{+\infty}f(x,z-x)\mathrm{d}x$$

特别地，当 X，Y 相互独立时，设 (X,Y) 关于 X，Y 的边缘概率密度分别为 $f_X(x)$，$f_Y(y)$，则又有

$$f_Z(z)=\int_{-\infty}^{+\infty}f_X(z-y)f_Y(y)\mathrm{d}y=\int_{-\infty}^{+\infty}f_X(x)f_Y(z-x)\mathrm{d}x\qquad(3-12)$$

上式称为卷积公式（convolution），记为 f_X*f_Y，即

$$f_X*f_Y=\int_{-\infty}^{+\infty}f_X(z-y)f_Y(y)\mathrm{d}y=\int_{-\infty}^{+\infty}f_X(x)f_Y(z-x)\mathrm{d}x$$

【例 3-14】设 X 和 Y 是两个相互独立的随机变量，它们都服从 $N(0,1)$，其概率密度为

$\displaystyle f_X(x)=\frac{1}{\sqrt{2\pi}}\mathrm{e}^{-\frac{x^2}{2}}$，$f_Y(y)=\dfrac{1}{\sqrt{2\pi}}\mathrm{e}^{-\frac{y^2}{2}}$．求 $Z=X+Y$ 的概率密度.

解 $f_X(x) = \dfrac{1}{\sqrt{2\pi}} \mathrm{e}^{-\frac{x^2}{2}}$, $f_Y(y) = \dfrac{1}{\sqrt{2\pi}} \mathrm{e}^{-\frac{y^2}{2}}$,

$$f_Z(z) = \int_{-\infty}^{+\infty} f_X(x) f_Y(z-x)\,\mathrm{d}x = \frac{1}{2\pi}\int_{-\infty}^{+\infty} \mathrm{e}^{-\frac{x^2}{2}}\mathrm{e}^{-\frac{(z-x)^2}{2}}\,\mathrm{d}x = \frac{1}{2\pi}\mathrm{e}^{-\frac{z^2}{4}}\int_{-\infty}^{+\infty}\mathrm{e}^{-\left(x-\frac{z}{2}\right)^2}\,\mathrm{d}x$$

令 $t = x - \dfrac{z}{2}$ 得 $f_Z(z) = \dfrac{1}{2\pi}\mathrm{e}^{-\frac{z^2}{4}}\displaystyle\int_{-\infty}^{+\infty}\mathrm{e}^{-t^2}\,\mathrm{d}t = \dfrac{1}{2\pi}\mathrm{e}^{-\frac{z^2}{4}}\sqrt{\pi} = \dfrac{1}{2\sqrt{\pi}}\mathrm{e}^{-\frac{z^2}{4}}$

即 $Z \sim N(0,2)$.

一般地，设 X、Y 相互独立且 $X \sim N(\mu_1,\sigma_1^2)$，$Y \sim N(\mu_2,\sigma_2^2)$，由计算可知 $Z = X + Y$ 仍服从正态分布，且有 $Z \sim N(\mu_1 + \mu_2, \sigma_1^2 + \sigma_2^2)$. 这个结论还能推广到 n 个独立正态随机变量之和的情况，即若 $X_i \sim N(\mu_i,\sigma_i^2)$ $(i = 1,2,\cdots,n)$，且它们相互独立，则它们的和 $Z = X_1 + X_2 + \cdots + X_n$ 仍然服从正态分布，且

$$Z \sim N(\mu_1 + \mu_2 + \cdots + \mu_n, \sigma_1^2 + \sigma_2^2 + \cdots + \sigma_n^2)$$

更一般地，可以证明有限个相互独立的正态随机变量的线性组合仍然服从正态分布.

【例 3–15】 在一个简单电路中，两电阻 R_1 和 R_2 串联联接，设 R_1，R_2 相互独立，它们的

概率密度函数均为 $f(x) = \begin{cases} \dfrac{10-x}{50}, & 0 \leqslant x \leqslant 10 \\ 0, & \text{其他} \end{cases}$，求总电阻 $R = R_1 + R_2$ 的概率密度.

解 R 的概率密度为 $f_R(z) = \displaystyle\int_{-\infty}^{+\infty} f(x) f(z-x)\,\mathrm{d}x$，由图 3–10 积分区域可以得到

$$f_R(z) = \begin{cases} \displaystyle\int_0^z f(x) f(z-x)\,\mathrm{d}x, & 0 \leqslant z < 10, \\[2mm] \displaystyle\int_{z-10}^{10} f(x) f(z-x)\,\mathrm{d}x, & 10 \leqslant z \leqslant 20, \\[2mm] 0, & \text{其他}. \end{cases}$$

$$= \begin{cases} \dfrac{1}{15\,000}\left(600z - 60z^2 + z^3\right), & 0 \leqslant z < 10, \\[2mm] \dfrac{1}{15\,000}(20-z)^3, & 10 \leqslant z \leqslant 20, \\[2mm] 0, & \text{其他}. \end{cases}$$

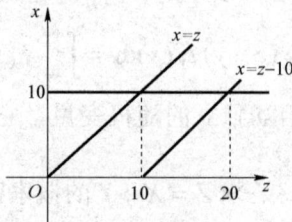

图 3–10 积分区域

【例 3−16】 设 X_1, X_2 相互独立且分别服从参数为 $\alpha_1, \beta; \alpha_2, \beta$ 的 Γ 分布（分别记成 $X_1 \sim \Gamma(\alpha_1, \beta)$，$X_2 \sim \Gamma(\alpha_2, \beta)$，$X_1, X_2$ 的概率密度分别为

$$f_{X_1}(x) = \begin{cases} \dfrac{\beta}{\Gamma(\alpha_1)}(\beta x)^{\alpha_1-1}\mathrm{e}^{-\beta x}, & x > 0, \\ 0, & \text{其他.} \end{cases} \quad \alpha_1 > 0, \ \beta > 0,$$

$$f_{X_2}(y) = \begin{cases} \dfrac{\beta}{\Gamma(\alpha_2)}(\beta y)^{\alpha_2-1}\mathrm{e}^{-\beta y}, & y > 0, \\ 0, & \text{其他.} \end{cases} \quad \alpha_2 > 0, \ \beta > 0,$$

试证明 $X_1 + X_2$ 服从参数为 $\alpha_1 + \alpha_2$，β 的 Γ 分布（Γ 分布的可加性）

证明　只须证 $f_Z(z) = \begin{cases} \dfrac{\beta}{\Gamma(\alpha_1 + \alpha_2)}(\beta z)^{\alpha_1+\alpha_2-1}\mathrm{e}^{-\beta z}, & z > 0 \\ 0, & \text{其他.} \end{cases}$

因为 $f_Z(z) = \displaystyle\int_{-\infty}^{+\infty} f_{X_1}(x)f_{X_2}(z-x)\mathrm{d}x$（仅当 $\begin{cases} x > 0 \\ z - x > 0 \end{cases}$ 即 $0 < x < z$ 时被积函数不等于零）

所以 $f_Z(z) = \displaystyle\int_0^z \dfrac{\beta}{\Gamma(\alpha_1)}(\beta x)^{\alpha_1-1}\mathrm{e}^{-\beta x}\dfrac{\beta}{\Gamma(\alpha_2)}\big[\beta(z-x)\big]^{\alpha_2-1}\mathrm{e}^{-\beta(z-x)}\mathrm{d}x$

$$f_Z(z) = \dfrac{\beta^{\alpha_1+\alpha_2}\mathrm{e}^{-\beta z}}{\Gamma(\alpha_1)\Gamma(\alpha_2)}\int_0^z (x)^{\alpha_1-1}(z-x)^{\alpha_2-1}\mathrm{d}x,$$

$$\underline{x = zt} = \dfrac{\beta}{\Gamma(\alpha_1)\Gamma(\alpha_2)}(\beta z)^{\alpha_1+\alpha_2-1}\mathrm{e}^{-\beta z}\int_0^1 (t)^{\alpha_1-1}(1-t)^{\alpha_2-1}\mathrm{d}t,$$

把上式记作： $A(\beta z)^{\alpha_1+\alpha_2-1}\mathrm{e}^{-\beta z}$，

其中 $A = \dfrac{\beta}{\Gamma(\alpha_1)\Gamma(\alpha_2)}\displaystyle\int_0^1 (t)^{\alpha_1-1}(1-t)^{\alpha_2-1}\mathrm{d}t$，由于

$$1 = \int_0^\infty f_Z(z)\mathrm{d}z = \dfrac{A}{\beta}\int_0^\infty (\beta z)^{\alpha_1+\alpha_2-1}\mathrm{e}^{-\beta z}\mathrm{d}(\beta z) = \dfrac{A}{\beta}\Gamma(\alpha_1 + \alpha_2),$$

即有 $A = \dfrac{\beta}{\Gamma(\alpha_1 + \alpha_2)}$，于是 $f_Z(z) = \begin{cases} \dfrac{\beta}{\Gamma(\alpha_1 + \alpha_2)}(\beta z)^{\alpha_1+\alpha_2-1}\mathrm{e}^{-\beta z}, & z > 0 \\ 0, & \text{其他.} \end{cases}$，即

$$X_1 + X_2 \sim \Gamma(\alpha_1 + \alpha_2, \beta)$$

注意：　$\Gamma(\alpha) = \displaystyle\int_0^\infty x^{\alpha-1}\mathrm{e}^{-x}\mathrm{d}x, (\alpha > 0)$　称为 Γ 函数 $B(\alpha_1, \alpha_2) = \displaystyle\int_0^1 t^{\alpha_1-1}(1-t)^{\alpha_2-1}\mathrm{d}t, \alpha_1 > 0,$

$\alpha_2 > 0$ 称为 β 函数，β 函数与 Γ 函数有以下关系： $B(\alpha_1, \alpha_2) = \dfrac{\Gamma(\alpha_1)\Gamma(\alpha_2)}{\Gamma(\alpha_1 + \alpha_2)}.$

3.4.2 $z = \dfrac{X}{Y}$ 的分布

设 (X,Y) 的概率密度为 $f(x,y)$，则 $Z = \dfrac{X}{Y}$ 的分布函数为

$$F_Z(z) = P\{Z \leqslant z\} = \iint\limits_{G_1} f(x,y)\mathrm{d}x\mathrm{d}y + \iint\limits_{G_2} f(x,y)\mathrm{d}x\mathrm{d}y$$

其中 G_1, G_2 是图 3-11 中的阴影部分，而 $\iint\limits_{G_1} f(x,y)\mathrm{d}x\mathrm{d}y = \int_0^{+\infty}\mathrm{d}y\int_{-\infty}^{zy}f(x,y)\mathrm{d}x$

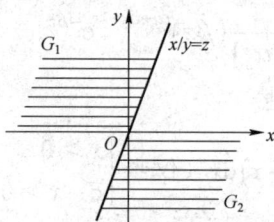

图 3-11　G_1, G_2 所示图形

作变换 $x = uy$, 则 $\mathrm{d}x = y\mathrm{d}u$, 当 $x = zy$ 时, $u = z$; 当 $x \to -\infty$ 时, 注意到 $y > 0$, 因而有 $u \to -\infty$；

$$\int_0^{+\infty}\mathrm{d}y\int_{-\infty}^{zy}f(x,y)\mathrm{d}x = \int_0^{+\infty}\mathrm{d}y\int_{-\infty}^{z}f(uy,y)y\mathrm{d}u = \int_{-\infty}^{z}\mathrm{d}u\int_0^{+\infty}yf(uy,y)\mathrm{d}y = \int_{-\infty}^{z}\mathrm{d}u\int_0^{+\infty}|y|f(uy,y)\mathrm{d}y$$

同理, $\iint\limits_{G_2} f(x,y)\mathrm{d}x\mathrm{d}y = \int_{-\infty}^{0}\mathrm{d}y\int_{zy}^{+\infty}f(x,y)\mathrm{d}x$ 中, 作变换 $x = uy$,

则 $\mathrm{d}x = y\mathrm{d}u$, 当 $x = zy$ 时, $u = z$; 当 $x \to +\infty$ 时, 注意到 $y < 0$, 因而有 $u \to -\infty$；

$$\int_{-\infty}^{0}\mathrm{d}y\int_{zy}^{+\infty}f(x,y)\mathrm{d}x = \int_{-\infty}^{0}\mathrm{d}y\int_{z}^{-\infty}f(uy,y)y\mathrm{d}u = \int_{-\infty}^{z}\mathrm{d}u\int_{-\infty}^{0}(-y)f(uy,y)\mathrm{d}y = \int_{-\infty}^{z}\mathrm{d}u\int_{-\infty}^{0}|y|f(uy,y)\mathrm{d}y$$

$$F_Z(z) = \int_{-\infty}^{z}\mathrm{d}u\int_0^{+\infty}|y|f(uy,y)\mathrm{d}y + \int_{-\infty}^{z}\mathrm{d}u\int_{-\infty}^{0}|y|f(uy,y)\mathrm{d}y = \int_{-\infty}^{z}\left[\int_{-\infty}^{+\infty}|y|f(uy,y)\mathrm{d}y\right]\mathrm{d}u$$

所以, 由密度函数的定义有

$$f_Z(z) = \int_{-\infty}^{+\infty}|y|f(zy,y)\mathrm{d}y \tag{3-13}$$

特别地, 如果随机变量 X 与 Y 相互独立, 则有 $f_Z(z) = \int_{-\infty}^{+\infty}|y|f_X(yz)f_Y(y)\mathrm{d}y$.

【例 3-17】设 X,Y 分别表示两只不同型号的灯泡的寿命，X,Y 相互独立，它们的概率密度函数依次为 $f(x) = \begin{cases} \mathrm{e}^{-x}, & x > 0, \\ 0, & \text{其他.} \end{cases}$　$g(y) = \begin{cases} 2\mathrm{e}^{-2y}, & y > 0, \\ 0, & \text{其他.} \end{cases}$

试求 $Z = X/Y$ 的概率密度函数.

解　Z 的概率密度为：

当 $z > 0$ 时，$f_Z(z) = \int_0^\infty y\mathrm{e}^{-yz}2\mathrm{e}^{-2y}\mathrm{d}y = \int_0^\infty 2y\mathrm{e}^{-y(2+z)}\mathrm{d}y = \dfrac{2}{(2+z)^2}$，

当 $z \leqslant 0$ 时，$f_Z(z) = 0$，即 $f_Z(z) = \begin{cases} \dfrac{2}{(2+z)^2}, z > 0, \\ 0, z \leqslant 0. \end{cases}$

3.4.3　$M = \max(X, Y)$ 及 $N = \min(X, Y)$ 的分布

设 X、Y 是两个相互独立的随机变量，它们的分布函数分别为 $F_X(x)$ 和 $F_Y(y)$.

$P\{M \leqslant z\} = P\{X \leqslant z, Y \leqslant z\} = P\{X \leqslant z\} \cdot P\{Y \leqslant z\}$ 即

$$F_{\max}(z) = F_X(z)\, F_Y(z) \tag{3-14}$$

类似地，

$$F_{\min}(z) = P\{N \leqslant z\} = 1 - P\{N > z\} \tag{3-15}$$
$$= 1 - P\{X > z, Y > z\} = 1 - P\{X > z\} \cdot P\{Y > z\}$$
$$= 1 - (1 - F_X(z))\,(1 - F_Y(z))$$

以上结果容易推广到 n 个相互独立的随机变量的情况

特别地，当 X_1，X_2，$\cdots$，X_n 相互独立且具有相同分布函数 $F(x)$ 时有

$$F_{\max}(z) = [F(z)]^n, \quad F_{\min}(z) = 1 - [1 - F(z)]^n$$

【例 3-18】系统 L 由两个相互独立的子系统 L_1，L_2 联接而成，联接的方式分别为
（1）串联；（2）并联；（3）备用（当系统 L_1 损坏时，系统 L_2 开始工作）.

设 L_1，L_2 的寿命分别为 X，Y，已知它们的概率密度分别为

$$f_X(x) = \begin{cases} \alpha\mathrm{e}^{-\alpha x}, x > 0 \\ 0, x \leqslant 0. \end{cases} \quad f_Y(y) = \begin{cases} \beta\mathrm{e}^{-\beta y}, y > 0, \\ 0, y \leqslant 0. \end{cases} \quad (\alpha > 0, \beta > 0, \alpha \neq \beta)$$

试分别就以上三种联接方式写出 L 的寿命 Z 的概率密度.

解

$$F_X(x) = \begin{cases} 1 - \mathrm{e}^{-\alpha x}, x > 0, \\ 0, x \leqslant 0. \end{cases} \quad F_Y(y) = \begin{cases} 1 - \mathrm{e}^{-\beta y}, y > 0, \\ 0, y \leqslant 0. \end{cases}$$

（1）串联的情况（见图 3-12）.

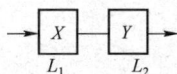

图 3-12　串联

由于当 L_1，L_2 中有一个损坏时，系统 L 就停止工作，所以这时 L 的寿命为 $Z = \min\{X, Y\}$，故

有 $F_{\min}(z) = 1 - (1 - F_X(z)) \cdot (1 - F_Y(z)) = \begin{cases} 1 - e^{-(\alpha+\beta)z}, & z > 0, \\ 0, & z \leqslant 0. \end{cases}$

于是 $Z = \min(X, Y)$ 的概率密度为：$f_{\min}(z) = \begin{cases} (\alpha+\beta)e^{-(\alpha+\beta)z}, & z > 0, \\ 0, & z \leqslant 0. \end{cases}$

（2）并联的情况（见图 3-13）.

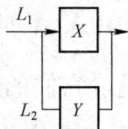

图 3-13　并联

由于当且仅当 L_1，L_2 都损坏时，系统 L 才停止工作，所以这时 L 的寿命为 $Z = \max(X, Y)$，

故有 $F_{\max}(z) = F_X(z)\ F_Y(z) = \begin{cases} \left(1 - e^{-\alpha z}\right)\left(1 - e^{-\beta z}\right), & z > 0, \\ 0, & z \leqslant 0. \end{cases}$

于是 $Z = \max(X, Y)$ 的概率密度为：

$$f_{\max}(z) = \begin{cases} \alpha e^{-\alpha z} + \beta e^{-\beta z} - (\alpha+\beta)e^{-(\alpha+\beta)z}, & z > 0, \\ 0, & z \leqslant 0. \end{cases}$$

（3）备用的情况（见图 3-14）.

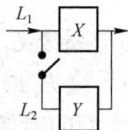

图 3-14　备用的情况

由于当系统 L_1 损坏时，系统 L_2 才开始工作，所以这时整个 L 的寿命为

$$Z = X + Y，\quad 故有当 z \leqslant 0，\quad f_z(z) = 0$$

当 $Z > 0$ 时　$f_z(z) = \int_{-\infty}^{+\infty} f_X(z-y) f_Y(y)\,\mathrm{d}y = \int_0^z \alpha e^{-\alpha(z-y)} \beta e^{-\beta y}\,\mathrm{d}y$

$$= \alpha\beta e^{-\alpha z} \int_0^z e^{-(\beta-\alpha)y}\,\mathrm{d}y = \frac{\alpha\beta}{\beta-\alpha}\left(e^{-\alpha z} - e^{-\beta z}\right)$$

故　$f_z(z) = \begin{cases} \dfrac{\alpha\beta}{\beta-\alpha}\left(e^{-\alpha z} - e^{-\beta z}\right), & z > 0, \\ 0, & z \leqslant 0. \end{cases}$

习 题 3

1. 设离散型随机变量 X 和 Y 的联合概率分布为

X \ Y	0	1
0	0.4	a
1	b	0.1

已知事件 $\{X=0\}$ 与 $\{X+Y=1\}$ 相互独立，求 a,b 的值.

2. 设二维离散型随机变量 X 和 Y 的联合概率分布为

X \ Y	1	2	3
1	$\dfrac{1}{6}$	$\dfrac{1}{9}$	$\dfrac{1}{18}$
2	$\dfrac{1}{3}$	$\dfrac{2}{9}$	α

则 $\alpha = \underline{\qquad}$，令 $Z=(X-Y)^2$，则 Z 的分布律为 $\underline{\qquad\qquad}$.

3. 设随机变量 X 与 Y 相互独立，其概率分布分别为

X	0	1
P	0.4	0.6

Y	0	1
P	0.4	0.6

则有 $P\{X=Y\} = \underline{\qquad}$.

4. 在一个盒子里有 3 个黑球，2 个白球，在其中不放回任取 2 次，每次任取 1 个球.
定义随机变量 $X=\begin{cases} 0, & \text{第一次取得黑球,} \\ 1, & \text{第一次取得白球;} \end{cases}$　$Y=\begin{cases} 0, & \text{第二次取得黑球,} \\ 1, & \text{第二次取得白球;} \end{cases}$

求：（1）二维随机变量 (X,Y) 的联合分布律和边缘分布律；（2）求 $P\{X+Y=1\}$；

（3）求 $Y=1$ 条件下 X 的条件分布律；（4）判断 X 和 Y 是否相互独立.

5. 设离散型随机变量 X 和 Y 的联合概率分布为

X \ Y	0	1
0	0.4	a
1	b	0.1

已知事件 $\{X=0\}$ 与 $\{X+Y=1\}$ 相互独立，则 $a=$ _____ ， $b=$ _____ .

6. 二维随机变量 (X,Y) 的联合分布律为

X \ Y	−1	0	1
0	0.1	0.1	0.2
1	0.2	0.3	0.1

则 $P(X+Y=1)=$（   ）.

（A）0.2　　　　　（B）0.3　　　　　（C）0.5　　　　　（D）1

7. 一个袋中有 1 个红球，2 个黑球，3 个白球，现有放回地从袋中取 2 次，每次任取 1 个球，以 X，Y，Z 分别表示两次取红、黑、白球的个数.

（1）求 $P\{X=1|Z=0\}$；（2）求二维随机变量 (X,Y) 的概率分布.

8. 设二维离散型随机变量 X、Y 的概率分布为

X \ Y	0	1	2
0	$\frac{1}{4}$	0	$\frac{1}{4}$
1	0	$\frac{1}{3}$	0
2	$\frac{1}{12}$	0	$\frac{1}{12}$

求 $P\{X=2Y\}$.

9. 二维随机变量 (X,Y) 的联合分布律为

X \ Y	−1	0	1
0	0.1	0.1	0.2
1	0.2	0.3	0.1

（1）求 X,Y 的边缘分布律；（2）求 $P(X+Y=1)$；（3）X,Y 是否相互独立.

10. 一个盒子里有 3 个红球，2 个白球，在其中不放回任取 2 次，每次任取 1 个球，定义随机变量 $X=\begin{cases}0, & \text{第一次取得红球,} \\ 1, & \text{第一次取得白球;}\end{cases}$　$Y=\begin{cases}0, & \text{第二次取得红球,} \\ 1, & \text{第二次取得白球;}\end{cases}$　求（1）二维随机变量

(X,Y) 的联合分布律；（2）求 $P\{X=Y\}$；（3）X,Y 是否相互独立.

11. 设 (X,Y) 的联合密度函数为 $f(x,y)=\dfrac{c}{(1+x^2)(1+y^2)}$，$-\infty < x,y < +\infty$

求：（1）常数 c；（2）$P\{0<X<1,0\leqslant Y\leqslant 1\}$；（3）$f_X(x)$、$f_Y(y)$；（4）$X$、$Y$ 是否独立？

12. 设二维随机变量 (X,Y) 的概率密度为 $f(x,y)=\begin{cases}\dfrac{6-x-y}{8}, & 0<x<2,\ 2<y<4,\\ 0, & \text{其他}.\end{cases}$

Y	-1	0	1
p	1/3	1/3	1/3

计算 $P\{X<1,Y<3\}$.

13. 设二维随机变量 (X,Y) 的概率密度为 $f(x,y)=\begin{cases}Ce^{-3x-y}, & 0\leqslant x\leqslant +\infty,0\leqslant y < +\infty,\\ 0, & \text{其他}.\end{cases}$

试求：（1）常数 C；（2）$P\{X>Y\}$.

14. 设二维随机变量 (X,Y) 的概率密度为 $f(x,y)=\begin{cases}cx^2y, & x^2\leqslant y\leqslant x,\\ 0, & \text{其他}.\end{cases}$

试求：（1）常数 c；（2）边缘密度函数 $f_X(x)$，$f_Y(y)$.

15. 设二维随机变量 (X,Y) 服从区域 $D=\{(x,y):a\leqslant x\leqslant b,c\leqslant y\leqslant d\}$ 上的均匀分布，证明 X,Y 相互独立.

16. 设二维随机变量 (X,Y) 的概率密度为 $f(x,y)=\begin{cases}e^{-x}, & 0<y<x,\\ 0, & \text{其他}.\end{cases}$

（1）求条件概率密度 $f_{Y|X}(y\,|\,x)$；

（2）求条件概率 $P=\{X\leqslant 1\,|\,Y\leqslant 1\}$.

17. 设随机变量 X 的概率密度为 $f(x)=\begin{cases}\dfrac{1}{a}x^2, & 0<x<3,\\ 0, & \text{其他}.\end{cases}$ 令随机变量 $Y=\begin{cases}2, & x\leqslant 1,\\ x, & 1<x<2,\\ 1, & x\geqslant 2\end{cases}$

（1）求 Y 的分布函数；（2）求概率 $P\{X\leqslant Y\}$.

18. 设随机变量 X 和 Y 相互独立，且 X 和 Y 的概率分布相同，均为

X	0	1	2
p	$\dfrac{1}{2}$	$\dfrac{1}{3}$	$\dfrac{1}{6}$

则 $P\{X+Y=2\}=$ （ ）.

(A) $\dfrac{1}{12}$ (B) $\dfrac{5}{18}$ (C) $\dfrac{1}{6}$ (D) $\dfrac{1}{2}$

19. 设随机变量 X 与 Y 相互独立，且都服从区间 $(0,1)$ 上的均匀分布，则 $P\{X^2+Y^2\leqslant 1\}=$ （ ）.

(A) $\dfrac{1}{4}$ (B) $\dfrac{1}{2}$ (C) $\dfrac{\pi}{8}$ (D) $\dfrac{\pi}{4}$

20. 设 (X,Y) 是二维随机变量，X 的边缘概率密度为 $f_X(x)=\begin{cases}3x^2, & 0<x<1, \\ 0, & \text{其他}.\end{cases}$，在给定 $X=x(0<x<1)$ 的条件下，Y 的条件概率密度 $f_{Y|X}(y|x)=\begin{cases}\dfrac{3y^2}{x^3}, & 0<y<x, \\ 0, & \text{其他}.\end{cases}$

（1）求 (X,Y) 的概率密度 $f(x,y)$；（2）Y 的边缘概率密度 $f_Y(y)$；（3）求 $P\{X>2Y\}$.

21. 设随机变量 X 与 Y 相互独立，X 服从区间 $(0,3)$ 上的均匀分布，Y 服从参数 $\theta=\dfrac{1}{2}$ 的指数分布，则 $P\{\max\{X,Y\}\leqslant 1\}=$ _____，$P\{\min\{X,Y\}\leqslant 1\}=$ _____.

22. 设随机变量 (X,Y) 的概率密度 $f(x,y)=\begin{cases}\dfrac{1}{2}(x+y)\mathrm{e}^{-(x+y)}, & x>0,y>0, \\ 0, & \text{其他}.\end{cases}$ 求 $Z=X+Y$ 的概率密度 $f_Z(z)$.

23. 若 X,Y 相互独立，X 服从 $[0,1]$ 上的均匀分布，Y 的概率密度为

$$f_Y(y)=\begin{cases}2y, & 0\leqslant y\leqslant 1, \\ 0, & \text{其他}.\end{cases} \quad 求 Z=X+Y 的概率密度 f_Z(z).$$

24. 设随机变量 X 与 Y 相互独立，且均服从区间 $[0,3]$ 上的均匀分布，则 $P\{\max\{X,Y\}\leqslant 1\}=$ _____.

25. 设随机变量 X 与 Y 相互独立，且服从参数为 1 的指数分布. 记 $U=\max\{X,Y\}$，$V=\min\{X,Y\}$，求 V 的概率密度 $f_V(v)$.

26. 设随机变量 (X,Y) 的概率密度为

$$f(x,y)=\begin{cases}b\mathrm{e}^{-(x+y)}, & 0<x<1,0<y<+\infty, \\ 0, & \text{其他}.\end{cases}$$

（1）试确定常数 b；（2）求边缘概率密度 $f_X(x)$ $f_Y(y)$；（3）求函数 $U=\max(X,Y)$ 的分布函数.

数学实验

画出二维正态分布的联合概率密度函数和联合分布函数.

设 (X,Y) 服从均值为向量 $\boldsymbol{\mu}=(-1,2)^{\mathrm{T}}$，协方差为：$\boldsymbol{\Sigma}=\begin{bmatrix} 1 & 1 \\ 1 & 3 \end{bmatrix}$ 的二维正态分布

（1）画出 (X,Y) 的联合概率密度图形；

（2）画出 (X,Y) 的联合分布函数图形.

在 MATLAB 命令窗口输入：

```
>>mu1=[-1,2];
Sigma2=[1 1;1 3];
[x y]=meshgrid(-3:0.1:1, -2:0.1:4);
xy=[x(:)y(:)];
p=mvnpdf(xy,mu1,sigma2);
P=reshape(p,size(x));
Surf(x,y,P)
```

运行结果如下：

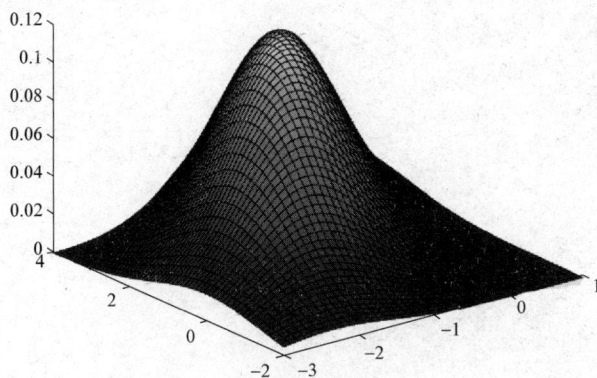

在 MATLAB 命令窗口输入：

```
>>mu1=[-1,2];
Sigma2=[1 1;1 3];
[x y]=meshgrid(-3:0.1:1, -2:0.1:4);
xy=[x(:)y(:)];
p=mvncdf(xy,mu1,sigma2);
P=reshape(p,size(x));
Surf(x,y,P)
```

运行结果如下：

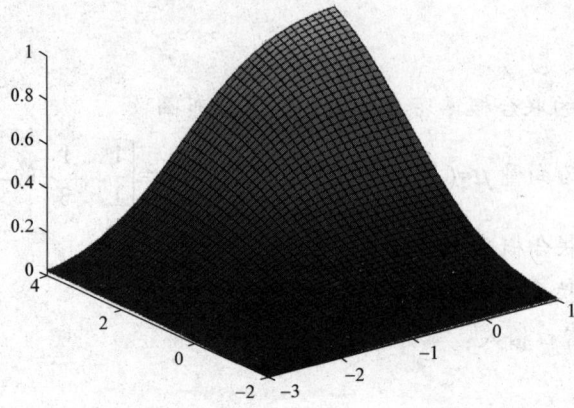

第 4 章　随机变量的数字特征

随机变量的数字特征是某些由随机变量的分布所决定的常数，它可以刻画随机变量某一方面的性质. 例如，在了解一个班级的学生的数学学习情况时，首先关心的可能是数学平均成绩，这会给人们一个总的印象，进一步再关心成绩是两极分化的还是相对集中的，也即数据的分散程度. 再如，在了解某一行业从业人员的经济状况时，首先关心的是其平均收入. 这里的平均值和分散程度，是刻画随机变量性质的两类重要数字特征.

- 描述变量的平均值的量——数学期望
- 描述变量的离散程度的量——方差

分赌本问题

17 世纪中叶，一个赌徒向法国数学家帕斯卡请教使他苦恼长久的分赌本的问题：甲、乙两名赌徒赌技不相上下，各出赌资 50 法郎，每局中无平局. 他们约定，谁先赢满 5 局，则得到全部赌本 100 法郎. 当甲赢了 4 局，而乙赢了 3 局时，因故必须中止赌博，现问这 100 法郎如何分才算公平. 是不是把钱分成 7 份，赢了 4 局的就拿 4 份，赢了 3 局的就拿 3 份呢？还是按照最早约定的要赢满 5 局而谁也没有做到，所以就一人分一半呢？

假定他俩再赌一局. 甲有 1/2 的可能赢得他的第 5 局，乙有 1/2 的可能赢得他的第 4 局. 若是甲赢满了 5 局，钱应该归他. 若乙赢得他的第 4 局，则下一局中甲、乙赢得他们各自的第 5 局的可能性都是 1/2. 所以，如果必须赢满 5 局的话，甲赢得所有钱的可能为 $\dfrac{1}{2}+\dfrac{1}{2}\times\dfrac{1}{2}=\dfrac{3}{4}$，

当然乙就应该得到 $\dfrac{1}{2}\times\dfrac{1}{2}=\dfrac{1}{4}$.

由此甲的期望所得值为 75 法郎，乙的期望所得值为 25 法郎. 这里出现了期望这个词，数学期望即由此而来.

4.1　数　学　期　望

4.1.1　数学期望的概念

【例 4-1】为测得种子发芽的平均天数，取 $N=100$ 粒种子做发芽试验，记录数据如下：

$X=x_k$	1	2	3	4	5	6
n_k	4	35	40	15	4	2
$f_n(x_k)$	$\dfrac{4}{100}$	$\dfrac{35}{100}$	$\dfrac{40}{100}$	$\dfrac{15}{100}$	$\dfrac{4}{100}$	$\dfrac{2}{100}$

平均天数 $= \dfrac{1\times4+2\times35+3\times40+4\times15+5\times4+6\times2}{100} = \sum\limits_{k} x_k f_n(x_k)$

当 n 充分大时，频率 $f_n(x_k) \xrightarrow{\text{稳定值}}$ 概率 p_k

所以当 n 充分大时，平均数 $\sum\limits_{k} x_k f_n(x_k) \xrightarrow{\text{稳定值}} \sum\limits_{k} x_k p_k$

显然，数值 $\sum\limits_{k} x_k p_k$ 完全由随机变量 X 的概率分布确定，而与试验无关，它反映了平均数的大小，是一种以概率为权重的加权平均.

定义 4−1　设离散型随机变量 X 的分布律为

$$P\{X = x_k\} = p_k, \quad k = 1, 2, \cdots, \tag{4−1}$$

若级数 $\sum\limits_{k=1}^{\infty} x_k p_k$ 绝对收敛，则称级数 $\sum\limits_{k=1}^{\infty} x_k p_k$ 为随机变量 X 的数学期望，记为 $E(X)$ ，即 $E(X) = \sum\limits_{k=1}^{\infty} x_k p_k$. 这里要求级数绝对收敛是为了保证级数的和不随求和次序变动而变化.

定义 4−2　设连续型随机变量 X 的密度函数为 $f(x)$ ，若积分 $\int_{-\infty}^{\infty} x f(x)\mathrm{d}x$ 绝对收敛，则称积分 $\int_{-\infty}^{\infty} x f(x)\mathrm{d}x$ 的值为随机变量 X 的数学期望，记为 $E(X)$. 即 $E(X) = \int_{-\infty}^{\infty} x f(x)\mathrm{d}x$.

数学期望简称期望，又称为均值.

4.1.2　数学期望的计算

（1）离散型——若 $X \sim P\{X = x_k\} = p_k, k = 1, 2, \cdots$ ，则 $E(X) = \sum\limits_{k=1}^{\infty} x_k p_k$ （绝对收敛）；

（2）连续型——若 X 的密度函数为 $f(x)$ ，则 $E(X) = \int_{-\infty}^{\infty} x f(x)\mathrm{d}x$ （绝对收敛）.

【例 4−2】 甲、乙两个工人生产同一种产品，在相同条件下，生产 100 件产品所产生的废品数分别用 X ，Y 表示，它们的概率分布如下：

X	0	1	2	3
P_k	0.7	0.1	0.1	0.1
Y	0	1	2	3
P_k	0.5	0.3	0.2	0

问这两个工人谁的技术好？

解　$E(X) = 0\times0.7 + 1\times0.1 + 2\times0.1 + 3\times0.1 = 0.6$ ，

$E(Y) = 0\times0.5 + 1\times0.3 + 2\times0.2 + 3\times0 = 0.7$.

甲工人生产出废品的均值较小，甲的技术好.

【例 4-3】某工厂设备寿命 $X \sim f(x) = \begin{cases} \dfrac{1}{4}e^{-\frac{1}{4}x}, & x > 0 \\ 0, & x \leqslant 0 \end{cases}$，工厂规定自出售之日起一年

内设备损坏可以调换，调换一台设备厂方花费 300 元，出售一台设备可以获利 100 元，求工厂出售一台设备获利的数学期望.

解　设 $Y=$ 出售一台设备所获利润

$$P(Y = -200) = P(X < 1) = \int_0^1 \frac{1}{4}e^{-\frac{1}{4}x}\mathrm{d}x = 1 - e^{-\frac{1}{4}}$$

$$P(Y = 100) = P(X \geqslant 1) = 1 - \int_0^1 \frac{1}{4}e^{-\frac{1}{4}x}\mathrm{d}x = e^{-\frac{1}{4}}$$

X	$X < 1$	$X \geqslant 1$
Y	-200	100
p_k	$1 - e^{-\frac{1}{4}}$	$e^{-\frac{1}{4}}$

所以，$E(Y) = -200\left(1 - e^{-\frac{1}{4}}\right) + 100e^{-\frac{1}{4}} \approx 33.64$.

4.1.3　随机变量函数的数学期望

已知 X 的分布，求 $Y = g(X)$ 的数学期望 $E(Y)$.

定理 4-1　设 Y 是随机变量 X 的函数，$Y = g(X)$（g 是连续函数）.

设 X 是离散型随机变量，它的分布律为 $P\{X = x_k\} = p_k$，$k = 1, 2, \cdots$

若 $\displaystyle\sum_{k=1}^{\infty} g(x_k)p_k$ 绝对收敛，则有

$$E(Y) = E[g(X)] = \sum_{k=1}^{\infty} g(x_k)p_k \tag{4-2}$$

设 X 是连续型随机变量，它的概率密度为 $f(x)$，若

$\displaystyle\int_{-\infty}^{+\infty} g(x)f(x)\mathrm{d}x$ 绝对收敛，则有

$$E(Y) = E[g(X)] = \int_{-\infty}^{+\infty} g(x)f(x)\mathrm{d}x \tag{4-3}$$

证明　设 X 是连续型随机变量，且 $y = g(x)$ 满足 2.5 节中定理的条件.

由 2.5 节知道随机变量 $Y = g(X)$ 的概率密度为

$$f_Y(y) = \begin{cases} f_x[h(y)]|h'(y)|, & \alpha < y < \beta, \\ 0, & \text{其他.} \end{cases}$$

于是，$E(Y) = \int_{-\infty}^{+\infty} y f_Y(y) \mathrm{d}y = \int_{\alpha}^{\beta} y f_X[h(y)] \mid h'(y) \mid \mathrm{d}y$

当 $h'(y) > 0$ 时，$E(Y) = \int_{-\infty}^{+\infty} y f_Y(y) \mathrm{d}y = \int_{\alpha}^{\beta} y f_X[h(y)] h'(y) \mathrm{d}y = \int_{-\infty}^{+\infty} g(x) f(x) \mathrm{d}x$

当 $h'(y) < 0$ 时，$E(Y) = \int_{-\infty}^{+\infty} y f_Y(y) \mathrm{d}y = -\int_{\alpha}^{\beta} y f_X[h(y)] h'(y) \mathrm{d}y = \int_{-\infty}^{+\infty} g(x) f(x) \mathrm{d}x$

综合上两式得证.

上述定理还可以推广到两个或两个以上随机变量的函数的情况. 给出以下结论:

设 Z 是二维随机变量 (X, Y) 的函数 $Z = g(X, Y)$，其中 g 是二元连续函数,

（4）设 (X, Y) 是离散型，其分布律为 $P\{X = x_i, Y = y_j\} = p_{ij}, (i, j = 1, 2, \cdots)$

则当级数 $\sum_{i=1}^{\infty} \sum_{j=1}^{\infty} g(x_i, y_j) p_{ij}$ 绝对收敛时，有 $E(Z) = E[g(X, Y)] = \sum_{i=1}^{\infty} \sum_{j=1}^{\infty} g(x_i, y_j) p_{ij}$.

（5）设 (X, Y) 是连续型，密度函数为 $f(x, y)$，则当积分 $\int_{-\infty}^{+\infty} \int_{-\infty}^{+\infty} g(x, y) f(x, y) \mathrm{d}x \mathrm{d}y$

绝对收敛时，有 $E(Z) = E[g(X, Y)] = \int_{-\infty}^{+\infty} \int_{-\infty}^{+\infty} g(x, y) f(x, y) \mathrm{d}x \mathrm{d}y$.

【例 4-4】

X	-1	0	1	2	3
p_k	$\dfrac{2}{6}$	$\dfrac{1}{6}$	$\dfrac{1}{6}$	$\dfrac{1}{6}$	$\dfrac{1}{6}$

计算数学期望 $E(2X - 1)$，$E(X^2 + 1)$.

解 $2X - 1$ 的分布律为:

$2X - 1$	-3	-1	1	3	5
p_k	$\dfrac{2}{6}$	$\dfrac{1}{6}$	$\dfrac{1}{6}$	$\dfrac{1}{6}$	$\dfrac{1}{6}$

$$E(2X - 1) = -3 \times \frac{2}{6} + (-1) \times \frac{1}{6} + 1 \times \frac{1}{6} + 3 \times \frac{1}{6} + 5 \times \frac{1}{6} = \frac{7}{3}$$

$$E(X^2 + 1) = [(-1)^2 + 1] \times \frac{2}{6} + [0^2 + 1] \times \frac{1}{6} + [1^2 + 1] \times \frac{1}{6} + [2^2 + 1] \times \frac{1}{6} + [3^2 + 1] \times \frac{1}{6} = \frac{11}{3}$$

【例 4-5】设风速 V 在 $(0, a)$ 上服从均匀分布，即具有概率密度 $f(v) = \begin{cases} \dfrac{1}{a}, & 0 < v < a, \\ 0, & \text{其他.} \end{cases}$

又设飞机机翼受到的正压力 W 是 V 的函数 $W = kV^2$（V 是风速，$k > 0$ 是常数），求 W 的数学期望.

解 $E(W) = \int_{-\infty}^{+\infty} kv^2 f(v) \mathrm{d}v = \int_0^a kv^2 \frac{1}{a} \mathrm{d}v = \frac{1}{3} ka^2$

【例 4-6】已知二维随机变量 (X,Y) 的联合分布律如下表，求 $E(\max\{X,Y\})$.

Y ＼ X	0	1
0	0.1	0.15
1	0.25	0.2
2	0.15	0.15

解　可以先求 $\max\{X,Y\}$ 的分布律再求其数学期望

$\max\{X,Y\}$	0	1	2
p_k	0.1	0.6	0.3

$$E(\max\{X,Y\}) = 0\times0.1 + 1\times0.6 + 2\times0.3 = 1.8$$

【例 4-7】设二维随机变量 (X,Y) 的概率密度为

$$f(x,y) = \begin{cases} x+y, & 0 \leqslant x \leqslant 1, 0 \leqslant y \leqslant 1 \\ 0, & 其他 \end{cases}，\ 试求 E(X), E(Y), E(XY).$$

解　$E(X) = \displaystyle\int_{-\infty}^{+\infty}\int_{-\infty}^{+\infty} xf(x,y)\mathrm{d}x\mathrm{d}y = \int_0^1\int_0^1 x(x+y)\mathrm{d}x\mathrm{d}y = \frac{7}{12}$

$E(Y) = \displaystyle\int_{-\infty}^{+\infty}\int_{-\infty}^{+\infty} yf(x,y)\mathrm{d}x\mathrm{d}y = \int_0^1\int_0^1 y(x+y)\mathrm{d}x\mathrm{d}y = \frac{7}{12}$

$E(XY) = \displaystyle\int_{-\infty}^{+\infty}\int_{-\infty}^{+\infty} xyf(x,y)\mathrm{d}x\mathrm{d}y = \int_0^1\int_0^1 xy(x+y)\mathrm{d}x\mathrm{d}y = \frac{1}{3}$

4.1.4　数学期望的性质

现在来证明数学期望的几个重要性质.

性质 4-1　设 C 是常数，则有 $E(C) = C$

性质 4-2　设 X 是一个随机变量，C 是常数，则有 $E(CX) = CE(X)$

性质 4-3　设 X，Y 是两个随机变量，则有 $E(X+Y) = E(X) + E(Y)$

这一性质可以推广到任意有限个随机变量之和的情况.

证明　设二维随机变量 (X,Y) 的概率密度为 $f(x,y)$，其边缘概率密度为 $f_X(x)\ f_Y(y)$，有

$$E(X+Y) = \int_{-\infty}^{+\infty}\int_{-\infty}^{+\infty} (x+y)f(x,y)\mathrm{d}x\mathrm{d}y = \int_{-\infty}^{+\infty}\int_{-\infty}^{+\infty} xf(x,y)\mathrm{d}x\mathrm{d}y + \int_{-\infty}^{+\infty}\int_{-\infty}^{+\infty} yf(x,y)\mathrm{d}x\mathrm{d}y$$
$$= E(X) + E(Y)$$

性质 4-4　设 X，Y 是相互独立的随机变量，则有 $E(XY) = E(X)E(Y)$

这一性质可以推广到任意有限个相互独立的随机变量之积的情况.

证明 若 X,Y 相互独立，

$$E(XY) = \int_{-\infty}^{+\infty} \int_{-\infty}^{+\infty} xyf(x,y)\mathrm{d}x\mathrm{d}y = \left[\int_{-\infty}^{+\infty} xf_X(x)\mathrm{d}x\right]\left[\int_{-\infty}^{+\infty} yf_Y(y)\mathrm{d}y\right] = E(X)E(Y).$$

【例 4-8】 设 $X \sim B(n,p)$，求 $E(X)$.

解 设 $X_1, X_2, \cdots, X_n$，其中 $X_i = \begin{cases} 1, & \text{若在第 } i \text{ 次试验时事件 } A \text{ 发生} \\ 0, & \text{若在第 } i \text{ 次试验时事件 } A \text{ 不发生} \end{cases}$，则 $X_1, X_2, \cdots, X_n$ 独立，且

$$X = X_1 + X_2 + \cdots + X_n.$$

由期望的性质可知 $E(X) = E(X_1) + E(X_2) + \cdots + E(X_n)$，而 X_i 只取两个值 1 和 0，因此 $E(X_i) = 1 \times p + 0 \times (1-p) = p$，所以

$$E(X) = np.$$

【例 4-9】 一民航送客车载有 20 位旅客自机场开出，旅客有 10 个车站可以下车. 如到达一个车站没有旅客下车就不停车，以 X 表示停车的次数，求 $E(X)$（设每位旅客在各个车站下车是等可能的，并假设各位旅客是否下车相互独立）.

解 引入随机变量 $X = \begin{cases} 0, & \text{在第 } i \text{ 站无人下车} \\ 1, & \text{在第 } i \text{ 站有人下车} \end{cases} \quad i = 1,2,\cdots,10$

易知 $X = X_1 + X_2 + \cdots + X_{10}$，现在来求 $E(X)$.

按题意，任一旅客在第 i 站不下车的概率为 $\dfrac{9}{10}$，因此 20 位旅客都不在第 i 站下车的概率

为 $\left(\dfrac{9}{10}\right)^{20}$，在第 i 站有人下车的概率为 $1 - \left(\dfrac{9}{10}\right)^{20}$，也就是

$$P\{X_i = 0\} = \left(\frac{9}{10}\right)^{20}, \quad P\{X_i = 1\} = 1 - \left(\frac{9}{10}\right)^{20}, \quad i = 1,2,\cdots,10$$

由此，$E(X_i) = 1 - \left(\dfrac{9}{10}\right)^{20}$，$i = 1,2,\cdots,10$.

进而

$$E(X) = E(X_1 + X_2 + \cdots + X_{10}) = E(X_1) + E(X_2) + \cdots + E(X_{10}) = 10\left[1 - \left(\frac{9}{10}\right)^{20}\right] = 8.784 \text{（次）}.$$

本题是将 X 分解成数个随机变量之和，然后利用随机变量和的数学期望等于随机变量数学期望之和来求数学期望的，这种处理方法具有一定的普遍意义.

【例 4-10】 在一个人数很多的团体中普查某种疾病，为此要抽验 N 个人的血，可以用两种方法进行.（1）将每个人的血分别去验，这就需验 N 次.（2）按 k 个人一组进行分组. 把从 k 个人抽来的血混合在一起进行检验，如果这混合血液显阴性反应，就说明 k 个人的血都显阴性反应，这样，这 k 个人的血就只需验一次. 若显阳性，则再将对这 k 个人的血液分别进

行化验，这样，这 k 个人的血总共要化验 $k+1$ 次，假设每个人化验显阳性的概率为 p ，且这些人的试验反应是相互独立的. 试说明当 p 较小时，选取适当的 k ，按第二种方法可以减少化验的次数，并说明 k 取什么值时最适宜.

解　若按第二种方法，以 k 个人为一组进行化验，记 $1-p=q$ ，设组内每个人化验的次数为 X ，则 X 的可取值为 $\dfrac{1}{k},\dfrac{k+1}{k}$. 由于各人是否显阴性是相互独立的，所以：

$$P\left\{X=\frac{1}{k}\right\}=p\ \{k\text{个人的混合血显阴性}\}=(1-p)^k=q^k$$

$$P\left\{X=\frac{k+1}{k}\right\}=p\ \{k\text{个人的混合血显阳性}\}=1-q^k$$

故每个人化验次数 k 的期望值为：

$$E(X)=\frac{1}{k}q^k+\frac{k+1}{k}\left(1-q^k\right)=1-q^k+\frac{1}{k}=1-\left(q^k-\frac{1}{k}\right)$$

当 $q^k-\dfrac{1}{k}>0$ 时，在普查中平均每人的化验次数就小于 1，从而第二种方法可以减少化验的次数. 显然，p 越小这种方法越有利. 当 p 已知时，可选定 k 使 $q^k-\dfrac{1}{k}$ 达最大即 $E(X)$ 达最小，以 k 个人为一组进行化验，将能最大限度地减少化验次数.

例如，当 $p=0.1$ 即 $q=0.9$ 时可用赋值法求函数 $q^k-\dfrac{1}{k}$ 的最大值：

X	2	3	4	5	6	7	...
$q^k-\dfrac{1}{k}$	0.31	0.39	0.40	0.39	0.37	0.33	...

可见，当 $k=4$ 时，函数 $q^k-\dfrac{1}{k}$ 有最大值 0.4 ，说明以 4 个人为一组进行化验能减少 40% 的工作量.

上述混样检测方法应用于全国新冠肺炎核酸检测中，根据新冠肺炎的患病率，科研人员测试新冠病毒样本和多份正常样本混合后，病毒依然存在，而且进一步确定只要混合样本数不超过 30 个，核酸检测结果的准确性在概率意义上是可以保证的，基本估计新冠肺炎最初的患病率是 0.001. 由于新冠病毒传播快，潜伏时间长等特点，为了及时、准确地掌握新冠病毒感染情况，全国多数地区采用了 10 人一组的混样检测，这样平均检测次数约为 $1+\dfrac{1}{10}-(1-0.001)^{10}\approx0.11$ ，这样可以减少约 89% 的检测工作量，提高核酸检测的效率.

4.1.5　一些常用分布的数学期望

常用分布的数学期望如下.

1. 0−1分布

X	0	1
P_k	$1-p$	p

$$E(X) = 0 \times (1-p) + 1 \times p = p$$

2. 二项分布

$X \sim B(n, p)$ 则 $E(X) = np$，可用组合性质推出，也可以应用数学期望的性质计算. 设 $X_1, \cdots, X_n$，其中

$$X_i = \begin{cases} 1, 若在第 i 次试验时事件 A 发生 \\ 0, 若在第 i 次试验时事件 A 不发生 \end{cases}，则 X_1, \cdots, X_n 独立，且$$

$X = X_1 + \cdots + X_n$，由数学期望的性质 $E(X) = E(X_1) + \cdots + E(X_n)$

$E(X_i) = p$，因此，$E(X) = np$.

3. 泊松分布

$X \sim \pi(\lambda)$，则 $E(X) = \lambda$，

$$E(X) = \sum_{k=0}^{\infty} k \frac{\lambda^k}{k!} e^{-\lambda} = \sum_{k=1}^{\infty} \frac{\lambda^k}{(k-1)!} e^{-\lambda} = \lambda \sum_{k=1}^{\infty} \frac{\lambda^{k-1}}{(k-1)!} e^{-\lambda} = \lambda e^{\lambda} e^{-\lambda} = \lambda.$$

4. 均匀分布

$X \sim U(a,b)$，则 $E(X) = \dfrac{a+b}{2}$，

$$E(X) = \int_{-\infty}^{+\infty} x f(x) \mathrm{d}x = \int_a^b \frac{x}{b-a} \mathrm{d}x = \frac{a+b}{2}$$ 即数学期望位于区间 (a, b) 的中点.

5. 指数分布

X 服从参数为 θ 的指数分布，则 $E(X) = \theta$，计算如下：

$$E(X) = \int_{-\infty}^{+\infty} x f(x) \mathrm{d}x = \int_0^{+\infty} x \frac{1}{\theta} e^{-x/\theta} \mathrm{d}x = -x e^{-x/\theta} \Big|_0^{+\infty} + \int_0^{+\infty} e^{-x/\theta} \mathrm{d}x = \theta.$$

6. 正态分布

$X \sim N(\mu, \sigma^2)$，则 $E(X) = \mu$

先求标准正态随机变量的 $Z = \dfrac{X - \mu}{\sigma}$ 的数学期望. Z 的概率密度为

$$\varphi(t) = \frac{1}{\sqrt{2\pi}} e^{-\frac{t^2}{2}}.$$

$$E(Z) = \frac{1}{\sqrt{2\pi}} \int_{-\infty}^{+\infty} t e^{-\frac{t^2}{2}} \mathrm{d}t = \frac{-1}{\sqrt{2\pi}} e^{-t^2/2} \Big|_{-\infty}^{+\infty} = 0,$$

因 $X = \mu + \sigma Z$，即得 $E(X) = E(\mu + \sigma Z) = \mu$.

【例 4−11】某保险公司推出一种保险，每个投保人每年度向保险公司缴纳保费 a 元，若

投保人在购买保险的一年度内出险,则可以获得 10 000 元的赔偿金,假设在一年度内有 10 000 人购买了这种保险,且各投保人是否出险相互独立. 已知保险公司在一年度内至少支付赔偿金 10 000 元的概率为 $1 - 0.999^{10^4}$.

（1）求一位投保人在一年度内出险的概率.

（2）该保险公司开办该项险种业务除赔偿金外的成本为 50 000 元,为保证盈利的期望不小于 0,求每位投保人应缴纳的最低保费为多少元.

解　（1）各投保人出险的概率是相互独立的且都为 p,设投保的 10 000 人中出险的人数为 X, $X \sim B(10^4, p)$, $A =$ "保险公司为该险种赔偿至少 10 000 元赔偿金",则当 $X = 0$ 时, $\bar{A}$ 发生,可得 $p = 0.001$.

（2）假设该险种的总收入为 $10\,000a$ 元,支出为 $10\,000X + 50\,000$,则盈利 $Y = 10\,000a - (10\,000X + 50\,000)$, $E(Y) = E[10\,000a - (10\,000X + 50\,000)]$

$E(X) = 10\,000 \times 0.001 = 10$ 代入上式可得: $E(Y) \geqslant 0$,所以 $a \geqslant 15$

所以每位投保人应缴纳的最低保费为 15 元.

4.2　方差的概念

4.1 节讲述了随机变量的重要数字特征——数学期望. 它描述了随机变量一切可能取值的平均水平. 但在一些实际问题中,仅知道平均值是不够的,因为它有很大的局限性,还不能够完全反映问题的实质. 例如,某厂生产两类手表,甲类手表日走时误差均匀分布在 $-10 \sim 10\,\text{s}$ 之间;乙类手表日走时误差均匀分布在 $-20 \sim 20\,\text{s}$ 之间,易知其数学期望均为 0,即两类手表的日走时误差平均来说都是 0. 所以由此并不能比较出哪类手表走得好,但从直觉上易得出甲类手表比乙类手表走得较准,这是由于甲的日走时误差与其平均值偏离度较小,质量稳定. 由此可见,有必要研究随机变量取值与其数学期望值的偏离程度——方差.

4.2.1　方差的定义

设 X 是一个随机变量,若 $E\{[X - E(X)]^2\}$ 存在,则称 $E\{[X - E(X)]^2\}$ 为 X 的方差,记为 $D(X)$. 即 $D(X) = E\{[X - E(X)]^2\}$. 并称 $\sqrt{D(X)}$ 为 X 的标准差或均方差. 随机变量 X 的方差表达了 X 的取值与其均值的偏离程度. 方差和标准差的区别主要在于量纲上,标准差与随机变量的数学期望具有相同的量纲,可以进行加减运算,所以在实际中会用到标准差.

按此定义,若 X 是离散型随机变量,分布律为

$$P\{X = x_k\} = p_k, k = 1, 2, \cdots, \text{则} D(X) = \sum_{k=1}^{\infty} [x_k - E(X)]^2 p_k \tag{4-4}$$

若 X 是连续型随机变量,密度函数为 $f(x)$,则 $D(X) = \int_{-\infty}^{+\infty} [x - E(X)]^2 f(x)\mathrm{d}x$

方差常用下面公式计算: $D(X) = E(X^2) - [E(X)]^2$

事实上 $D(X) = E\{[X - E(X)]^2\} = E\{X^2 - 2XE(X) + E^2(X)\}$

$$= E(X^2) - 2E(X)E(X) + E^2(X) = E(X^2) - E^2(X).\tag{4-5}$$

【例 4-12】设随机变量 X 具有数学期望 $E(X) = \mu$，方差 $D(X) = \sigma^2 \neq 0$，

记 $X^* = \dfrac{x - \mu}{\sigma}$，求 X^* 的数学期望和方差.

解 $E(X^*) = \dfrac{1}{\sigma}E(X - \mu) = \dfrac{1}{\sigma}[E(X) - \mu] = 0$，

$$D(X^*) = E(X^{*2}) - [E(X^*)]^2 = E\left[\left(\frac{X - \mu}{\sigma}\right)^2\right]$$

$$= \frac{1}{\sigma^2}E[(X - \mu)^2] = \frac{\sigma^2}{\sigma^2} = 1$$

称 X^* 为 X 的标准化变量.

注意：这里 X 不一定是正态随机变量，对正态随机变量，结论也成立.

【例 4-13】设随机变量 X 具有 $(0-1)$ 分布，其分布律为：$P\{X = 0\} = 1 - p, P\{X = 1\} = p$ 求 $D(X)$.

解 $E(X) = 0 \cdot (1 - p) + 1 \cdot p = p$，$E(X^2) = 0^2 \cdot (1 - p) + 1^2 \cdot p = p$.

$D(X) = E(X^2) - [E(X)]^2 = p - p^2 = p(1 - p)$.

【例 4-14】设 $X \sim \pi(\lambda)$，求 $D(X)$.

解 X 的分布律为：$P\{X = k\} = \dfrac{\lambda^k e^{-\lambda}}{k!}, k = 1, 2, \cdots; \lambda > 0$.

由例 4-6 已知 $E(X) = \lambda$，

而 $E(X^2) = E[X(X - 1) + X] - [E(X)]$

$$= \sum_{k=0}^{\infty} k(k - 1)\frac{\lambda^k e^{-\lambda}}{k!} + \lambda = \lambda^2 e^{-\lambda}\sum_{k=0}^{\infty}\frac{\lambda^{k-2}}{(k - 2)!} + \lambda$$

$$= \lambda^2 e^{-\lambda} e^{\lambda} + \lambda = \lambda^2 + \lambda$$

所以方差 $D(X) = E[X^2] - [E(X)]^2 = \lambda^2 + \lambda - \lambda^2 = \lambda$.

由此可知，泊松分布的数学期望与方差相等，都等于参数 λ，因为泊松分布只含一个参数 λ，只要知道它的数学期望或方差就能完全确定它的分布了.

【例 4-15】设 $X \sim U(a, b)$，求 $D(X)$.

解 X 的概率密度为 $f(x) = \begin{cases} \dfrac{1}{b - a}, & a < x \leq b \\ 0, & \text{其他.} \end{cases}$ 而 $E(X) = \dfrac{a + b}{2}$，方差为

$$D(X) = E(X^2) - [E(X)]^2 = \int_a^b x^2\frac{1}{b - a}dx - \left(\frac{a + b}{2}\right)^2 = \frac{(b - a)^2}{12}.$$

【例 4-16】设随机变量 X 服从指数分布，其概率密度为 $f(x) = \begin{cases} \dfrac{1}{\theta}\mathrm{e}^{-x/\theta}, & x > 0, \\ 0, & x \leqslant 0. \end{cases}$

其中 $\theta > 0$ ，求 $E(X)$ ，$D(X)$.

解

$$E(X) = \int_{-\infty}^{+\infty} xf(x)\mathrm{d}x = \int_{0}^{+\infty} x\frac{1}{\theta}\mathrm{e}^{-x/\theta}\mathrm{d}x = -x\mathrm{e}^{-x/\theta}\Big|_{0}^{+\infty} + \int_{0}^{+\infty}\mathrm{e}^{-x/\theta}\mathrm{d}x = \theta,$$

$$E(X^2) = \int_{-\infty}^{+\infty} x^2 f(x)\mathrm{d}x = \int_{0}^{+\infty} x^2 \frac{1}{\theta}\mathrm{e}^{-x/\theta}\mathrm{d}x = -x^2\mathrm{e}^{-x/\theta}\Big|_{0}^{+\infty} + \int_{0}^{+\infty} 2x\mathrm{e}^{-x/\theta}\mathrm{d}x = 2\theta^2$$

$$D(X) = E(X^2) - [E(X)]^2 = 2\theta^2 - \theta^2 = \theta^2 .$$

于是 $E(X) = \theta, D(X) = \theta^2$.

4.2.2　方差的几个重要性质

性质 4-5　设 C 是常数，则 $D(C) = 0$.

证明　$D(C) = E\{[C - E(C)]^2\} = 0$.

性质 4-6　设 X 是随机变量，C 是常数，则有 $D(CX) = C^2 D(X)$.

证明　$D(CX) = E\{[CX - E(CX)]^2\} = C^2 E\{[X - E(X)]^2\} = C^2 D(X)$

性质 4-7　设 X, Y 是两个随机变量，则有

$$D(X + Y) = D(X) + D(Y) + 2E\{[X - E(X)][Y - E(Y)]\} \tag{4-6}$$

特别地，若 X, Y 相互独立，则有

$$D(X + Y) = D(X) + D(Y) \tag{4-7}$$

证明

$$\begin{aligned} D(X + Y) &= E\{[(X + Y) - E(X + Y)]^2\} = E\{[(X - E(X)) + (Y - E(Y))]^2\} \\ &= E\{(X - E(X))^2\} + E\{(Y - E(Y))^2\} + 2E\{[X - E(X)][Y - E(Y)]\} \\ &= D(X) + D(Y) + 2E\{[X - E(X)][Y - E(Y)]\}. \end{aligned}$$

上式右端第三项：

$$\begin{aligned} &2E\{[X - E(X)][Y - E(Y)]\} \\ &= 2E\{XY - XE(Y) - YE(X) + E(X)E(Y)\} \\ &= 2\{E(XY) - E(X)E(Y) - E(Y)E(X) + E(X)E(Y)\} \\ &= 2\{E(XY) - E(X)E(Y)\} \end{aligned}$$

若 X, Y 相互独立，由数学期望的性质 4-4 知道上式右端为 0，于是 $D(X + Y) = D(X) + D(Y)$.

这一性质可以推广到有限多个相互独立的随机变量之和的情况.

性质 4-8　设 $D(X) = 0$ 的充要条件是 X 以概率 1 取常数 C ，即 $P\{X = C\} = 1$ ，显然这里 $C = E(X)$.

【例 4-17】设 $X \sim B(n, p)$ ，求 $E(X), D(X)$.

解　由二项分布的定义知，随机变量 X 是 n 重伯努利试验中事件 A 发生的次数，且在每次试验中 A 发生的概率为 p ，引入随机变量

X_k	0	1
p_k	$1-p$	p

$$X_k = \begin{cases} 1, & A \text{ 在第 } k \text{ 次试验发生} \\ 0, & A \text{ 在第 } k \text{ 次试验不发生} \end{cases} \quad k = 1, 2, \cdots, n$$

易知 $X = X_1 + X_2 + \cdots + X_n$

由于 X_k 只依赖于第 k 次试验，而各次试验相互独立，于是 $X_1, X_2, \cdots, X_n$ 相互独立，又知 $X_k, k = 1, 2, \cdots, n$，服从同一 $(0-1)$ 分布：

以上过程表明以 n, p 为参数的二项分布变量，可分解成为 n 个相互独立且都服从以 p 为参数的 $(0-1)$ 分布的随机变量之和.

由已知 $E(X_k) = p$，$D(X_k) = p(1-p), k = 1, 2, \cdots, n$ 因此有

$$E(X_k) = E(\sum_{k=1}^{n} X_k) = \sum_{k=1}^{n} E(X_k) = np，\text{ 又由于 } X_1, X_2, \cdots, X_n \text{ 相互独立，得}$$

$$D(X_k) = D(\sum_{k=1}^{n} X_k) = \sum_{k=1}^{n} D(X_k) = np(1-p)$$

【例 4-18】 设 $X \sim N(\mu, \sigma^2)$，求 $D(X)$.

解   先求标准正态变量：$Z = \dfrac{X - \mu}{\sigma}$ 的方差. Z 的概率密度为 $\varphi(t) = \dfrac{1}{\sqrt{2\pi}} e^{-\frac{t^2}{2}}$

由 4.1 节内容可知 $E(Z) = 0$

$$D(Z) = E(Z^2) = \frac{1}{\sqrt{2\pi}} \int_{-\infty}^{+\infty} t^2 e^{-\frac{t^2}{2}} dt = \frac{-1}{\sqrt{2\pi}} t e^{-\frac{t^2}{2}} \Big|_{-\infty}^{+\infty} + \frac{1}{\sqrt{2\pi}} \int_{-\infty}^{+\infty} e^{-t^2/2} dt = 1$$

因 $X = \mu + \sigma Z$，即得

$$D(X) = D(\mu + \sigma Z) = E\{[\mu + \sigma Z - E(\mu + \sigma Z)]^2\} = E(\sigma^2 Z^2) = \sigma^2 E(Z^2)$$
$$= \sigma^2 D(Z) = \sigma^2$$

这就是说，正态分布的概率密度中的两个参数 μ 和 σ 分别就是该分布的数学期望和均方差，因而正态分布完全可由它的数学期望和方差所确定.

再由 3.5.1 节知道，若 $X_i \sim N(\mu_i, \sigma_i^2)$, $i = 1, 2, \cdots, n$ 且它们独立，则它们的线性组合：$C_1 X_1 + C_2 X_2 + \cdots + C_n X_n (C_1, C_2, \cdots, C_n$ 是不全为0的常数) 仍然服从正态分布，于是由数学期望和方差的性质知道：

$$C_1 X_1 + C_2 X_2 + \cdots + C_n X_n \sim N(\sum_{i=1}^{n} C_i \mu_i, \sum_{i=1}^{n} C_i^2 \sigma_i^2)$$

【例 4-19】 设活塞的直径（以 cm 计）$X \sim N(22.40, 0.03^2)$，气缸的直径 $Y \sim N(22.50, 0.04^2)$，X, Y 相互独立，任取一只活塞，任取一只气缸，求活塞能装入气缸的概率.

解   按题意需求 $P\{X < Y\} = P\{X - Y < 0\}$

由于　$X - Y \sim N(-0.10, 0.002\,5)$，

故有　$P\{X < Y\} = P\{X - Y < 0\} = P\left\{\dfrac{(X-Y)-(-0.10)}{\sqrt{0.002\,5}} < \dfrac{0-(-0.10)}{\sqrt{0.002\,5}}\right\}$

$$= \Phi\left(\dfrac{0.10}{0.05}\right) = \Phi(2) = 0.977\,2.$$

4.2.3　切比雪夫不等式

定理 4-2　设随机变量 X 具有数学期望 $E(X) = \mu$，方差 $D(X) = \sigma^2$，则对于任意正数 ε，不等式

$$P\{|X - \mu| \geqslant \varepsilon\} \leqslant \dfrac{\sigma^2}{\varepsilon^2} \tag{4-8}$$

成立，这一不等式称为切比雪夫（Chebyshev）不等式.

证明　就连续型随机变量的情况来证明

设 X 的概率密度为 $f(x)$，则有：

$$P\{|X - \mu| \geqslant \varepsilon\} = \int_{|x-\mu|\geqslant\varepsilon} f(x)\mathrm{d}x \leqslant \int_{|x-\mu|\geqslant\varepsilon} \dfrac{|X-\mu|^2}{\varepsilon^2} f(x)\mathrm{d}x$$

$$\leqslant \dfrac{1}{\varepsilon^2} \int_{-\infty}^{+\infty} |x-\mu|^2 f(x)\mathrm{d}x = \dfrac{\sigma^2}{\varepsilon^2}$$

切比雪夫不等式也可以写成 $P\{|X-\mu| < \varepsilon\} \geqslant 1 - \dfrac{\sigma^2}{\varepsilon^2}$. 切比雪夫不等式表明，当 $D(X)$ 很小时，$P\{|X - E(X)| \geqslant \varepsilon\}$ 也很小，即 X 的取值偏离 $E(X)$ 的可能性很小，这也说明方差是描述 X 取值分散程度的一个量.

这个不等式常用来求在随机变量分布未知、只知其期望和方差的情况下，事件 $|X - E(X)| \geqslant \varepsilon$ 发生的概率的下限估计. 例如，在切比雪夫不等式中分别取 $\varepsilon = 3\sigma, 4\sigma$ 得到：

$$P\{|X-\mu| < 3\sigma\} \geqslant 0.888\,9，\quad P\{|X-\mu| < 4\sigma\} \geqslant 0.937\,5$$

4.3　协方差及相关系数

对于二维随机变量 (X, Y)，除了讨论 X 与 Y 的数学期望与方差外，还需要讨论描述 X 与 Y 之间相互关系的数字特征——协方差与相关系数.

4.3.1　协方差及相关系数的定义

称 $E\{[X - E(X)][Y - E(Y)]\}$ 为随机变量 X 与 Y 的协方差，记为 $\mathrm{cov}(X, Y)$，即

$$\mathrm{cov}(X, Y) = E\{[X - E(X)][Y - E(Y)]\} \tag{4-9}$$

而

$$\rho_{XY} = \dfrac{\mathrm{cov}(X, Y)}{\sqrt{D(X)}\sqrt{D(Y)}} \tag{4-10}$$

称为随机变量 X 与 Y 的相关系数.

4.3.2　协方差及相关系数的性质

性质 4-9　$\text{cov}(X,Y) = \text{cov}(Y,X)$，$\text{cov}(X,X) = D(X)$

性质 4-10　$\text{cov}(X,Y) = E(XY) - E(X)E(Y)$

性质 4-11　$\text{cov}(aX,bY) = ab\text{cov}(X,Y)$

性质 4-12　$\text{cov}(X+Y,Z) = \text{cov}(X,Z) + \text{cov}(Y,Z)$

相关系数的性质如下.

（1）$|\rho_{XY}| \leqslant 1$

（2）$|\rho_{XY}| = 1$ 的充要条件是，存在常数 a,b，使 $P\{Y = aX+b\} = 1$，即 X 与 Y 以概率 1 线性相关 $|\rho_{XY}|$ 的大小表示 X 与 Y 的线性相关程度. 当 $|\rho_{XY}|$ 较大时，则 X 与 Y 的线性相关程度较好；当 $|\rho_{XY}|$ 较小时，则 X 与 Y 的线性相关程度较差. 当 $\rho_{XY} = 0$ 时，称 X 与 Y 不相关.

当 X 与 Y 相互独立时，X 与 Y 不相关. 反之，若 X 与 Y 不相关，X 与 Y 却不一定相互独立，该性质说明，独立性是比不相关更为严格的条件. 独立性反映 X 与 Y 之间不存在任何关系，而不相关只是就线性关系而言的，即使 X 与 Y 不相关，它们之间也还是可能存在函数关系的. 相关系数只是 X 与 Y 之间线性相关程度的一种量度.

关于不相关有以下定理（对于 X，Y 下列四个式子等价）：

定理 4-3　$E(XY) = E(X)E(Y)$

定理 4-4　$D(X+Y) = D(X) + D(Y)$

定理 4-5　$\text{cov}(X,Y) = 0$

定理 4-6　X,Y 不相关，即 $\rho = 0$

相关系数与数据分布的关系如图 4-1 所示，图中第一行展示了几组有线性相关性的数据的相关系数，可以直观地了解这些相关系数大约会对应到什么水平的关系. 第二行展示了完全相关的数据的相关系数，可以看出相关系数与斜率无关，第三行展示了一些有明显相关性的数据，但由于这些关系不是线性的，这里的相关系数等于 0. 这些非线性相关的程度可以用其他的相关系数来描述，如 chatterjee 秩相关系数等.

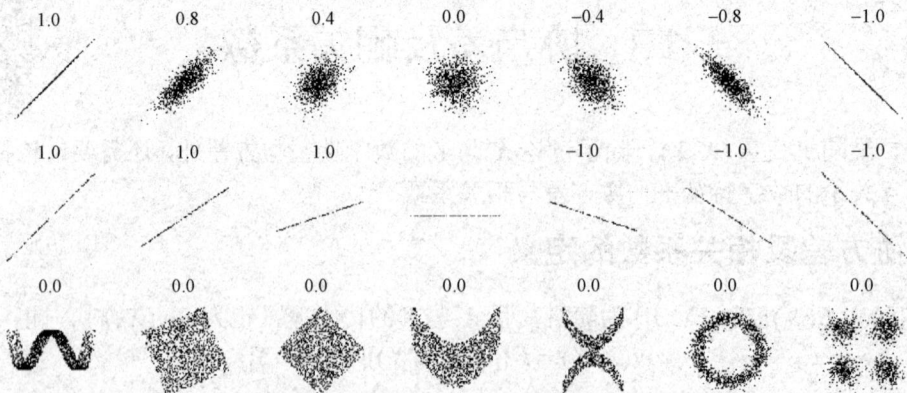

图 4-1　相关系数与数据分布的关系

【例 4-20】设 (X, Y) 的分布律为

Y \ X	-2	-1	1	2	$P\{Y = y_j\}$
1	0	1/4	1/4	0	1/2
4	1/4	0	0	1/4	1/2
$P\{X = x_i\}$	1/4	1/4	1/4	1/4	1

易知，$E(X) = 0, E(Y) = \dfrac{5}{2}$，$E(XY) = 0$，于是 $\rho_{XY} = 0$，X, Y 不相关. 这表示 X, Y 不存在线性关系. 但 $P\{X = -2, Y = 1\} = 0 \neq P\{X = -2\} P\{Y = 1\}$，知 X, Y 不是相互独立的. 事实上，X 和 Y 具有关系：$Y = X^2$，其值完全可由 X 的值所确定.

【例 4-21】设二维连续型随机变量 (X, Y) 的概率密度为

$$f(x, y) = \begin{cases} 12y^2, & 0 \leqslant y \leqslant x \leqslant 1 \\ 0, & \text{其他} \end{cases}, \ \text{求} \ \rho_{XY}$$

解 如图 4-2 所示的有效积分区域

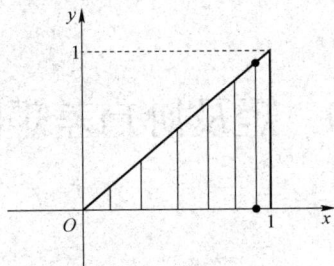

图 4-2 有效积分区域

$$f_X(x) = \int_{-\infty}^{+\infty} f(x, y) \mathrm{d}y = \begin{cases} \int_0^x 12y^2 \mathrm{d}y = 4x^3, & 0 \leqslant x \leqslant 1, \\ 0, & \text{其他.} \end{cases}$$

$$E(X) = \int_0^1 x \cdot 4x^3 \mathrm{d}x = \frac{4}{5}$$

$$f_Y(y) = \int_{-\infty}^{+\infty} f(x, y) \mathrm{d}x = \begin{cases} \int_y^1 12y^2 \mathrm{d}x = 12y^2(1 - y), & 0 \leqslant y \leqslant 1, \\ 0, & \text{其他.} \end{cases}$$

$$E(Y) = \int_0^1 12y^2(1 - y) y \mathrm{d}y = \frac{3}{5}$$

$$E(XY) = \int_0^1 \mathrm{d}x \int_0^x xy \cdot 12y^2 \mathrm{d}y = \int_0^1 3x^5 \mathrm{d}x = \frac{1}{2}$$

$$\mathrm{cov}(X, Y) = E(XY) - E(X)E(Y) = \frac{1}{2} - \frac{4}{5} \times \frac{3}{5} = \frac{1}{50}$$

又　$E(X^2) = \int_0^1 x^2 \cdot 4x^3 dx = \dfrac{2}{3}$

所以　$D(X) = E(X^2) - E^2(X) = \dfrac{2}{3} - \left(\dfrac{4}{5}\right)^2 = \dfrac{2}{75}$

$$E(Y^2) = \int_0^1 12y^2(1-y)y^2 dy = 12\int_0^1 (y^4 - y^5) dy = \dfrac{2}{5}$$

$$D(Y) = E(Y^2) - E^2(Y) = \dfrac{2}{5} - \left(\dfrac{3}{5}\right)^2 = \dfrac{1}{25}$$

$$\rho_{XY} = \dfrac{\mathrm{cov}(X,Y)}{\sqrt{D(X)}\sqrt{D(Y)}} = \dfrac{\dfrac{1}{50}}{\sqrt{\dfrac{2}{75}}\sqrt{\dfrac{1}{25}}} = \dfrac{\sqrt{6}}{4}$$

【例 4-22】 设 (X, Y) 是二维正态随机变量，它的概率密度函数为

$$f(x,y) = \dfrac{1}{2\pi\sigma_1\sigma_2\sqrt{1-\rho^2}}\exp\left\{-\dfrac{1}{2(1-\rho^2)}\left[\dfrac{(x-\mu_1)^2}{\sigma_1^2} - 2\rho\dfrac{(x-\mu_1)(y-\mu_2)}{\sigma_1\sigma_2} + \dfrac{(y-\mu_2)^2}{\sigma_2^2}\right]\right\}$$

X 与 Y 相互独立的充要条件是 $\rho = 0$，即对二维正态分布而言，X 与 Y 不相关与独立是等价的.

4.4　矩及协方差矩阵

4.4.1　矩

设 X, Y 是随机变量

（1）若

$$E(X^k), k = 1, 2, \cdots \tag{4-11}$$

存在，则称它为 X 的 k 阶原点矩，简称 k 阶矩.

（2）若

$$\mu_k = E\{[X - E(X)]^k\}, k = 2, 3, \cdots \tag{4-12}$$

存在，则称它为 X 的 k 阶中心矩.

（3）若

$$E(X^k Y^l), k, l = 1, 2, \cdots, \tag{4-13}$$

存在，则称它为 X 和 Y 的 $k+l$ 阶混合矩.

（4）若

$$E([X - E(X)]^k[Y - E(Y)]^l), k, l = 1, 2, \cdots \tag{4-14}$$

存在，则称它为 X 和 Y 的 $k+l$ 阶混合中心矩.

X 的一阶原点矩即为数学期望，二阶中心矩即为方差，X 和 Y 的二阶混合中心矩即为协方差.

μ_3 可以衡量分布是否有偏. 设 X 的概率密度函数为 $f(x)$，若 $f(x)$ 关于某点 a 对称，即 $f(a+x)=f(a-x)$，则 a 必等于 $E(X)$，且 $\mu_3=E[X-E(X)]^3=0$. 若 $\mu_3>0$，则称分布为正偏或右偏，若 $\mu_3<0$，则称分布为负偏或左偏. 特别地，对正态分布而言，有 $\mu_3=0$，因此当 μ_3 显著异于 0，则分布于正态分布有较大偏离. 由于 μ_3 的因次是 X 的三次方，为抵消这一点，以 X 的标准差的三次方，即 $\mu_2^{3/2}$ 去除 μ_3，其商 $\beta_1=\mu_3/\mu_2^{3/2}$ 称为分布的"偏度系数".

μ_4 可以衡量分布在均值附近的陡峭程度. $\mu_4=E\{X-E(X)\}^4$，若 X 的取值集中在 $E(X)$ 附近，则 μ_4 的取值较小，否则就倾向于大，为抵消尺度的影响，类似于 μ_3 的情况，以标准差的四次方即 μ_2^2 去除，得 $\beta_2=\mu_4/\mu_2^2$，称为 X 的"峰度系数".

若 X 服从正态分布 $N(\mu,\sigma^2)$，则 $\beta_2=3$，与 μ 和 σ^2 无关. 因此也常定义 $\beta_2=\mu_4/\mu_2^2-3$ 为峰度系数，以使正态分布有峰度系数 0.

随机变量的概率分布唯一确定它的矩，但反之不成立，即相同的矩可对应不同的概率分布. 存在具有相同矩的不同概率分布. 换句话说，知道所有的矩，并不总可以唯一确定概率分布，例如两个随机变量的密度如下

当 $x>0$ 时，$f_1(x)=\dfrac{1}{\sqrt{2\pi}x}\exp\left[-\dfrac{\ln^2 x}{2}\right]$，$f_2(x)=f_1(x)[1+\sin(2\pi\ln x)]$，

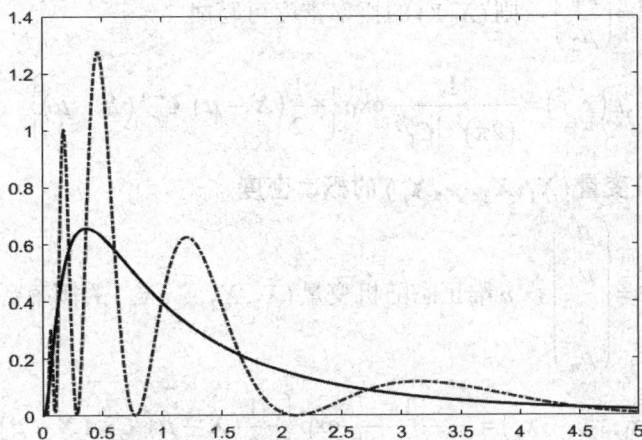

图 4-3 具有相同矩的不同概率分布

2. n 维随机变量的协方差矩阵

（1）二维随机变量 (X_1, X_2) 有四个二阶中心矩（设它们都存在），分别记为

$$c_{11}=E\{[X_1-E(X_1)]^2\}, \quad c_{12}=E\{[X_1-E(X_1)][X_2-E(X_2)]\}$$

$$c_{21}=E\{[X_2-E(X_2)][X_1-E(X_1)]\}, \quad c_{22}=E\{[X_2-E(X_2)]^2\}$$

则称矩阵 $C=\begin{pmatrix} c_{11} & c_{12} \\ c_{21} & c_{22} \end{pmatrix}$ 为 (X_1, X_2) 的协方差矩阵（covariance matrix）.

（2）设 n 维随机变量 $(X_1, X_2, \cdots, X_n)$ 的二阶混合中心矩：

$c_{ij}=E\{[X_i-E(X_i)][X_j-E(X_j)]\}, i,j=1,2,\cdots,n$ 都存在，

则称矩阵 $C = \begin{pmatrix} c_{11} & c_{12} & \cdots & c_{1n} \\ c_{21} & c_{22} & \cdots & c_{2n} \\ \vdots & \vdots & & \vdots \\ c_{n1} & c_{n2} & \cdots & c_{nn} \end{pmatrix}$ 为 $(X_1, X_2, \cdots, X_n)$ 的协方差矩阵.

显然 C 是一个对称矩阵.

4.4.2　n 维正态随机变量的概率密度

1. 二维正态随机变量 (X_1, X_2) 的概率密度

$$f(x,y) = \frac{1}{2\pi\sigma_1\sigma_2\sqrt{1-\rho^2}} \exp\left\{ \frac{-1}{2(1-\rho^2)} \left[\frac{(x-\mu_1)^2}{\sigma_1^2} - 2\rho\frac{(x-\mu_1)(y-\mu_2)}{\sigma_1\sigma_2} + \frac{(y-\mu_2)^2}{\sigma_2^2} \right] \right\}$$

（4-15）

因为 $c_{11} = D(X) = \sigma_1^2, c_{12} = c_{21} = \mathrm{Cov}(X,Y) = \rho\sigma_1\sigma_2, c_{22} = D(Y) = \sigma_2^2$

所以 (X,Y) 的协方差矩阵 $C = \begin{pmatrix} c_{11} & c_{12} \\ c_{21} & c_{22} \end{pmatrix} = \begin{pmatrix} \sigma_1^2 & \rho\sigma_1\sigma_2 \\ \rho\sigma_1\sigma_2 & \sigma_2^2 \end{pmatrix}$

记 $\boldsymbol{X} = \begin{pmatrix} X \\ Y \end{pmatrix}$, $\boldsymbol{\mu} = \begin{pmatrix} \mu_1 \\ \mu_2 \end{pmatrix}$, 则 (X,Y) 的概率密度可写成

$$f(x,y) = \frac{1}{(2\pi)^{2/2}|\boldsymbol{C}|^{1/2}} \exp\left\{ -\frac{1}{2}(\boldsymbol{X}-\boldsymbol{\mu})'\boldsymbol{C}^{-1}(\boldsymbol{X}-\boldsymbol{\mu}) \right\}$$

（4-16）

2. n 维正态随机变量 $(X_1, X_2, \cdots, X_n)$ 的概率密度

记 $\boldsymbol{X} = \begin{pmatrix} x_1 \\ x_2 \\ \vdots \\ x_n \end{pmatrix}$, $\boldsymbol{\mu} = \begin{pmatrix} \mu_1 \\ \mu_2 \\ \vdots \\ \mu_n \end{pmatrix}$, n 维正态随机变量 $(X_1, X_2, \cdots, X_n)$ 的概率密度定义为:

$$f(x_1, x_2, \cdots, x_n) = \frac{1}{(2\pi)^{n/2}|\boldsymbol{C}|^{1/2}} \exp\left\{ -\frac{1}{2}(\boldsymbol{X}-\boldsymbol{\mu})'\boldsymbol{C}^{-1}(\boldsymbol{X}-\boldsymbol{\mu}) \right\}$$

其中 $\boldsymbol{C}$ 是 $(X_1, X_2, \cdots, X_n)$ 的协方差矩阵.

4.4.3　n 维正态随机变量的性质

（1）n 维正态变量 $(X_1, X_2, \cdots, X_n)$ 的每一个分量 X_i, $i = 1, 2, \cdots, n$ 都是正态分量. 反之, 若 $(X_1, X_2, \cdots, X_n)$ 都是正态分量, 且相互独立, 则 $(X_1, X_2, \cdots, X_n)$ 是 n 维正态变量.

（2）n 维随机变量 $(X_1, X_2, \cdots, X_n)$ 服从正态分布的充要条件是 $X_1, X_2, \cdots, X_n$ 的任意的线性组合 $k_1X_1 + k_2X_2 + \cdots + k_nX_n$ 服从一维正态分布（其中 $k_1, k_2, \cdots, k_n$ 不全为零）.

（3）若 $(X_1, X_2, \cdots, X_n)$ 服从 n 维正态分布, 设 $Y_1, Y_2, \cdots, Y_k$ 是 X_j（$j = 1, 2, \cdots, n.$）的线性函数, 则 $(Y_1, Y_2, \cdots, Y_k)$ 也服从多维正态分布.

（4）设 $(X_1, X_2, \cdots, X_n)$ 服从 n 维正态分布, 则相互独立与 $X_1, X_2, \cdots, X_n$ 两两不相关是等价的.

习 题 4

1. 连续型随机变量 X 的概率密度为 $f(x) = \begin{cases} 3x^2, 0 \leqslant x \leqslant 1 \\ 0, x < 0 \end{cases}$，则 $E(X) = $ _____.

2. 对三台仪器进行独立测试，已知第一、二、三台仪器发生故障的概率分别为 p_1、p_2 和 p_3，令 X 表示测试中发生故障的仪器数，则 $E(X) = $ _____.

3. 已知二维连续型随机变量 (X, Y) 的联合概率密度函数为

$$f(x, y) = \begin{cases} Ax, 0 < x < 1, \ 0 < y < x; \\ 0, \text{ 其他}. \end{cases}$$

（1）求 A；（2）求 $E(X)$ 和 $E(X - Y)$.

4. 设 $X \sim B(n, p)$，$E(X) = 2.4$，$D(X) = 1.44$，则 $n = $ _____，$p = $ _____.

5. 设随机变量 X 服从区间 (a, b) 上的均匀分布，且 $E(X) = 3$，$D(X) = 4/3$，则

$a = $ _____，$b = $ _____.

6. 若 X 服从参数 $\lambda = 2$ 的泊松分布，则 $E(X^2) = $ _____.

7. 设随机变量 X 的概率密度函数为 $f(x, y) = \begin{cases} \dfrac{1}{2} \cos \dfrac{x}{2}, 0 \leqslant x \leqslant \pi \\ 0, \text{ 其他}. \end{cases}$　对 X 独立重复观察 4

次，Y 表示观察值大于 $\dfrac{\pi}{3}$ 的次数，求 Y 的数学期望.

8. 掷一颗质地均匀的骰子 2 次，其最小点数记为 X，求 X 的数学期望 $E(X)$.

9. 某毕业生参加人才招聘会，分别向甲、乙、丙三个公司投递了个人简历，假定该毕业生得到甲公司面试的概率为 2/3，得到乙、丙公司面试的概率均为 p，且三个公司是否让其面试都是相互独立的，记 X 为该毕业生得到面试公司的个数，若 $P\{X = 0\} = \dfrac{1}{12}$，则随机变量 X 的数学期望为多少?

10. 设市场上某菜贩每天能卖出的黄瓜量为随机变量 X (kg)，已知 X 在区间 $[50, 100]$ 上服从均匀分布，黄瓜的进价为 3 元/kg，当天卖出价为 5 元/kg，若当天没有卖出，则第二天必须卖出，且卖出价为 2 元/kg.

（1）设 $y \in [50, 100]$ 为菜贩进货的黄瓜数量，求菜贩的收益期望值;

（2）当菜贩每日进黄瓜数量 y 为多少时，他能赚到的钱最多，能赚到多少钱?

11. 设随机变量 X 服从区间 (a, b) 上的均匀分布，且 $E(X) = 3$，$D(X) = 4/3$，则

$a = $ _____，$b = $ _____.

12. 若 X 服从参数 $\lambda = 2$ 的泊松分布，则 $E(X^2) = $ _____.

13. 某办公室有三台电脑，被使用的概率分别为 0.3，0.6，0.8，且是否被使用相互独立，用 X 表示使用的台数，求 $E(X), D(X)$.

14. 设随机变量 X 具有概率密度函数:

$$f(x) = \begin{cases} ax^2 + bx + c, & 0 < x < 1 \\ 0, & \text{其他}. \end{cases}$$ 已知 $E(X) = 1/2$, $D(X) = 3/20$,求 a, b, c 的值.

15. 设随机变量的分布律为: $P(X = k) = \dfrac{1}{5}, k = 1, 2, 3, 4, 5$,求 $D(X)$.

16. 设随机变量 X_1, X_2, X_3, X_4 相互独立,且有 $E(X_i) = i$, $D(X_i) = 5 - i, i = 1, 2, 3, 4$.

设 $Y = 2X_1 - X_2 + 3X_3 - \dfrac{1}{2}X_4$,求 $E(Y), D(Y)$.

17. 设随机变量 (x, y) 具有概率密度 $f(x, y) = \begin{cases} 1, & |y| < x, 0 < x < 1 \\ 0, & \text{其他} \end{cases}$,求 $D(X)$.

18. 设随机变量 X 和 Y 相互独立,其方差分别为 6 和 3 ,则 $D(2X - Y) = $ ____.

19. 设随机变量 X 和 Y 的联合分布为:

X Y	-1	0	1
-1	$\dfrac{1}{8}$	$\dfrac{1}{8}$	$\dfrac{1}{8}$
0	$\dfrac{1}{8}$	0	$\dfrac{1}{8}$
1	$\dfrac{1}{8}$	$\dfrac{1}{8}$	$\dfrac{1}{8}$

求 $D(X)$ 和 $D(Y)$.

20. 若 $X \sim N(-2, 4)$, $Y \sim N(1, 9)$,相关系数为 $\rho_{XY} = 0.2$,则 $D(X - Y) = $ _____.

21. 设随机变量 $(X, Y) \sim N(\mu_1, \mu_2, \sigma_1^2, \sigma_2^2, \rho)$,则 X 和 Y 不相关的充分必要条件是 _____.

22. 设随机变量 X 和 Y 不相关,则下列结论中正确的是(　　).

（A） X 与 Y 独立　　　　　　　　（B） $D(X - Y) = D(X) + D(Y)$

（C） $D(X - Y) = D(X) - D(Y)$　　　（D） $D(XY) = D(X)D(Y)$

23. 二维随机变量 (X, Y) 的联合概率密度函数为

$$f(x, y) = \begin{cases} 2, & 0 < y < x, 0 < x < 1 \\ 0, & \text{其他}. \end{cases}$$

求 $E(X), D(X), E(Y), \text{Cov}(X, Y)$.

24. 设二维随机变量 (X, Y) 的概率密度函数为

$$f(x,y)=\begin{cases}\dfrac{1}{\pi}, & x^2+y^2\leqslant 1 \\ 0, & \text{其他}\end{cases}$$，证明 X 和 Y 是不相关的，但 X 和 Y 相互独立.

25. 设随机变量 (X,Y) 的分布律为

Y＼X	-1	0	1
-1	$\dfrac{1}{8}$	$\dfrac{1}{8}$	$\dfrac{1}{8}$
0	$\dfrac{1}{8}$	0	$\dfrac{1}{8}$
1	$\dfrac{1}{8}$	$\dfrac{1}{8}$	$\dfrac{1}{8}$

证明　X 和 Y 是不相关的，但 X 和 Y 相互独立.

26. 设二维随机变量 (X,Y) 的概率密度函数为

$$f(x,y)=\begin{cases}\dfrac{1}{8}(x+y), & 0\leqslant x\leqslant 2,0\leqslant y\leqslant 2 \\ 0, & \text{其他}.\end{cases}$$

求 $\operatorname{cov}(X,Y),\rho_{XY}$.

27. 五家商店联营，它们每周售出的某种农产品的数量（以 kg 计）分别为 X_1，X_2，X_3，X_4，X_5，已知 $X_1\sim N(200,225)$，$X_2\sim N(240,240)$，$X_3\sim N(180,225)$，$X_4\sim N(260,265)$，$X_5\sim N(320,270)$，X_1，X_2，X_3，X_4，X_5 相互独立，求五家商店两周的总销售量的均值和方差.

28. 设随机变量 X，Y 相互独立，且 $X\sim N(720,30^2)$，$Y\sim N(640,25^2)$，求 $Z_1=2X+Y$，$Z_2=X-Y$ 的分布，并求 $P\{X>Y\}$，$P\{X+Y>1\,400\}$.

29. 设 $X\sim N(\mu,\sigma^2)$，$Y\sim N(\mu,\sigma^2)$，且 X，Y 相互独立. 试求 $Z_1=\alpha X+\beta Y$ 和 $Z_2=\alpha X-\beta Y$ 的相关系数（其中 α,β 是不为零的常数）.

30. 已知三个随机变量 X，Y，Z 中，$E(X)=E(Y)=1$，$E(Z)=-1$，$D(X)=D(Y)=D(Z)=1$，$\rho_{XY}=0$，$\rho_{XZ}=1/2$，$\rho_{YZ}=-1/2$. 设 $W=X+Y+Z$，求 $E(W)$，$D(W)$.

31. 设随机变量 X 的期望与方差分别为 $E(X)=0$，$D(X)=1$，则用切比雪夫不等式估计概率值 $P\{|X|<3\}\geqslant$ _____.

32. 设随机变量 X 的方差为 2，则根据切比雪夫不等式估计 $P\{|X-E(X)|\geqslant 2\}\leqslant$ _____.

数学实验

1. 计算二项分布的数学期望和方差.

```
[E V]= binostat(30,0.2)
E=
```

```
6
V=
4.8
```

2. 计算二项分布的数学期望和方差.

```
[E V]= Poisstat(30,0.2)
E=
3
V=
3
```

3. 计算协方差和相关系数.

设随机变量 X 的分布律为

X	$-\pi/2$	0	$\pi/2$
p	0.3	0.4	0.3

令 $X_1 = \cos X, X_2 = \sin X$, 求 $\mathrm{Cov}(X_1, X_2)$

在命令窗口中输入:

```
X=[-pi/2 0 pi/2]
p=[0.3 0.4 0.3]
ex1=sin(X).*p'
ex2=cos(X).*p'
ex1x2=sum(sin(X).*cos(X).*p)
cx1x2=ex1x2-ex1.*ex2
```

输出结果为:

```
ans=
0
```

第5章 大数定律及中心极限定理

5.1 大 数 定 律

在第 1 章中学习过，概率是由频率的稳定性抽象出来的一个结果. 实际上，不仅随机变量的频率具有稳定性，大量随机现象的平均结果也具有稳定性，大数定律就是用来阐述大量随机现象平均结果稳定性的理论. "大数"在这里的意思是涉及大量数目的观察值，它表明这类定理中指出的现象只有在大量次数试验和观察下才能成立. 下面介绍三个定理，它们分别反映了算术平均值及频率的稳定性.

5.1.1 切比雪夫大数定律

设 $X_1, X_2, \cdots, X_n, \cdots$ 是随机变量序列，a 是一个常数，若对于任意正数 ε，有 $\lim\limits_{n \to \infty} P\{|X_n - a| < \varepsilon\} = 1$，则称序列 $X_1, X_2, \cdots, X_n, \cdots$ 依概率收敛于 a. 记为 $X_n \xrightarrow{P} a$. 这个式子指出了当 n 很大时，X_n 与 a 的偏离是否可能达到 ε 或更大呢？这是可能的，但当 n 很大时，出现这种较大偏差的可能性很小.

定理 5-1 切比雪夫大数定律

设 $X_1, X_2, \cdots, X_n, \cdots$ 是相互独立的随机变量序列，且 $E(X_k) = \mu, D(X_k) = \sigma^2, (k = 1, 2, \cdots)$，$\bar{X} = \dfrac{1}{n} \sum\limits_{i=1}^{n} X_i$ 则对 $\forall \varepsilon > 0$，有

$$\lim_{n \to \infty} P\{|\bar{X} - \mu| < \varepsilon\} = 1$$

证明 因为 $E(\bar{X}) = \mu, D(\bar{X}) = \dfrac{\sigma^2}{n}$，由切比雪夫不等式可以得到

$$P\{|\bar{X} - E(\bar{X})| < \varepsilon\} \geqslant 1 - \frac{D(X)}{\varepsilon^2}$$

$$1 \geqslant P\{|\bar{X} - E(\bar{X})| < \varepsilon\} \geqslant 1 - \frac{\dfrac{\sigma^2}{n}}{\varepsilon^2} \xrightarrow{n \to \infty} 1$$

该定理表明：当 n 很大时，随机变量 $X_1, X_2, \cdots, X_n, \cdots$ 的算术平均值 $\bar{X} = \dfrac{1}{n} \sum\limits_{i=1}^{n} X_i$ 接近于其数学期望 $E(\bar{X}) = \mu$，这种接近是在概率意义下的接近.

这个结论具有很实际的意义：当人们在进行精密测量时，为了减少随机误差，往往重复测量多次，测得若干实测值 $X_1, X_2, \cdots, X_n, \cdots$，然后用其平均值 $\frac{1}{n}\sum_{i=1}^{n} X_i$ 来代替 μ.

切比雪夫大数定律是最基本的大数定理，作为切比雪夫大数定律的特殊情形有伯努利（Bernoulli）大数定律和辛钦大数定律. 伯努利大数定律是切比雪夫大数定律中，X_k 服从 $0-1$ 分布的特殊情况.

5.1.2 辛钦大数定律

定理 5-2 辛钦大数定律

设随机变量 $X_1, X_2, \cdots, X_n, \cdots$ 独立同分布，且具有数学期望 $E(X_i) = \mu$，则 $\forall \varepsilon > 0$，有

$$\lim_{n\to\infty} P\left\{\left|\frac{1}{n}\sum_{i=1}^{n} X_i - \mu\right| < \varepsilon\right\} \xrightarrow{p} 1 \left(\frac{1}{n}\sum_{i=1}^{n} X_i 依概率收敛于 \mu\right)$$

5.1.3 伯努利大数定律

伯努利大数定律（频率的稳定性定理）是辛钦大数定律的特殊情况.

定理 5-3 伯努利（Bernoulli）大数定律（频率的稳定性定理）

设 f_A 是 n 重伯努利试验中事件 A 出现的次数，而 $p\,(0 < p < 1)$ 是事件 A 在每次试验中出现的概率，则对 $\forall \varepsilon > 0$，

$$\lim_{n\to\infty} P\left\{\left|\frac{f_A}{n} - p\right| < \varepsilon\right\} = 1，即 \frac{f_A}{n} \xrightarrow{p} p$$

证明 令 $X_i = \begin{cases} 1, & 第 i 次试验中 A 出现 \\ 0, & 第 i 次试验中 A 不出现 \end{cases}$，$i = 1, 2, \cdots, n$

则 $X_1, X_2, \cdots, X_n$ 相互独立且 $\frac{f_A}{n} = \frac{1}{n}\sum_{i=1}^{n} X_i$，$E(X_i) = p$，$E\left(\frac{f_A}{n}\right) = p$，$D\left(\frac{f_A}{n}\right) = \frac{pq}{n}$，

故由切比雪夫大数定律可以推出 $\lim_{n\to\infty} P\left\{\left|\frac{f_A}{n} - p\right| < \varepsilon\right\} = 1$.

伯努利大数定律表明了频率的稳定性，事件发生的频率 $\frac{f_A}{n}$ 依概率收敛于事件的概率 p，就是说当 n 很大时，事件发生的频率与概率有较大偏差的可能性很小. 由实际推断原理，在实际应用中，当试验次数很大时，便可以用事件发生的频率来代替事件的概率. 伯努利大数定律是最早的一个大数定理，是伯努利在 1713 年证明的.

5.2 中心极限定理

在概率论中正态分布占有重要的地位. 实际中有许多随机变量是由大量的相互独立的随机因素的综合影响所形成的，而其中每一个因素在总的影响中所起的作用都是微小的，这种

随机变量是近似地服从正态分布，描述这种现象的一类定理就是中心极限定理.

中心极限定理有多种不同的形式，下面主要学习独立同分布的中心极限定理及其特殊情形.

5.2.1　独立同分布的中心极限定理

定理 5–4　独立同分布的中心极限定理

设 $\{X_n\}$ 是独立同分布的随机变量序列，且 $E(X_i)=\mu$ ，$D(X_i)=\sigma^2$ ，$(\sigma>0)$ ，$i=1,2,\cdots$ ，均存在，则 $\forall x\in \mathbf{R}$ ，有

$$\lim_{n\to\infty} P\left\{ \frac{\sum\limits_{i=1}^{n} X_i - n\mu}{\sqrt{n}\sigma} \leqslant x \right\} = \frac{1}{\sqrt{2\pi}} \int_{-\infty}^{x} \mathrm{e}^{-\frac{t^2}{2}} \mathrm{d}t = \Phi(x)$$

一般情况下很难求出 n 个随机变量之和 $\sum\limits_{k=1}^{n} X_k$ 的分布函数，独立同分布的中心极限定理表明，当 n 充分大时，$\sum\limits_{k=1}^{n} X_k$ 的标准化随机变量近似地服从标准正态分布.

5.2.2　棣莫弗–拉普拉斯中心极限定理

定理 5–5　棣莫弗-拉普拉斯（De Moivre-Laplace）中心极限定理

设 $\eta_n,(n=1,2,\cdots)$ 是 n 重伯努利试验中成功的次数，已知每次试验成功的概率为 $p(0<p<1)$ ，则有

$$\lim_{n\to\infty} P\left\{ \frac{\eta_n - np}{\sqrt{npq}} \leqslant x \right\} = \frac{1}{\sqrt{2\pi}} \int_{-\infty}^{x} \mathrm{e}^{-\frac{t^2}{2}} \mathrm{d}t = \Phi(x)$$

证明　令 $X_i = \begin{cases} 1 ， \text{第}i\text{次试验出现成功} \\ 0 ， \text{第}i\text{次试验不出现成功} \end{cases}$　则 $\{X_i\}$ 为独立同分布的随机变量序列，且 $E(X_i)=p$ ，$D(X_i)=p(1-p)$ 均存在.

显然，$\eta_n = \sum\limits_{i=1}^{n} X_i$ ，由独立同分布中心极限定理可得定理 5–5 成立.

该定理为定理 5–4 的一个特殊情形，故该定理成立.

棣莫弗–拉普拉斯定理是历史上最早的中心极限定理. 1716 年，棣莫弗讨论了 $p=\dfrac{1}{2}$ 的情形，而拉普拉斯把它推广到一般 p 的情形.

下面给出二项分布的修正正态近似：设 $S_n \sim B(n,p)$ ，由于正态分布是连续型随机变量，其取某一点的概率是 0，故二项分布中 $\{S_n=k\}$ 的概率用正态分布中 $\{k-0.5<S_n<k+0.5\}$ 的概率近似表示，有

$$P\{S_n = k\} = P\{k - 0.5 < S_n < k + 0.5\} = P\left\{\frac{k - 0.5 - np}{\sqrt{npq}} < \frac{S_n - np}{\sqrt{npq}} < \frac{k + 0.5 - np}{\sqrt{npq}}\right\}$$

$$\approx \int_{\frac{k-0.5-np}{\sqrt{npq}}}^{\frac{k+0.5-np}{\sqrt{npq}}} \frac{1}{\sqrt{2\pi}} e^{-\frac{x^2}{2}} dx \approx \frac{1}{\sqrt{2\pi}} e^{-\frac{(k-np)^2}{2npq}} \cdot \frac{1}{\sqrt{npq}} = \frac{1}{\sqrt{npq}} \varphi\left(\frac{k - np}{\sqrt{npq}}\right)$$

其中 $\varphi(x) = \frac{1}{\sqrt{2\pi}} e^{-\frac{x^2}{2}}$ 为标准正态分布的概率密度. 下面用计算机绘出二项分布的火柴杆图和正态近似的折线图进行比较, 可见随着 n 的增大, 近似效果越来越好。

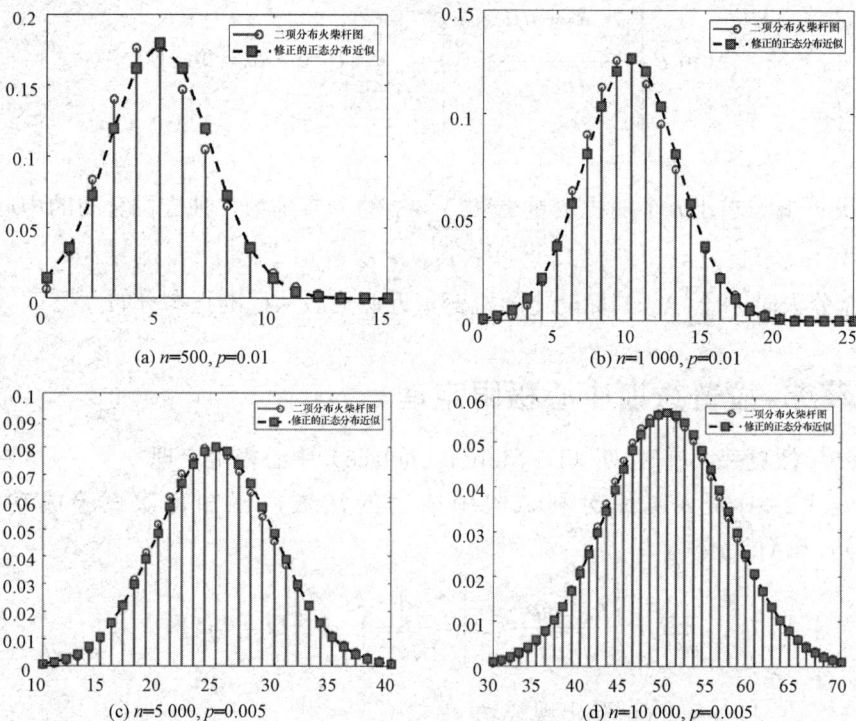

图 5-1　二项分布与正态分布

【例 5-1】一加法器同时收到 20 个噪声电压 $V_k (k = 1, 2, \cdots, 20)$, 设它们是相互独立的随机变量, 且都在区间 (0, 10) 上服从均匀分布. 记 $V = \sum_{k=1}^{20} V_k$, 求 $P(V > 105)$ 的近似值.

解　易知 $E(V_k) = 5, D(V_k) = 100/12 (k = 1, 2, \cdots, 20)$, 由定理 5-4, 得

$$P(V > 105) = P\left(\frac{V - 20 \times 5}{(10/\sqrt{12})\sqrt{20}} > \frac{105 - 20 \times 5}{(10/\sqrt{12})\sqrt{20}}\right)$$

$$= P\left(\frac{V - 100}{(10/\sqrt{12})\sqrt{20}} > 0.387\,3\right)$$

$$= 1 - P\left(\frac{V - 100}{(10/\sqrt{12})\sqrt{20}} \leqslant 0.387\,3\right)$$

$$\approx 1 - \Phi(0.387\,3)$$

$$= 0.349\,3$$

即有　$P(V > 105) \approx 0.349\,3$.

【例 5−2】一艘船在某海区航行，已知每遭受一次波浪的冲击，纵摇角大于 3° 的概率为 $p = 1/3$，若该船遭受了 90 000 次波浪冲击，问其中有 29 500 ~ 30 500 次纵摇角大于 3° 的概率是多少？

解　设 $A = \{$纵摇角大于 3°$\}$，　$P(A) = p = 1/3$，

X 表示在 90 000 次波浪冲击中 A 发生的次数，则

$X \sim B(90\,000, 1/3)$，由定理 5−5 得

$$P(29\,500 < X \leqslant 30\,500) = P\left(\frac{29\,500 - np}{\sqrt{np(1-p)}} < \frac{X - np}{\sqrt{np(1-p)}} \leqslant \frac{30\,500 - np}{\sqrt{np(1-p)}}\right)$$

$$= P\left(\frac{29\,500 - 90\,000 \times 1/3}{\sqrt{90\,000 \times 1/3(1 - 1/3)}} < \frac{X - 90\,000 \times 1/3}{\sqrt{90\,000 \times 1/3(1 - 1/3)}} \leqslant \frac{30\,500 - 90\,000 \times 1/3}{\sqrt{90\,000 \times 1/3(1 - 1/3)}}\right)$$

$$\approx \Phi(5\sqrt{2}/2) - \Phi(-5\sqrt{2}/2)$$

$$= 0.999\,5$$

【例 5−3】对于家长会而言，来参加的家长人数是一个随机变量，设一名学生无家长、有 1 名家长、有 2 名家长来参加家长会的概率分别为 0.05、0.8、0.15. 若学校共有 400 名学生，设各参加会议的家长相互独立且服从同一分布.

（1）求参加家长会的家长人数 X 超过 450 的概率；

（2）求有 1 名家长来参加会议的学生人数不多于 340 的概率.

解　（1）以 $X_k (k = 1, 2, \cdots, 400.)$ 记第 k 名学生来参加会议的家长人数，则 X_k 的分布律为

X_k	0	1	2
p_k	0.05	0.8	0.15

易知 $E(X_k) = 1.1$，　$D(X_k) = 0.19$，　$k = 1, 2, \cdots, 400$. 而 $X = \displaystyle\sum_{k=1}^{400} X_k$，由定理 5−4，随机变量 $\dfrac{\displaystyle\sum_{k=1}^{400} X_k - 400 \times 1.1}{\sqrt{400}\sqrt{0.19}} = \dfrac{X - 400 \times 1.1}{\sqrt{400}\sqrt{0.19}}$ 近似服从标准正态分布 $N(0,1)$，于是

$$P\{X > 450\} = P\left\{\frac{X - 400 \times 1.1}{\sqrt{400}\sqrt{0.19}} > \frac{450 - 400 \times 1.1}{\sqrt{400}\sqrt{0.19}}\right\} = 1 - P\left\{\frac{X - 400 \times 1.1}{\sqrt{400}\sqrt{0.19}} \leqslant 1.147\right\}$$

$$\approx 1 - \Phi(1.147) = 0.125\,1.$$

（2）以 Y 记有一名家长参加会议的学生人数，则 $Y \sim B(400,0.8)$，所以

$$P\{Y \leqslant 340\} = P\left\{\frac{Y - 400 \times 0.8}{\sqrt{400 \times 0.8 \times 0.2}} \leqslant \frac{340 - 400 \times 0.8}{\sqrt{400 \times 0.8 \times 0.2}}\right\} = P\left\{\frac{Y - 400 \times 0.8}{\sqrt{400 \times 0.8 \times 0.2}} \leqslant 2.5\right\}$$

$$\approx \Phi(2.5) = 0.9938.$$

最后给出中心极限定理的一个应用. 实际上，很多计算机模拟中，用 12 个服从均匀分布 $U(0,1)$ 之和减去 6 来模拟标准正态分布的随机变量，即 $X_i \sim U(0,1)$，$E(X_i) = \frac{1}{2}$，$D(X_i) = \frac{1}{12}$，$i = 1,2,\cdots,n = 12$，则由中心极限定理

$$\frac{\sum\limits_{i=1}^{12} X_i - 12 \times \frac{1}{2}}{\sqrt{12 \times \frac{1}{12}}} = \sum_{i=1}^{12} X_i - 6$$

近似服从标准正态分布. 其他的指数分布的和（Erlang 分布），后面的三大抽样分布都近似服从正态分布，但均匀分布由于关于中点对称，近似效果比较好。

习 题 5

1. 某超市有三种矿泉水出售，由于售出哪一种矿泉水是随机的，因而售出一瓶矿泉水的价格是一个随机变量，它取 1 元、1.5 元、2.0 元各个值的概率分别为 0.3、0.1、0.6. 若售出 300 瓶矿泉水，求售出价格为 1.5 元的矿泉水多于 30 瓶的概率.（利用极限定理近似计算）

2. 对敌人的防御阵地进行 100 次轰炸，每次轰炸命中目标的炸弹数目是一个随机变量，其期望值是 2，方差是 1.69. 求在 100 次轰炸中有 180～220 颗炸弹命中目标的概率.（$\Phi(1.54) = 0.9382$，$\Phi(2.5) = 0.9772$，$\Phi(3) = 0.9987$）

3. 一公寓有 400 户住户，一户住户拥有车辆数 X 的分布律为

X	0	1	2
p_k	0.1	0.6	0.3

问需要多少车位，才能使每辆汽车都有一个车位的概率至少为 0.95?（已知 $\Phi(1.645) = 0.95$）

4. 有一批梧桐树苗，其中 90% 的高度不低于 3 m. 现从树苗中随机地取出 300 株，问其中至少有 30 株低于 3 m 的概率.

（已知 $\Phi(0) = 0.5000$，$\Phi(2.5) = 0.9772$，$\Phi(3) = 0.9987$，根据需要选用）

5. 一个食品店有三种蛋糕出售，由于售出哪一种蛋糕是随机的，因而售出一个蛋糕的价格是一个随机变量，它取 1 元，1.2 元，1.5 元各个值的概率分别为 0.3，0.2，0.5. 若售出 300 个蛋糕，求

（1）收入至少 400 元的概率；

（2）售出价格为 1.2 元的蛋糕多余 60 个的概率.

6. 一个复杂系统由 100 个独立工作的部件组成，每个部件正常工作的概率为 0.9. 已知整个系统中至少有 85 个部件正常工作，系统才能正常工作，试求系统正常工作的概率.

7. 掷一颗骰子 100 次，求点数之和超过 300 的概率.

8. 某产品的合格率为 99%，问包装箱中应该装多少个此种产品，才能有 95% 的可能性使每箱中至少有 100 个合格产品.

9. 一个保险公司有 10 000 个汽车投保人，每个投保人平均索赔 280 元，标准差为 800元. 求总索赔额超过 2 700 000 元的概率.

10. 一家有 500 间客房的大旅馆，每间客房装有一台 2 kW 的空调机. 若开房率为 80%，需要多少 kW 的电力才能有 99% 的可能，保证有足够的电力使用空调机.

11. 某校大一新生中 90% 的年龄不小于 18 岁. 现从这些新生中随机地抽查 300 名学生，应用极限定理近似计算其中至少有 30 名学生小于 18 岁的概率.

（已知 $\Phi(0) = 0.500\ 0$，$\Phi(2.5) = 0.977\ 2$，$\Phi(3) = 0.998\ 7$，根据需要选用）

12. 卡车装运水泥，设每袋水泥质量（以 kg 计）服从 $N(50, 2.5^2)$，问最多装多少袋水泥使总质量超过 2 000 kg 的概率不大于 0.05.

数学实验

1. 大数定律的应用.

利用辛钦大数定律的原理，通过蒙特卡洛方法计算定积分 $I = \int_a^b f(x)\mathrm{d}x$，这里以 $I = \int_0^1 x^2 \mathrm{d}x$ 为例任取一列相互独立的随机变量 $X_1, X_2, \cdots, X_n$，它们均服从 $[a, b]$ 上的均匀分布，则 $g(X_i)$ 也是一列相互独立的随机变量，且

$$E[g(X_i)] = \int_a^b g(x) f_X(x)\mathrm{d}x = \frac{1}{b-a}\int_a^b g(x)\mathrm{d}x = \frac{I}{b-a}$$

所以 $I = (b-a)E[g(X_i)]$

由辛钦大数定律得：$\dfrac{g(X_1) + g(X_2) + \cdots + g(X_n)}{n} \to E[g(X_i)]$

由以上公式，只要产生随机变量序列 $g(X_i)$，就能求出 I 的近似值

$$I \approx \frac{b-a}{n}[g(X_1) + g(X_2) + \cdots + g(X_n)]$$

在 MATLAB 命令窗口中输入：

```
A = unifrnd (0,1,1000,1)
B=A.^2
mean(B)
ans =
0.3436
```

将结果导入近似公式 $I \approx \dfrac{b-a}{n}[g(X_1) + g(X_2) + \cdots + g(X_n)]$，这就是积分 $I = \int_0^1 x^2 \mathrm{d}x$ 的近似值.

2. 中心极限定理的应用.

据说公共汽车车门的高度是按成年男子与车门碰头的机会在 0.01 以下的标准来设计的. 根据统计资料, 成年男子的身高 X (cm) 服从正态分布 $N(168,49)$, 那么车门的高度应该是多少厘米?

设车门的高度为 a, 那么有 $P\{X \geqslant a\} \leqslant 0.01$, 因为 $X \sim N(168,49)$, 有

$$P\{X \geqslant a\} = 1 - P\{X < a\}$$

$$= 1 - P\{\frac{X-168}{7} < \frac{a-168}{7}\}$$

$$= 1 - \Phi(\frac{a-168}{7}) \leqslant 0.01$$

所以 $\Phi(\frac{a-168}{7}) \geqslant 0.99 = \Phi(2.33)$

$$a \geqslant 168 + 7 \times 2.33 = 184.31$$

在 MATLAB 命令窗口中输入:

```
h=norminv (0.99,168,7)
```

输出结果为:

```
h =
 184.2844
```

第6章 数理统计的基本概念

6.1 引　言

前 5 章讲述了概率论的基本内容，它为数理统计提供了重要的数学基础. 从现在开始，讲述数理统计的基本理论和方法.

什么是数理统计学？它与概率论有什么区别？它的研究对象和任务是什么？这是每位初学者所关心的问题.

当人们用观察和实验方法研究一个问题时，首先要通过适当的观察或实验去收集必要的数据，然后对所收集的数据进行分析和整理，以对所研究的问题作出尽可能精确和可靠的结论，这种"结论"，在统计学上叫作"推断". 为什么只能"尽可能"而非绝对精确和可靠呢？这是因为所收集到的数据一般总是带有随机误差. 这种随机误差的来源有两种：其一是因为在试验过程中未加控制或无法控制，甚至不了解的因素所引起的误差，即通常意义下的因测量不准或试验本身带来的误差；其二是因为所研究的对象数量很大，并且某些试验是破坏性的，不可能对所研究对象的全部进行试验，而只能从中选取一部分去做试验. 用部分的试验结果对整体作出推断必然会带来误差. 例如，一批灯泡 10 000 个，要想确切知道它们的平均使用寿命 θ，就必须对每个灯泡通电做寿命试验，直至熄灭为止，对这 10 000 个灯泡全做寿命试验显然是行不通的，只能从中选取一部分进行，但是究竟选多少灯泡，选哪些灯泡则是值得研究的，挑选的灯泡不同，所得的寿命数据就会有差异，例如，挑选 100 个灯泡，根据这 100 个灯泡的寿命数据而作出的推断自然会带来误差，这就是随机误差，由于数据带有这样的随机误差，通过它所得到的结论也就难以绝对准确. 因此，要研究怎样用有效的方法去收集和使用这些数据，以缩小其随机误差带来的影响. 在这两个研究过程中会遇到许多数学问题，而概率论就是解决这些问题的主要数学工具. 为解决这些问题所发展起来的理论和方法就构成了数理统计的内容. 故一般地可以说，数理统计是以概率论为主要的数学工具，研究如何有效地收集、整理和分析受随机性影响的数据，并对所研究的问题作出推断或预测，直至为决策和行动提供依据和建议的一门数学学科.

数理统计方法的应用十分广泛，几乎在人类活动的一切领域都能不同程度地找到它的应用. 这是因为，实验是科学研究的基本方法，而随机性因素对实验结果的影响是无所不在的，因此，各类专业的人员都需要一些数理统计的知识. 幸好，统计方法的具体使用并不需要很高深的数学知识，这为数理统计的应用提供了一个广阔天地. 反过来，应用上的需要又是数理统计发展的动力. 例如，数理统计的奠基人，英国著名统计学家费希尔（R. A. Fisher）和皮尔逊（K. Pearson）在 20 世纪初大量从事数理统计方法的研究，就是出于在生物学、数量遗传学、优生学和农业方面的需要. 随着计算机的普及和数据处理能力的提高，数理统计方法与计算机相结合，如统计学习、机器学习、大数据和人工智能等得到了迅速的发展.

数理统计的发展主要是从 20 世纪初开始的，在早期发展中，起领导作用的是以 R. A. Fisher 和 K. Pearson 为首的英国学派，其他一些著名学者有 W. S. Gosset，J. Neyman，E. S. Pearson，A. Wald，H. Cramer 及我国的许宝禄教授等，他们的工作奠定了许多统计分支的基础，提出了一系列有重要价值的统计理论和方法，有一种观点认为，瑞典统计学家 H. Cramer 在 1946 年出版的著作 *Mathematical Methods Statistics* 标志着这门学科达到了成熟的地步. 20 世纪的前 40 余年是数理统计学的辉煌发展时期，第二次世界大战后的几十年，数理统计学的发展也很显著，许多第二次世界大战前开始形成的统计分支，在第二次世界大战后得到了纵深的发展，数学上的深度比以前大大加强了，也出现了若干有根本性的新发展，如 Wald 的统计判决理论与 Bayes 学派的兴起，由于许多统计方法的实施都涉及大量的计算，在大型计算机问世前，这些方法的作用还不易发挥，因此，统计方法真正在应用上发挥威力还是在大型计算机问世以后的事.

数理统计的内容十分丰富，重要的分支有抽样论、试验设计、统计推断和多元统计分析等. 限于篇幅和本书的宗旨，本书只介绍数理统计的基本内容：基本概念、点估计、区间估计、假设检验、回归分析和方差分析等.

图 6-1 给出了概率论与数理统计区别的简单描述.

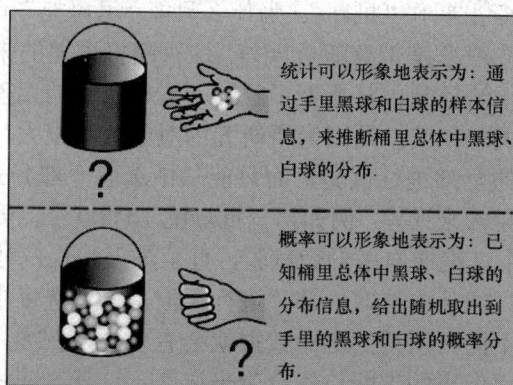

图 6-1　统计学与概率论的区别

6.2　基 本 概 念

6.2.1　总体

将研究问题所涉及的对象的全体所构成的一个集合称为总体或母体（population），组成总体的每一个成员称为个体. 例如，在研究某批灯泡的质量时，该批灯泡的全体就是问题的总体，而其中每个灯泡就是个体. 又如，在研究某大学男大学生的身高和体重的分布时，该校的每个男大学生就是一个个体，所有这些个体就构成了问题的总体.

在统计中，要关心的不是每个个体的各种具体特性，而仅仅是它的某一项或几项数量指标 X（可以是向量）和该数量指标 X 在总体中的分布情况. 例如，在研究灯泡质量时，主要关心灯泡的使用寿命. 就数量指标 X 而言，对于不同的个体其指标值可能是不同的，而数量指标 X 是一个随机变量（或随机向量），它的概率分布就完整地描绘了总体中所关心的那个数量指标 X 的分布情况. 对于研究而言，总体就是数量指标 X. 因此，把"数量指标 X 的所有可能取值的全体组成的集合"称为总体. 它的概率分布称为总体分布，它的数字特征称为总体的数字特征，如总体均值、总体方差. 若 X 的分布为指数分布，则也称 F 为总体，并用"总体 X""总体 F"等术语. 例如，对于灯泡的使用寿命 X，若 X 服从指数分布，其分布函数为

$$F(x;\theta)=1-\mathrm{e}^{-\frac{x}{\theta}}, x>0,$$ 这时称它为指数总体. 若 $X \sim N(\mu,\sigma^2)$，则称它为正态总体. 在指数总体中，参数 $\theta(>0)$ 未知，代表灯泡的平均寿命正是要推断的. 在统计中，总体的分布函数总是未知或部分未知，或者分布函数的形式未知，或者分布函数的形式已知，但其中含有未知的常数，如上面的 θ. 所谓统计推断，就是要推断总体的未知部分.

6.2.2　简单随机样本和样本分布

为了对总体进行统计推断，就必须从总体中抽取一部分个体进行观察或试验，以得到所关心的那个数量指标的值. 从总体中按一定规则抽取一些个体的行为称为抽样. 通过观察或试验而得到的数据，称为样本或子样，所以样本就是所抽取的个体的数量指标值. 例如，为了推断灯泡的平均使用寿命，从这批灯泡中抽取 n 个灯泡进行寿命试验，得到的数据 $X_1,X_2,\cdots,X_n$ 就是样本，称这里的 n 为样本容量或样本大小，X_i 称为第 i 个样品. 样本 $(X_1,X_2,\cdots,X_n)$ 就是对总体 X 做 n 次独立观察的结果. 它的值随着从总体中抽取对象的不同而不同，因此它是随机变量. 一旦确定抽样对象后，所得到的是 $(X_1,X_2,\cdots,X_n)$ 的一组观察值 $(x_1,x_2,\cdots,x_n)$，它是一组已知的数据，称为样本观察值，实际上就是表现为已知数据的具体样本. 注意到样本的这种二重性非常重要. 对理论工作者而言，他更多注意到样本是随机变量这一点，因为他所研究的方法应该具有一定的普遍性. 而对于应用工作者而言，他们虽然习惯把样本看成具体数字，但仍不能忘记"样本是随机变量"这个背景，不然的话样本就不过是一堆杂乱无章、毫无规律可言的数值，没法进行任何处理.

样本 $(X_1,X_2,\cdots,X_n)$ 所有可能取值的全体组成的集合称为样本空间，记为 X，如灯泡的寿命试验中，样本空间为

$$X = \{(x_1,x_2,\cdots,x_n) \mid 0 \leqslant x_i < +\infty, i=1,2,\cdots,n\}$$

抽取样本的目的是对总体的分布或数字特征进行推断，所抽取的样本应尽可能反应总体的特征. 因此，抽样必须是随机地，即每一个个体都有相同的机会被抽到，具体要求有以下两点.

（1）独立性，是指每个观察结果不影响其他观察结果，也不受其他观察结果的影响，即 $X_1,X_2,\cdots,X_n$ 为相互独立的随机变量.

（2）代表性，是指每一个与总体 X 有相同的分布. 这样的样本称为简单随机样本或独立同分布样本，简称 iid 样本或样本. 今后，若不做特殊说明，所说的样本均是指简单随机样本.

为了叙述方便，若 $X_1, X_2, \cdots, X_n$ 都是从总体 X 抽取的样本，简记为 $X_1, X_2, \cdots, X_n$ iid X.

把样本 $(X_1, X_2, \cdots, X_n)$ 联合概率分布称为样本分布，对于 iid 样本，样本分布完全可以由总体分布确定. 设 $X_1, X_2, \cdots, X_n$ iid F，则 $(X_1, X_2, \cdots, X_n)$ 的联合分布函数为

$$F^*(x_1, x_2, \cdots, x_n) = \prod_{i=1}^{n} F(x_i) \tag{6-1}$$

若 F 有密度 f，则 $(X_1, X_2, \cdots, X_n)$ 的联合密度为

$$f^*(x_1, x_2, \cdots, x_n) = \prod_{i=1}^{n} f(x_i) \tag{6-2}$$

样本就是观察或试验的数据，是受随机性影响的. 但是这种影响的具体方式如何，取决于所观察指标的性质、观察手段和方法等. 所有这些，都总结在样本分布中，换句话说，样本分布是样本所受随机性影响的完整的描述. 有时根据观察指标的性质，以及对抽样方式或试验进行方式的了解，可直接求出样本分布.

【例 6-1】设有一大批产品，其次品率 p 为未知. 今从中抽取 n 个产品进行检验，求样本分布.

解 这里考虑的是一大批产品，抽样数与产品总数相比是一个很小的数. 这种抽样可以近似看作放回抽样，近似满足独立性. 引进一个属性指标，将检验结果数量化. 为此，令

$$X_i = \begin{cases} 1, & \text{当第 } i \text{ 次取到次品,} \\ 0, & \text{当第 } i \text{ 次取到正品,} \end{cases} \quad i = 1, 2, \cdots, n.$$

则样本 $(X_1, X_2, \cdots, X_n)$ 可以看作是相互独立同分布于 0-1 分布的随机变量，故样本分布为

$$P\{X_1 = x_1, X_2 = x_2, \cdots, X_n = x_n\} = \prod_{i=1}^{n} p^{x_i} (1-p)^{1-x_i}$$

$$= p^{\sum\limits_{i=1}^{n} x_i} (1-p)^{n - \sum\limits_{i=1}^{n} x_i} \tag{6-3}$$

【例 6-2】设有一大批灯泡，其寿命服从指数分布，概率密度为 $f(x) = \begin{cases} \dfrac{1}{\theta} e^{-\frac{x}{\theta}}, & x \geqslant 0, \\ 0, & x < 0. \end{cases}$ 其

参数 $\theta\,(>0)$ 为未知. 今从中抽取 n 个灯泡进行寿命试验，样本为 $(X_1, X_2, \cdots, X_n)$，求样本分布.

解 由式（6-2）可得样本概率密度函数为

$$f^*(x_1, x_2, \cdots, x_n) = \prod_{i=1}^{n} f(x_i) = \begin{cases} \prod\limits_{i=1}^{n} \dfrac{1}{\theta} e^{-\frac{x_i}{\theta}} = \dfrac{1}{\theta^n} e^{-\frac{1}{\theta} \sum\limits_{i=1}^{n} x_i}, & x_i > 0, \\ 0, & \text{其他}. \end{cases}$$

【例 6-3】从某大学的男大学生中，随机地挑选 n 个男大学生，测量其身高和体重，得样本为 $(X_i, Y_i), i = 1, 2, \cdots, n$，这是二维样本，求样本分布.

解　人们的生理特性一般服从正态分布，故可假设 $(X_i, Y_i) \sim N(\mu_1, \mu_2, \sigma_1^2, \sigma_2^2, \rho)$.

样本概率密度函数为

$$f^*(x_1, y_1, x_2, y_2, \cdots, x_n, y_n) = \prod_{i=1}^{n} f(x_i, y_i)$$

$$= \prod_{i=1}^{n} \frac{1}{2\pi\sigma_1\sigma_2\sqrt{1-\rho^2}} \exp\left\{-\frac{1}{2(1-\rho^2)}\left[\frac{(x_i-\mu_1)^2}{\sigma_1^2} - 2\rho\frac{(x_i-\mu_1)(y_i-\mu_2)}{\sigma_1\sigma_2} + \frac{(y_i-\mu_2)^2}{\sigma_2^2}\right]\right\}$$

从前面的例子可以看出，解决一个实际问题，往往归结为样本分布（或总体分布）的确定. 因此，常把样本分布（或总体分布）定义为该问题的统计模型. 统计分析依据的是样本，只有知道了样本分布（统计模型），问题才算明确了. 在一个统计模型下可以提出许多统计问题. 如在例 6–3 中，可以估计某大学男生的身高和体重，也可以估计身高和体重之间的关系. 在一定条件下，都可以用例 6–3 的模型来描述. 只要把这个模型的统计问题研究清楚了，就可以解决许多相关专业问题，这就是数学抽象的意义. 可以说，数理统计学的任务，就是研究各种统计模型中所能提出的种种统计问题. 它形式上可以从任何具体的专业领域超脱出来，而成为数学问题. 当然，选定有意义的统计模型，提出有意义的统计问题，对结果做出合理的解释和利用等，都离不开实际背景.

虽然统计模型就是概率分布，而概率分布又是概率论的主要研究对象. 但数理统计和概率论研究的性质不同. 例如，例 6–2 研究指数分布，在于弄清指数分布有什么数学性质，而数理统计研究则是如何利用样本去推断这个分布中的未知常数 θ. 概率论中研究的许多分布都可作为统计模型，概率论所提供的有关这些分布的知识可用于解决有关这些分布的统计问题. 尽管概率论与数理统计关系密切，但它们是两个独立平行的学科. "概率论是数理统计的基础，而数理统计则是概率论的一种应用"这一说法基本刻画了二者之间的关系.

6.2.3　参数与参数空间

数理统计中所研究的总体 X，其分布并不是完全已知的. 而在许多情况下，总体 X 的分布函数 $F(x; \theta)$ 的类型已知，但依赖于若干未知常数 θ（θ 可以是向量），抽样的目的就是确定这些未知常数. 把出现在总体分布中的未知常数称为参数，用 θ 表示. 如在例 6–1 中，当 p 未知时，p 是一个参数.

在一个具体问题中，总体分布中的参数所取之值虽然未知，但根据该参数的性质，可以给出参数的取值范围. 这个范围称为参数空间，用 Θ 表示，如在例 6–1 中，$\Theta = \{p \mid 0 < p < 1\} = (0, 1)$，在例 6–2 中，$\Theta = \{\theta \mid \theta > 0\} = (0, +\infty)$，在例 6–3 中，$\Theta = \{\theta = (\mu_1, \mu_2, \sigma_1^2, \sigma_2^2, \rho) \mid \mu_i > 0, \sigma_i > 0, i = 1, 2, 0 < \rho < 1\}$.

如果总体分布的类型已知，未知的仅仅是参数，则称为参数统计问题，否则称为非参数统计问题.

6.2.4　统计推断

统计推断就是利用样本推断总体分布中的未知部分. 对于参数统计问题，就是推断总体分布中的未知参数，称为参数统计推断. 根据问题的需要，可以只对一部分未知参数做推断，推断的形式也根据问题需要分为统计估计和统计检验两种形式. 对于非参数问题，需要直接推断总体的分布，称为非参数统计推断. 具体划分归纳如下：

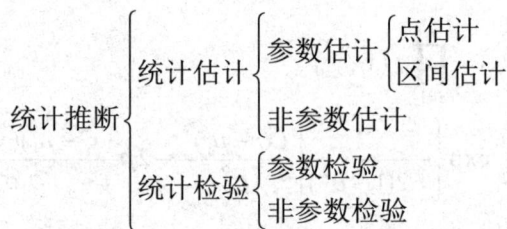

$$
统计推断
\begin{cases}
统计估计
\begin{cases}
参数估计
\begin{cases}
点估计 \\
区间估计
\end{cases} \\
非参数估计
\end{cases} \\
统计检验
\begin{cases}
参数检验 \\
非参数检验
\end{cases}
\end{cases}
$$

6.2.5 统计量

为了研究一个问题而收集数据，数据就是样本. 样本自身呈现出一堆"杂乱无章"的数字. 在利用样本推断总体时，需要对样本进行加工整理，这样才能有效地利用其中与研究的问题有关的信息. 加工整理的过程就是利用样本计算一些量的过程. 把完全由样本确定的量称为统计量，也就是说，统计量是样本的已知函数，其中不能含有任何未知参数.

例如，设 $X_1, X_2, \cdots, X_n$ iid $N(\mu, \sigma^2)$，μ, σ^2 为未知参数，则由定义可知 $\dfrac{1}{n}\sum_{i=1}^{n} X_i - \mu$ 和

$\sum_{i=1}^{n}\left(\dfrac{X_i - \mu}{\sigma}\right)^2$ 都不是统计量，但 $\dfrac{1}{n}\sum_{i=1}^{n} X_i$ 和 $\sum_{i=1}^{n} X_i^2$ 都是统计量.

下面介绍一些常见的统计量.

1. 样本矩

设 $X_1, X_2, \cdots, X_n$ iid X，统计量

$$
\overline{X} = \frac{1}{n}\sum_{i=1}^{n} X_i
$$

称为样本均值. 统计量

$$
S^2 = \frac{1}{n-1}\sum_{i=1}^{n}(X_i - \overline{X})^2
$$

称为样本方差. 统计量 $S = \sqrt{S^2}$ 称为样本标准差. 统计量

$$
A_k = \frac{1}{n}\sum_{i=1}^{n} X_i^k, k = 1, 2, \cdots
$$

称为样本的 k 阶矩. 统计量

$$
B_k = \frac{1}{n}\sum_{i=1}^{n}(X_i - \overline{X})^k, k = 2, 3, \cdots
$$

称为样本的 k 阶中心矩.

显然，样本均值就是样本的一阶原点矩，它集中反映了总体均值的信息，常用来估计总

体的均值. 样本方差反映了总体方差的信息，常用来估计总体的方差.

2. 顺序统计量

设 $X_1, X_2, \cdots, X_n$ iid X，将其按由小到大的顺序排列成

$$X_{(1)} \leqslant X_{(2)} \leqslant \cdots \leqslant X_{(n)}$$

则称 $(X_{(1)}, X_{(2)}, \cdots, X_{(n)})$ 为该样本的顺序统计量，单个的 $X_{(i)}$ 或 $(X_{(1)}, X_{(2)}, \cdots, X_{(n)})$ 的一部分也称为顺序统计量，$X_{(i)}$ 称为该样本的第 i 个顺序统计量，特别称 $X_{(1)} = \min\limits_{1 \leqslant i \leqslant n} \{X_i\}$ 为最小顺序统计量或样本极小值，称 $X_{(n)} = \max\limits_{1 \leqslant i \leqslant n} \{X_i\}$ 为最大顺序统计量或样本极大值. 称 $R = X_{(n)} - X_{(1)}$

为样本极差，而称 $m_{0.5} = \begin{cases} x_{\left(\frac{n+1}{2}\right)}, & \text{当 } n \text{ 为奇数}, \\ \dfrac{1}{2}\left[x_{\left(\frac{n}{2}\right)} + x_{\left(\frac{n}{2}+1\right)}\right], & \text{当 } n \text{ 为偶数}. \end{cases}$

为样本中位数. 样本极值常用于某些灾害性现象和材料试验结果的分析中. 如一定时期内一条大河的最大流量、某地区的最大地震震级和某种材料的断裂强度等，都是极值性的量. 样本极差集中反映了总体标准差的信息，可用于估计总体分布的散布程度，样本中位数可用于估计总体中位数.

6.2.6　经验分布函数

设总体 X 的分布函数 $F(x)$ 未知，$X_1, X_2, \cdots, X_n$ 为其样本，$X_{(1)}, X_{(2)}, \cdots, X_{(n)}$ 为顺序统计量. 定义

$$F_n(x) = \begin{cases} 0, & x < X_{(1)} \\ \dfrac{k}{n}, & X_{(k)} \leqslant x < X_{(k+1)}, k = 1, 2, \cdots, n-1 \\ 1, & x \geqslant X_{(n)} \end{cases} \tag{6-4}$$

称 $F_n(x)$ 为样本分布函数或经验分布函数.

对每一个固定样本 $X_1, X_2, \cdots, X_n$，$F_n(x)$ 作为 x 的函数是单调非减右连续，$0 \leqslant F_n(x) \leqslant 1$，$F_n(x)$ 具有分布函数的一切性质. $F_n(x)$ 只在 $x = X_{(k)}(k = 1, 2, \cdots, n)$ 处有跳跃度为 $\dfrac{1}{n}\left(\text{或}\dfrac{1}{n}\text{的倍数}\right)$ 的间断点，若有 l 个观察值相同，则 $F_n(x)$ 在此处的跳跃度为 $\dfrac{l}{n}$.

另外，对于每一个固定 x，$F_n(x)$ 作为样本的函数是一个随机变量. $F_n(x)$ 是事件 $\{X \leqslant x\}$ 出现的频率，而该事件出现的概率为 $F(x)$，所以

$$P\left\{F_n(x) = \frac{k}{n}\right\} = C_n^k [F_n(x)]^k [1 - F_n(x)]^{n-k}, k = 0, 1, \cdots, n \tag{6-5}$$

$$E(F_n(x)) = F(x), \quad D(F_n(x)) = \frac{F(x)[1 - F(x)]}{n},$$

记 $D_n = \sup\limits_{-\infty < x < +\infty} |F_n(x) - F(x)|$

Glivenko 和 Cantelli 证明了

$$P\left\{\lim_{n\to\infty} D_n = 0\right\} = 1 \qquad (6-6)$$

当 $F(x)$ 为连续时，这个结果的证明由 Glivenko 在 1933 年给出的，对 $F(x)$ 的一般情形时的证明是 Cantelli 在同一年完成的. 这个结果称为 Glivenko-Cantelli 定理. 因此可以用 $F_n(x)$ 来代替 $F(x)$，当 n 较大时，这种近似程度相当高.

6.3 抽样分布

样本的二重性决定了统计量的二重性，即统计量也是随机变量. 统计量的概率分布称为抽样分布. 当总体的分布已知时，抽样分布是确定的. 然而，要求出统计量的精确分布，一般来说是比较困难的. 但对正态总体却是一个例外，因此，先讨论三个与正态分布有关的重要分布.

6.3.1 χ^2 分布

定义 6-1 设 $X_1, X_2, \cdots, X_n$ 相互独立且服从标准正态分布 $N(0,1)$，则随机变量

$$Y = X_1^2 + X_2^2 + \cdots + X_n^2$$

服从自由度为 n 的 χ^2 分布，记为 $Y \sim \chi^2(n)$.

χ^2 分布是由赫尔默特（Helmert）和皮尔逊（K. Pearson）分别于 1875 年和 1890 年导出的. 它主要用于拟合优度检验和独立性检验，以及对总体方差的估计和检验等. 相关内容在随后的章节中介绍.

$\chi^2(n)$ 的概率密度为

$$f_{\chi^2}(x) = \begin{cases} \dfrac{1}{2^{\frac{n}{2}}\Gamma(\frac{n}{2})} x^{\frac{n}{2}-1} \mathrm{e}^{-\frac{x}{2}}, x > 0, \\ 0, x \leqslant 0. \end{cases} \qquad (6-7)$$

注意：Γ 函数的定义为

$$\Gamma(\alpha) = \int_0^{+\infty} x^{\alpha-1} \mathrm{e}^{-x} \mathrm{d}x \quad (\alpha > 0).$$

它具有以下性质：

（1）$\Gamma(\alpha+1) = \alpha\Gamma(\alpha)$； （2）$\Gamma(n+1) = n!$，$n$ 为自然数；（3）$\Gamma\left(\dfrac{1}{2}\right) = \sqrt{\pi}$

图 6-2 给出了 $n = 1, 4, 10, 20$ 时，$\chi^2(n)$ 概率密度曲线.

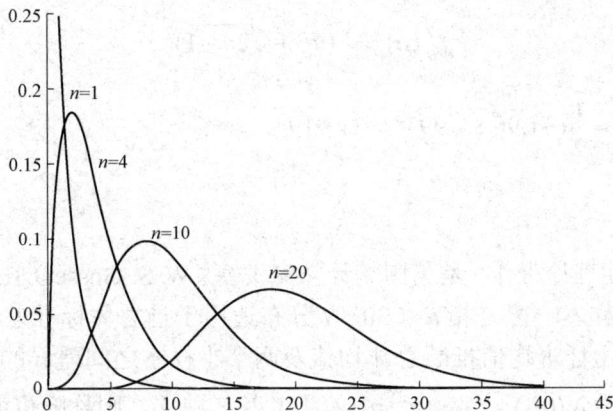

图 6-2　$\chi^2(n)$ 概率密度曲线

从图 6-2 可以看出，随着 n 增大，概率密度曲线区域"平缓"，其图形下面积中心逐步向右下移动，接近正态分布（由中心极限定理可得，近似服从正态分布）.

因为 $\chi^2(n)$ 是一个特殊的 Γ 分布，由 Γ 分布的可加性（再生性）可得 χ^2 分布的可加性.

设 $Y_1, Y_2, \cdots, Y_k$ 相互独立，且 $Y_i \sim \chi^2(n_i), i = 1, 2, \cdots, k$，则 $\sum\limits_{i=1}^{k} Y_i \sim \chi^2\left(\sum\limits_{i=1}^{k} n_i\right)$.

设 $Y \sim \chi^2(n)$，则 $E(Y) = n, D(Y) = 2n$.

证明：因为 $X_i \sim N(0,1)$，有 $E(X_i^2) = D(X_i) = 1$，

$$E(X_i^4) = \frac{1}{\sqrt{2\pi}} \int_{-\infty}^{+\infty} x^4 \mathrm{e}^{-\frac{x^2}{2}} \mathrm{d}x = -\frac{1}{\sqrt{2\pi}} \int_{-\infty}^{+\infty} x^3 \mathrm{d}\left(\mathrm{e}^{-\frac{x^2}{2}}\right)$$

$$= -\frac{1}{\sqrt{2\pi}} x^3 \mathrm{e}^{-\frac{x^2}{2}} \Bigg|_{-\infty}^{+\infty} + 3 \int_{-\infty}^{+\infty} x^2 \frac{1}{\sqrt{2\pi}} \mathrm{e}^{-\frac{x^2}{2}} \mathrm{d}x = 0 + 3 \times E(X_i^2) = 3$$

$$D(X_i^2) = E(X_i^4) - [E(X_i^2)]^2 = 3 - 1 = 2, i = 1, 2, \cdots, n,$$

再由 $X_1, X_2, \cdots, X_n$ 的独立性，得

$$E(Y) = E\left(\sum_{i=1}^{n} X_i^2\right) = \sum_{i=1}^{n} E(X_i^2) = n,$$

$$D(Y) = D\left(\sum_{i=1}^{n} X_i^2\right) = \sum_{i=1}^{n} D(X_i^2) = 2n.$$

$\chi^2(n)$ 的上分位数用 $\chi_\alpha^2(n)$ 表示，即 $\chi_\alpha^2(n)$ 满足 $P\{Y > \chi_\alpha^2(n)\} = \alpha$.

对 $\alpha = 0.005, 0.01, 0.025, 0.05, 0.10$，当 $n \leqslant 40$ 时，由 χ^2 分位数表，可以查得 $\chi_\alpha^2(n)$ 和 $\chi_{1-\alpha}^2(n)$ 的值. 例如，$\chi_{0.05}^2(30) = 18.493$，$\chi_{0.95}^2(30) = 43.773$. 当 $n > 40$ 时，无表可查. 费歇（R. A.Fisher）曾证明，当 n 很大时，$\sqrt{2\chi^2(n)}$ 近似服从正态分布 $N(\sqrt{2n-1}, 1)$，故 $\sqrt{2\chi^2(n)} - \sqrt{2n-1}$ 近似服从标准正态分布 $N(0,1)$，由此可得 $\sqrt{2\chi_\alpha^2(n)} - \sqrt{2n-1} \approx u_\alpha$，所以

$$\chi_\alpha^2(n) \approx \frac{1}{2}(u_\alpha + \sqrt{2n-1})^2 \qquad\qquad (6-8)$$

例如，$\chi_{0.025}^2(50) \approx \frac{1}{2}(-1.96 + \sqrt{99})^2 = 31.919$

6.3.2　t 分布

关于 t 分布的早期理论工作，是英国统计学家戈塞（W. S. Gosset）在 1900 年进行的. t 分布是小样本分布，小样本一般是指 $n < 30$. t 分布适用于当总体标准差未知时，用样本标准差代替总体标准差，由样本均值推断总体均值及两个小样本之间差异的显著性检验等.

定义 6-2　设 $X \sim N(0,1)$，$Y \sim \chi^2(n)$，且 X 和 Y 独立，则称随机变量

$$T = \frac{X}{\sqrt{Y/n}}$$

服从自由度为 n 的 t 分布，记为 $T \sim t(n)$.

t 分布又称学生氏（Student）分布，是英国统计学家 W. S. Gosset 于 1907 年以笔名"Student"发表的.

$t(n)$ 的概率密度为

$$f_{t(n)}(x) = \frac{\Gamma(\frac{n+1}{2})}{\sqrt{n\pi}\Gamma(\frac{n}{2})}(1 + \frac{x^2}{n})^{-\frac{n+1}{2}}, -\infty < x < \infty$$

图 6-3 给出了 $n = 1,5,30$ 时，$t(n)$ 的密度曲线.

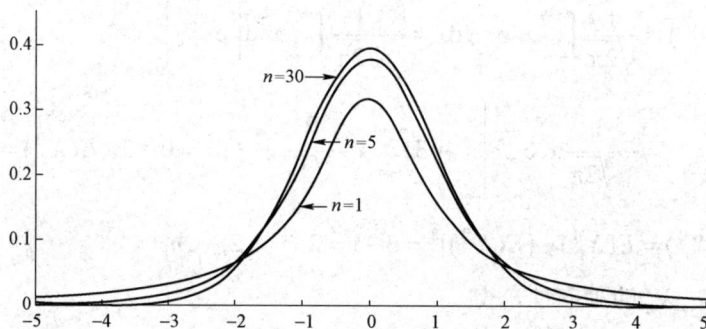

图 6-3　$t(n)$ 的密度曲线

显然，$t(n)$ 的密度函数是偶函数. $t(n)$ 的密度曲线的形状与 $N(0,1)$ 相似，只是中间比 $N(0,1)$ 的密度曲线要低. 随着 n 的增大，这种差别越来越小. 事实上，可以用 Γ 函数的 Stirling 公式证明

$$\lim_{n\to\infty} f_{t(n)}(x) = \frac{1}{\sqrt{2\pi}} e^{-\frac{x^2}{2}}, -\infty < x < \infty.$$

$t(n)$ 的上分位数用 $t_\alpha(n)$ 表示，即 $t_\alpha(n)$ 满足 $P\{T > t_\alpha(n)\} = \alpha$. 由 t 分布对称性有 $t_{1-\alpha}(n) = -t_\alpha(n)$.

对 $\alpha = 0.005, 0.01, 0.025, 0.05, 0.10, 0.15$，当 $n \leqslant 45$ 时，可由 t 分布的分位数表查得 $t_{1-\alpha}(n)$ 的

值. 当 $n > 45$ 时，有 $t_\alpha(n) \approx u_\alpha$.

6.3.3　F 分布

F 分布是以统计学家 R. A. Fisher 姓氏的第一个字母命名的，用于方差分析、协方差分析和回归分析等.

定义 6–3　设 $X \sim \chi^2(n_1)$，$Y \sim \chi^2(n_2)$，且 X 和 Y 独立，则称随机变量

$$F = \frac{X / n_1}{Y / n_2}$$

服从自由度为 (n_1, n_2) 的 F 分布，记为 $F \sim F(n_1, n_2)$.

$F(n_1, n_2)$ 的概率密度为（见图 6–4）

$$f_F(x) = \begin{cases} \dfrac{\Gamma\left(\dfrac{n_1 + n_2}{2}\right)\left(\dfrac{n_1}{n_2}\right)^{\frac{n_1}{2}}}{\Gamma\left(\dfrac{n_1}{2}\right)\Gamma\left(\dfrac{n_2}{2}\right)} \dfrac{x^{\frac{n_1}{2}-1}}{\left[1 + \left(\dfrac{n_1 x}{n_2}\right)\right]^{\frac{n_1 + n_2}{2}}}, & x > 0, \\ 0, & x \leqslant 0. \end{cases}$$

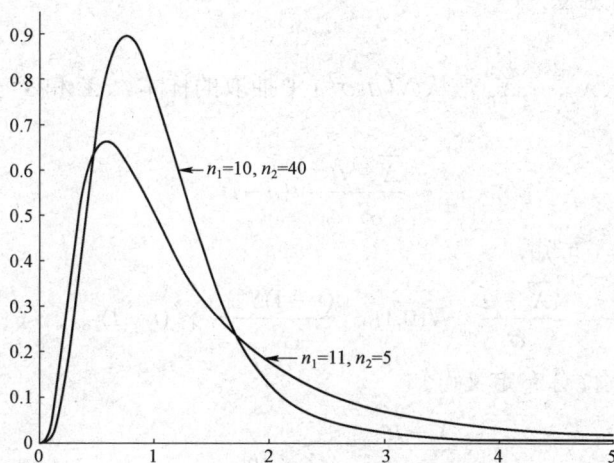

图 6–4　F 分布的概率密度

由 F 分布的定义可知，若 $F \sim F(n_1, n_2)$，则 $\dfrac{1}{F} \sim F(n_2, n_1)$.

$F(n_1, n_2)$ 的上分位数用 $F_\alpha(n_1, n_2)$ 表示，即 $F_\alpha(n_1, n_2)$ 满足 $P\{F > F_\alpha(n_1, n_2)\} = \alpha$.

对 $\alpha = 0.005, 0.01, 0.025, 0.05, 0.10$，可由 F 分布的分位数表查得 $F_\alpha(n_1, n_2)$ 的值. 例如，$F_{0.05}(10,15) = 2.72$，$F_{0.01}(12,30) = 3.70$.

设若 $F \sim F(n_1, n_2)$，则由于 $\dfrac{1}{F} \sim F(n_2, n_1)$，有

$$P\left\{F \leqslant \frac{1}{F_\alpha(n_2,n_1)}\right\} = P\left\{\frac{1}{F} \geqslant F_\alpha(n_2,n_1)\right\} = 1 - P\left\{\frac{1}{F} < F_\alpha(n_2,n_1)\right\} = 1 - \alpha,$$

所以有

$$\frac{1}{F_\alpha(n_2,n_1)} = F_{1-\alpha}(n_1,n_2).$$

从 F 分位数表中查不到 $F_{0.95}(10,15)$，但可查出 $F_{0.05}(15,10) = 2.54$，故

$$F_{0.95}(10,15) = \frac{1}{F_{0.05}(15,10)} = \frac{1}{2.54} \approx 0.39.$$

6.3.4 正态总体的抽样分布

定理 6-1 设 $X_1,X_2,\cdots,X_n$ 是从 $N(\mu,\sigma^2)$ 中抽取的样本，$\overline{X}$ 和 S^2 分别为样本均值和样本方差，则有

（1）$\overline{X} \sim N\left(\mu,\dfrac{\sigma^2}{n}\right)$.

（2）$\dfrac{(n-1)S^2}{\sigma^2} \sim \chi^2(n-1)$.

（3）$\overline{X}$ 和 S^2 相互独立.

（证明略）

定理 6-2 设 $X_1,X_2,\cdots,X_n$ 是从 $N(\mu,\sigma^2)$ 中抽取的样本，$\overline{X}$ 和 S^2 分别为样本均值和样本方差，则有

$$\frac{\overline{X} - \mu}{S} \sim t(n-1)$$

证明：由定理 6-1 可知，

$$\frac{\overline{X} - \mu}{\sigma} \sim N(0,1), \quad \frac{(n-1)S^2}{\sigma^2} \sim \chi^2(n-1),$$

且两者独立，则由 t 分布定义可知

$$\frac{\dfrac{\overline{X} - \mu}{\sigma}}{\sqrt{\dfrac{(n-1)S^2}{\sigma^2(n-1)}}} = \frac{\overline{X} - \mu}{S} \sim t(n-1).$$

定理 6-3 设 $X_1,X_2,\cdots,X_{n_1}$ 为来自 $N(\mu_1,\sigma^2)$ 的样本，$Y_1,Y_2,\cdots,Y_{n_2}$ 为来自 $N(\mu_2,\sigma^2)$ 的样本，且两个样本相互独立.

记 $\overline{X} = \dfrac{1}{n_1}\displaystyle\sum_{i=1}^{n_1} X_i$，$S_1^2 = \dfrac{1}{n_1-1}\displaystyle\sum_{i=1}^{n_1}(X_i - \overline{X})^2$，

$\overline{Y} = \dfrac{1}{n_2}\displaystyle\sum_{i=1}^{n_2} Y_i$，$S_2^2 = \dfrac{1}{n_2-1}\displaystyle\sum_{i=1}^{n_2}(Y_i - \overline{Y})^2$，

$$S_w^2 = \frac{(n_1-1)S_1^2 + (n_2-1)S_2^2}{n_1+n_2-2}, \quad S_w = \sqrt{S_w^2},$$

则有

（1）$\dfrac{S_1^2}{S_2^2} \sim F(n_1-1, n_2-1)$.

（2）$\dfrac{(\overline{X}-\overline{Y})-(\mu_1-\mu_2)}{S_w\sqrt{\frac{1}{n_1}+\frac{1}{n_2}}} \sim t(n_1+n_2-2)$.

证明：（1）由定理 6−1 知，

$$\frac{(n_1-1)S_1^2}{\sigma^2} \sim \chi^2(n_1-1), \quad \frac{(n_2-1)S_2^2}{\sigma^2} \sim \chi^2(n_2-1),$$

又因两样本相互独立，得 S_1^2 和 S_2^2 独立，再由 F 分布的定义知

$$\frac{(n_1-1)S_1^2}{\sigma^2(n_1-1)} \bigg/ \frac{(n_2-1)S_2^2}{\sigma^2(n_2-1)} = \frac{S_1^2}{S_2^2} \sim F(n_1-1, n_2-1)$$

（2）由定理 6−1 和 χ^2 分布的可加性，得

$$\overline{X} \sim N\left(\mu_1, \frac{\sigma^2}{n_1}\right), \quad \overline{Y} \sim N\left(\mu_2, \frac{\sigma^2}{n_2}\right), \quad \overline{X}-\overline{Y} \sim N\left(\mu_1-\mu_2, \frac{\sigma^2}{n_1}+\frac{\sigma^2}{n_2}\right),$$

$\dfrac{(n_1-1)S_1^2+(n_2-1)S_2^2}{\sigma^2} \sim \chi^2(n_1+n_2-2)$，再利用定理 6−1 和两样本的独立性，有 $\overline{X}$ 和 S_1^2 独立，$\overline{Y}$ 和 S_2^2 独立，推得 $\overline{X}-\overline{Y}$ 和 S_1^2 独立，$\overline{X}$ 和 S_2^2 独立，$\overline{Y}$ 和 S_2^2 独立，推得 $\overline{X}-\overline{Y}$ 和 S_2^2 独立，从而有 $\overline{X}-\overline{Y}$ 与 $(n_1-1)S_1^2+(n_2-1)S_2^2$ 独立，最后由 t 分布的定义，得到

$$\frac{(\overline{X}-\overline{Y})-(\mu_1-\mu_2)}{\sigma\sqrt{\frac{1}{n_1}+\frac{1}{n_2}}} \bigg/ \sqrt{\frac{(n_1-1)S_1^2+(n_2-1)S_2^2}{\sigma^2(n_1+n_2-2)}}$$

$$= \frac{(\overline{X}-\overline{Y})-(\mu_1-\mu_2)}{S_w\sqrt{\frac{1}{n_1}+\frac{1}{n_2}}} \sim t(n_1+n_2-2)$$

定理 6−1～定理 6−3 统称为抽样分布定理，这些定理在估计理论、假设检验和方差分析内容中都有重要的应用.

习　题　6

1. 设总体 X 的概率密度为 $f(x)=\dfrac{1}{2}\mathrm{e}^{-|x|}(-\infty < x < +\infty)$，$X_1, X_2, \cdots, X_n$ 为总体 X 的简单随机样本，其样本方差为 S^2，则 $E(S)^2 = \underline{\qquad}$.

2. 设 X_1, X_2, X_3, X_4 为来自总体 $N(1, \sigma^2)$（$\sigma > 0$）的简单随机样本，则统计量 $\dfrac{X_1 - X_2}{|X_3 + X_4 - 2|}$ 的分布为（　　）.

(A) $N(0,1)$ 　　　　(B) $t(1)$ 　　　　(C) $\chi^2(1)$ 　　　　(D) $F(1,1)$

3. 设 $X_1, X_2, \cdots, X_m$ 为来自二项分布总体 $B(n,p)$ 的简单随机样本，$\overline{X}$ 和 S^2 分别为样本均值和样本方差. 记统计量 $T = \overline{X} - S^2$，则 $E(T) = \underline{\hspace{2cm}}$.

4. 设 $(X_1, X_2, \cdots, X_n)$ 为总体 $N(1, 2^2)$ 的一个样本，$\overline{X}$ 为样本均值，则下列结论中正确的是（　　）.

(A) $\dfrac{\overline{X} - 1}{2/\sqrt{n}} \sim t(n)$ 　　　　　　(B) $\dfrac{1}{4}\sum\limits_{i=1}^{n}(X_i - 1)^2 \sim F(n,1)$

(C) $\dfrac{\overline{X} - 1}{\sqrt{2}/\sqrt{n}} \sim N(0,1)$ 　　　　(D) $\dfrac{1}{4}\sum\limits_{i=1}^{n}(X_i - 1)^2 \sim \chi^2(n)$

5. 设随机变量 $X \sim N(0,1)$，$Y \sim N(0,1)$，则（　　）.

(A) $X + Y$ 服从正态分布 　　　　(B) $X^2 + Y^2$ 服从 χ^2 分布

(C) X^2 和 Y^2 服从 χ^2 分布 　　　(D) $\dfrac{X^2}{Y^2}$ 服从 F 分布

6. 设 $X \sim N(0,1)$，$Y \sim \chi^2(n)$，且 X，Y 相互独立，则 $\dfrac{X}{\sqrt{Y}}\sqrt{n} \sim \underline{\hspace{2cm}}$.

7. 若 $X \sim N(\mu_1, \sigma^2)$，$X_1, X_2, \cdots, X_n$ 是来自总体 X 的样本，$\overline{X}, S^2$ 分别为样本均值和样本方差，则 $\dfrac{(\overline{X} - \mu)\sqrt{n}}{S} \sim \underline{\hspace{2cm}}$.

8. 设 $X_1, X_2, \cdots, X_5$ 是总体 $X \sim N(0,1)$ 的简单随机样本，则当 $k = \underline{\hspace{2.5cm}}$ 时，$Y = \dfrac{k(X_1 + X_2)}{\sqrt{X_3^2 + X_4^2 + X_5^2}} \sim t(3)$.

9. 设总体 $X \sim N(1,9)$，$X_1, X_2, \cdots, X_n$ 是来自总体 X 的简单随机样本，$\overline{X}, S^2$ 分别为样本均值与样本方差，则 $\dfrac{1}{9}\sum\limits_{i=1}^{n}(X_i - \overline{X})^2 \sim \underline{\hspace{2cm}}$，$\dfrac{1}{9}\sum\limits_{i=1}^{n}(X_i - 1)^2 \sim \underline{\hspace{2.5cm}}$.

10. 在总体 $N(52, 6.3^2)$ 中随机抽取一容量为 36 的样本，求样本均值 $\overline{X}$ 落在 50.8 到 53.8 之间的概率.

11. 在总体 $N(12, 4)$ 中随机抽取一容量为 5 的样本 X_1，X_2，X_3，X_4，X_5.

（1）求样本均值与总体平均值之差的绝对值大于 1 的概率.

（2）求概率 $P\{\max(X_1, X_2, X_3, X_4, X_5) > 15\}$.

（3）求概率 $P\{\min(X_1, X_2, X_3, X_4, X_5) > 10\}$.

12.（1）设总体 X 具有方差 $\sigma_1^2 = 400$，总体 Y 具有方差 $\sigma_2^2 = 900$，两总体的均值相等. 分别自这两个总体取容量均为 400 的样本，设两样本相互独立. 分别记样本均值为 $\overline{X}, \overline{Y}$，试着

用契比雪夫不等式估计 k，使得 $P\{|\bar{X} - \bar{Y}| < k\} \geqslant 0.99$．

（2）若在（1）中，总体 X 和 Y 都为正态变量，求 k．

13. 设 $X_1, X_2 \cdots, X_{10}$ 为 $N(0, 0.3^2)$ 的一个样本，求 $P\left\{\sum_{i=1}^{10} X_i^2 > 1.44\right\}$．

14. 设总体 $X \sim N(\mu, \sigma^2)$，$X_1, X_2, \cdots, X_n (n=16)$ 是来自总体的样本，求概率：

（1）$P\left\{\dfrac{\sigma^2}{2} \leqslant \dfrac{1}{n}\sum_{i=1}^{n}(X_i - \mu)^2 \leqslant 2\sigma^2\right\}$．

（2）$P\left\{\dfrac{\sigma^2}{2} \leqslant \dfrac{1}{n}\sum_{i=1}^{n}(X_i - \bar{X})^2 \leqslant 2\sigma^2\right\}$

15. 设 $X_1, X_2, \cdots, X_n$ 是来自泊松分布 $\pi(\lambda)$ 的一个样本，$\bar{X}$，S^2 分别为样本均值和样本方差，求 $E(\bar{X})$，$D(\bar{X})$，$E(S^2)$．

16.（1）设 X 与 Y 相互独立，且有 $X \sim N(5,15)$，$Y \sim \chi^2(5)$，求概率 $P\{X - 5 > 3.5\sqrt{Y}\}$．

（2）设总体 $X \sim N(2.5, 6^2)$，X_1, X_2, X_3, X_4, X_5 是来自总体 X 的样本，求概率 $P\{(1.3 < \bar{X} < 3.5) \bigcap (6.3 < S^2 < 9.6)\}$．

17. 设总体 $X \sim b(1, p)$，$X_1, X_2, \cdots, X_n$ 是来自 X 的样本．

（1）求 $(X_1, X_2, \cdots, X_n)$ 的分布律；

（2）求 $\sum_{i=1}^{n} X_i$ 的分布律；

（3）求 $E(\bar{X})$，$D(\bar{X})$，$E(S^2)$．

18. 设总体 $X \sim N(\mu, \sigma^2)$，$X_1, \cdots, X_{10}$ 是来自 X 的样本．

（1）写出 $X_1, \cdots, X_{10}$ 的联合概率密度；（2）写出 $\bar{X}$ 的概率密度．

19. 设总体 $X \sim N(\mu, \sigma^2)$，是来自 X 的样本．

（1）利用中心极限定理求概率 $P\left\{80 \leqslant \sum_{i=1}^{100} X_i^2 \leqslant 120\right\}$．

（2）确定常数 C，使得 $P\left\{\sum_{i=1}^{100} X_i^2 \leqslant 100 + C\right\} = 0.95$．

20. 设总体 X 的概率密度为

$$f(x) = \begin{cases} 2x, 0 \leqslant x \leqslant 1, \\ 0, 其他. \end{cases}$$

（1）求 $X \sim N(\mu, \sigma^2)$．

（2）求 $P\left\{\min\{X_1, X_2, \cdots, X_{10}\} > \dfrac{1}{2}\right\}$．

⚙ **数学实验**

1. 在统计中样本的数字特征.

随机生成服从标准正态分布的 6 组 10 个数据, 求每组数据的极差、样本方差、样本标准差、平均绝对偏差

在 MATLAB 命令窗口输入:

```
>> x=normrnd(0,1,10,6)

x =

    0.5377   -1.3499    0.6715    0.8884   -0.1022   -0.8637
    1.8339    3.0349   -1.2075   -1.1471   -0.2414    0.0774
   -2.2588    0.7254    0.7172   -1.0689    0.3192   -1.2141
    0.8622   -0.0631    1.6302   -0.8095    0.3129   -1.1135
    0.3188    0.7147    0.4889   -2.9443   -0.8649   -0.0068
   -1.3077   -0.2050    1.0347    1.4384   -0.0301    1.5326
   -0.4336   -0.1241    0.7269    0.3252   -0.1649   -0.7697
    0.3426    1.4897   -0.3034   -0.7549    0.6277    0.3714
    3.5784    1.4090    0.2939    1.3703    1.0933   -0.2256
    2.7694    1.4172   -0.7873   -1.7115    1.1093    1.1174

>> m1=range(x)

m1 =

    5.8372    4.3848    2.8377    4.3827    1.9742    2.7467

>> m2=var(x)

m2 =

    3.1325    1.4862    0.7390    2.0194    0.3823    0.8583

>> std(x)

ans =

    1.7699    1.2191    0.8597    1.4211    0.6183    0.9264

>> mad(x)

ans =

    1.3094    0.9123    0.6621    1.1576    0.4866    0.7278
```

2. 做服从正态分布的数据的直方图.

在 MATLAB 命令窗口中输入:

```
X=3:0.5:3

Y=randn(10000,1)

hist(y,x)
```

运行结果为正态分布的直方图, 如图 6-5 所示.

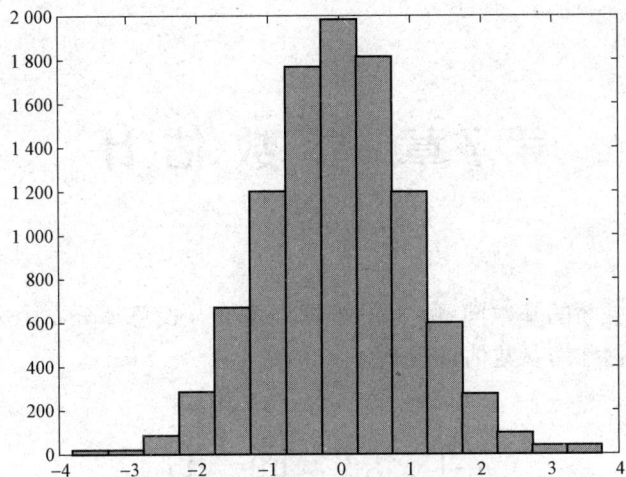

图 6-5　正态分布的直方图

第7章 参数估计

参数估计是统计推断的基本问题之一. 根据样本去寻找总体分布中未知参数或总体的某些数字特征的估计问题称为参数估计问题.

7.1 点 估 计

设总体 $X \sim F(x;\theta)$, $\theta = (\theta_1, \theta_2, \cdots, \theta_m) \in \Theta$. 对于不同的参数 θ 对应不同的分布函数 $F(x;\theta)$, 因此 $\{F(x;\theta) | \theta \in \Theta\}$ 是一族分布函数, 其中有一个是总体的分布函数, 但不知道究竟是哪一个, 需要从该总体中抽取的样本 $X_1, X_2, \cdots, X_n$ 来估计 θ 的值, 从而确定总体的分布函数.

更一般地, 如果要估计 θ 的某个已知函数 $g(\theta)$, $g(\theta)$ 可以是一维或多维, 特别地, $g(\theta) = \theta$ 或 θ 的某个分量. 例如, $X \sim N(\mu, \sigma^2)$, $\theta = (\mu, \sigma^2)$, $g(\theta) = \mu$ 或 $g(\theta) = \sigma^2$. 称 $g(\theta)$ 为待估函数或被估计量. 点估计问题就是要构造一个适当的统计量 $\hat{g} = \hat{g}(X_1, X_2, \cdots, X_n)$, 使得每当有了样本的观察值 $(x_1, x_2, \cdots, x_n)$ 就以 $\hat{g}(x_1, x_2, \cdots, x_n)$ 作为 $g(\theta)$ 的估计值. 为此目的而构造的统计量 $\hat{g}(X_1, X_2, \cdots, X_n)$ 称为 $g(\theta)$ 的估计量, 而称 $\hat{g}(x_1, x_2, \cdots, x_n)$ 为 $g(\theta)$ 的估计值.

点估计给人们一个明确的数量概念, 在实际中经常被采用. 求参数点估计的方法有很多种, 这里仅介绍两种常用的方法: 矩估计法和极大似然估计法.

7.1.1 矩估计法

矩估计法是 K. Pearson 在 19 世纪末和 20 世纪初的一系列工作中提出的. 设总体 $X \sim F(x;\theta)$, $\theta = (\theta_1, \theta_2, \cdots, \theta_m) \in \Theta$, 而且总体的 m 阶原点矩 $E(X^m)$ 存在, 则 $\alpha_k = E(X^k)$ $(k = 1, 2, \cdots, m)$ 都存在, 并且依赖于 $\theta = (\theta_1, \theta_2, \cdots, \theta_m)$, 记作

$$\alpha_k(\theta_1, \theta_2, \cdots, \theta_m) = E(X^k)(k = 1, 2, \cdots, m)$$

由辛钦大数定律知, 样本原点矩 A_k 以概率收敛于总体原点矩 α_k , 即

$$A_k = \frac{1}{n} \sum_{i=1}^{n} X_i^k \xrightarrow{P} \alpha_k$$

故当 n 较大时, 可以用样本矩 A_k 总体矩 α_k , 这就是矩估计法的思想.

在具体求解时, 可分为 3 步: 列、解、代. 具体步骤如下.

(1) 列方程: $\alpha_k = \alpha_k(\theta_1, \theta_2, \cdots, \theta_m)$, $k = 1, 2, \cdots, m$.

(2) 解方程: $\theta_k = \theta_k(\alpha_1, \alpha_2, \cdots, \alpha_m)$, $k = 1, 2, \cdots, m$.

（3）用样本矩 A_k 代替原点矩 α_k：$\hat{\theta}_k = \hat{\theta}_k(A_1, A_2, \cdots, A_m)$，$k = 1, 2, \cdots, m$.

称 $\hat{\theta}_k$ 为 θ_k 的矩估计，称 $\hat{\theta} = (\hat{\theta}_1, \hat{\theta}_2, \cdots, \hat{\theta}_m)$ 为 θ 的矩估计. 如果要估计的是 θ 的某个已知函数 $g(\theta) = g(\theta_1, \theta_2, \cdots, \theta_m)$，则用 $g(\hat{\theta}) = g(\hat{\theta}_1, \hat{\theta}_2, \cdots, \hat{\theta}_m)$ 去估计 $g(\theta)$，这样的估计方法称为矩估计法，简称矩法.

【例 7-1】设 $X_1, X_2, \cdots, X_n$ iid X，$E(X) = \mu, D(X) = \sigma^2 < \infty$，$\mu$ 和 σ^2 未知，求 μ 和 σ^2 的矩估计.

解　这里有两个未知参数，一般需要列两个方程，故

$$
\begin{cases}
\alpha_1 = E(X) = \mu \\
\alpha_2 = E(X)^2 = D(X) + E^2(X) = \sigma^2 + \mu^2
\end{cases}
$$

解方程得

$$
\begin{cases}
\mu = \alpha_1 \\
\sigma^2 = \alpha_2 - \alpha_1^2
\end{cases}
$$

以 $A_1 = \overline{X}$，$A_2 = \dfrac{1}{n} \sum\limits_{i=1}^{n} X_i^2$ 代替 α_1 和 α_2 即可得 μ 和 σ^2 的矩估计为

$$
\begin{cases}
\hat{\mu} = \overline{X} \\
\widehat{\sigma^2} = \dfrac{1}{n} \sum\limits_{i=1}^{n} X_i^2 - \overline{X}^2 = \dfrac{1}{n} \sum\limits_{i=1}^{n} (X_i - \overline{X})^2
\end{cases}
$$

【例 7-2】设 $X_1, X_2, \cdots, X_n$ iid $X \sim U(a, b)$，求 a 和 b 的矩估计.

解　这里有两个未知参数，需要列两个方程，故

$$
\begin{cases}
\alpha_1 = E(X) = \dfrac{a+b}{2} \\
\alpha_2 = E(X^2) = D(X) + E^2(X) = \dfrac{(b-a)^2}{12} + \left(\dfrac{a+b}{2}\right)^2
\end{cases}
$$

可等价变形为

$$
\begin{cases}
a + b = 2\alpha_1 \\
b - a = 2\sqrt{3(\alpha_2 - \alpha_1^2)}
\end{cases}
$$

解方程得

$$
\begin{cases}
a = \alpha_1 - \sqrt{3(\alpha_2 - \alpha_1^2)} \\
b = \alpha_1 + \sqrt{3(\alpha_2 - \alpha_1^2)}
\end{cases}
$$

以 $A_1 = \overline{X}$，$A_2 = \dfrac{1}{n} \sum\limits_{i=1}^{n} X_i^2$ 代替 α_1 和 α_2 即可得 a 和 b 的矩估计为

$$\begin{cases} \hat{a} = \overline{X} - \sqrt{3\left(\frac{1}{n}\sum_{i=1}^{n}X_i^2 - \overline{X}^2\right)} = \overline{X} - \sqrt{\frac{3}{n}\sum_{i=1}^{n}(X_i - \overline{X})^2} \\ \hat{b} = \overline{X} + \sqrt{3\left(\frac{1}{n}\sum_{i=1}^{n}X_i^2 - \overline{X}^2\right)} = \overline{X} + \sqrt{\frac{3}{n}\sum_{i=1}^{n}(X_i - \overline{X})^2} \end{cases}$$

【例 7-3】设某产品的寿命 X 服从指数分布，其密度为 $f(x) = \begin{cases} \lambda e^{-\lambda x}, x \geq 0, \\ 0, x < 0. \end{cases}$，$\lambda$ 未知.

抽取 n 个这样的产品，测得其寿命数据为 $X_1, X_2, \cdots, X_n$，求产品平均寿命 $\frac{1}{\lambda}$，产品失效率 λ 及产品可靠度 $P\{T > t\} = e^{-\lambda t}$ 的矩估计.

解 这里有一个未知参数，需要列一个方程，故

$$\alpha_1 = E(X) = \frac{1}{\lambda}$$

解方程得

$$\lambda = \frac{1}{\alpha_1}$$

以 $A_1 = \overline{X}$ 代替 α_1 即可得失效率 λ 的矩估计为

$$\hat{\lambda} = \frac{1}{\overline{X}}$$

平均寿命 $\frac{1}{\lambda}$ 的矩估计为 $\overline{X}$，产品可靠度为 $P\{T > t\} = e^{-\frac{t}{\overline{X}}}$.

【例 7-4】设某产品的寿命 X 服从泊松分布 $\pi(\lambda)$，λ 未知，$X_1, X_2, \cdots, X_n$ 为样本，求 λ 的矩估计.

解 因为 $E(X) = D(X) = \lambda$，所以 $\overline{X}$ 和 $\frac{1}{n}\sum_{i=1}^{n}(X_i - \overline{X})^2$ 都可以作为 λ 的矩估计. 在实际应用

中一般取 $\hat{\lambda} = \overline{X}$.

矩估计法直观而简便，特别是估计总体均值和方差等数字特征时，并不一定要知道总体 X 的分布 $F(x;\theta)$. 但是，矩估计法要求总体的原点矩存在，否则不能用矩估计. 如 Cauchy 分布的矩就不存在. 另外，矩估计没有利用总体分布 $F(x;\theta)$ 的具体形式，可能没有充分利用分布函数 $F(x;\theta)$ 对参数 θ 提供的信息.

7.1.2 极大似然估计法

极大似然估计法是费希尔在 1912 年的一项工作中提出来的. 这种估计方法也是基于直观的想法. 先看两个例子，以说明极大似然估计的思想.

【例 7-5】设有一事件 A，出现的概率 p 只可能是 0.4 和 0.1. 为了确定 p 的值到底是多

少，独立重复做了三次试验，其结果是 A 出现了两次，应如何估计 p 的值？

解 从直观上看，三次试验中 A 出现了两次，p 的值不应该太小. 其实，在三次试验中 A 出现两次的概率为 $3p^2(1-p)$. 若 $p=0.1$，则

$$3p^2(1-p) = 3 \times (0.1)^2 \times 0.9 = 0.027,$$

若 $p=0.4$，则

$$3p^2(1-p) = 3 \times (0.4)^2 \times 0.6 = 0.288,$$

可见，后者出现的概率比前者大 10 倍之多，故用 0.4 作为 p 的估计比用 0.1 作为 p 的估计要更可靠.

【例 7-6】 设一个袋中装有许多白球和黑球，只知道两种球的数目比是 1:3，但不知道哪种颜色的球多，希望通过试验来判断黑球所占的比例是 1/4 还是 3/4.

解 用有放回的方式从袋中摸 n 个球，记

$$X_i = \begin{cases} 1, \text{第 } i \text{ 次摸出黑球} \\ 0, \text{第 } i \text{ 次摸出白球} \end{cases}$$

则 $X_1, X_2, \cdots, X_n$ iid $B(1,p)$，它们的和 $X = X_1 + X_2 + \cdots + X_n \sim B(n,p)$，分布律为

$$P\{X=x\} = C_n^x p^x (1-p)^{n-x}, x=0,1,\cdots,n$$

其中 $p = \dfrac{\text{黑球数}}{\text{总球数}}$，其值只能为 1/4 和 3/4. 怎样通过样本观察值即 x 的值来确定参数 p 的值呢？现就 $n=3$ 的情形作以下讨论.

记 $P(x;p) = C_n^x p^x (1-p)^{n-x}$，在 $p=1/4$ 和 $3/4$ 下计算 $P(x;p)$，结果见表 7-1.

表 7-1 计算 $P(x;p)$ 的结果

x	0	1	2	3
$P(x;1/4)$	27/64	27/64	9/64	1/64
$P(x;3/4)$	1/64	9/64	27/64	27/64

从表 7-1 可以看出，当 $x=0,1$ 时，$P(x;1/4) > P(x;3/4)$，这时用 1/4 作为 p 的估计比 3/4 作为 p 的估计更为合理一些；当 $x=2,3$ 时，$P(x;1/4) < P(x;3/4)$，这时用 3/4 作为 p 的估计比 1/4 作为 p 的估计更为合理一些. 综上所述，p 的估计为

$$\hat{p}(x) = \begin{cases} \dfrac{1}{4}, \text{当 } x=0,1 \\ \dfrac{3}{4}, \text{当 } x=2,3 \end{cases}$$

即选取 $\hat{p}$ 使得对每个 x 都有

$$P\{x; \hat{p}(x)\} = \max_{p \in \Theta} P(x;p) \tag{7-1}$$

其中 $\Theta = \{1/4, 3/4\}$. 这就是极大似然估计的思想.

一般地，设总体 X 的概率密度为 $f(x;\theta)$（当 X 为连续时，$f(x;\theta)$ 表示概率密度；X 为离散时，$f(x;\theta)$ 表示分布律），$\theta=(\theta_1,\theta_2,\cdots,\theta_m)\in\Theta$ 为待估计的参数. $X_1,X_2,\cdots,X_n$ 从总体 X 中抽取的样本，故样本 $(X_1,X_2,\cdots,X_n)$ 的概率密度（密度或分布律）为

$$L(x_1,x_2,\cdots,x_n;\theta)=\prod_{i=1}^{n}f(x_i;\theta)$$

$L(x_1,x_2,\cdots,x_n;\theta)$ 越大，表明出现 $(x_1,x_2,\cdots,x_n)$ 的概率越大，同时，θ 的变化会引起 $L(x_1,x_2,\cdots,x_n;\theta)$ 大小的变化，既然已取得样本值 $(x_1,x_2,\cdots,x_n)$，因此在对 $\theta=(\theta_1,\theta_2,\cdots,\theta_m)$ 作估计时，自然认为在 $\theta=(\theta_1,\theta_2,\cdots,\theta_m)$ 的众多可选择的值中，应选取使得 $L(x_1,x_2,\cdots,x_n;\theta)$ 取得最大值的，也即使得样本值 $(x_1,x_2,\cdots,x_n)$ 出现的可能性最大的那个值作为 $\theta=(\theta_1,\theta_2,\cdots,\theta_m)$ 的估计值，这就是最大似然估计的基本思想.

取得样本值 $(x_1,x_2,\cdots,x_n)$ 后，把 $L(\theta)=L(x_1,x_2,\cdots,x_n;\theta_1,\theta_2,\cdots,\theta_m)$ 看作 $\theta=(\theta_1,\theta_2,\cdots,\theta_m)$ 的函数时，称为似然函数. 由此可见，概率函数与似然函数可以说是一回事，只是看法不同：前者是固定 θ 而看成 $\boldsymbol{x}=(x_1,x_2,\cdots,x_n)$ 的函数，后者则是固定 $\boldsymbol{x}$ 而看成 $\boldsymbol{\theta}$ 的函数.

定义 7–1 若存在 $\hat{\theta}=\hat{\theta}(X_1,X_2,\cdots,X_n)$ 使得

$$L(\hat{\theta})=\sup_{\theta\in\Theta}L(\theta) \tag{7–2}$$

则称 $\hat{\theta}=\hat{\theta}(X_1,X_2,\cdots,X_n)$ 为 θ 的极大似然估计，简记为 MLE（maximum likelihood estimation）.

若待估函数是 $g(\theta)$，则 $g(\hat{\theta})$ 是 $g(\theta)$ 的极大似然估计，这个性质称为极大似然估计的不变性. 这个性质的好处在于，当对模型进行重参数化（re-parametrization）时不需要重新对模型进行估计（毕竟 MLE 需要做最优化，在实际估计问题时这个最优化过程可能非常耗时耗力）.

由于 $\ln x$ 是 x 的单调上升函数，故式（7–2）等价于

$$\ln L(\hat{\theta})=\sup_{\theta\in\Theta}\ln L(\theta) \tag{7–3}$$

称 $\ln L(\theta)$ 为对数似然函数.

似然（likelihood）字面意思是"可能性"或"看起来像". θ 的极大似然估计，就是在已取得的样本值的情况下，似然性最大的那个 θ 值，也就是"可能性最大"或"看起来最像"的值.

极大似然估计是一个极值问题，如果 $f(\boldsymbol{x};\theta)$ 关于 $\boldsymbol{\theta}=(\theta_1,\theta_2,\cdots,\theta_m)$ 的偏导数存在，则可求偏导得到方程组

$$\frac{\partial\ln L}{\partial\theta_j}=0,\ j=1,2,\cdots,m. \tag{7–4}$$

称为似然方程. 如果似然方程有唯一解，又能验证它是一个极大值点，则似然方程的解必为极大似然估计. 在一些常见的分布中，这一点容易验证. 在比较复杂的情形，式（7–4）有多组解或没有解析解，需要用数值方法求解.

【例 7–7】 设 $X_1,X_2,\cdots,X_n$ iid $N(\mu,\sigma^2)$，$x_1,x_2,\cdots,x_n$ 是来自 X 的一个样本值，求 μ,σ^2 的极大似然估计.

解 X 的概率密度为

$$f(x; \mu, \sigma^2) = \frac{1}{\sqrt{2\pi}\sigma} \mathrm{e}^{-\frac{(x-\mu)^2}{2\sigma^2}}$$

似然函数为

$$L(\mu, \sigma^2) = \prod_{i=1}^{n} \frac{1}{\sqrt{2\pi}\sigma} \mathrm{e}^{-\frac{(x_i-\mu)^2}{2\sigma^2}} = (2\pi\sigma^2)^{-\frac{n}{2}} \mathrm{e}^{-\frac{1}{2\sigma^2}\sum_{i=1}^{n}(x_i-\mu)^2}$$

取对数得

$$\ln L(\mu, \sigma^2) = -\frac{n}{2}\ln 2\pi - \frac{n}{2}\ln \sigma^2 - \frac{1}{2\sigma^2}\sum_{i=1}^{n}(x_i-\mu)^2$$

似然方程为

$$\begin{cases} \dfrac{\partial \ln L}{\partial \mu} = \dfrac{1}{\sigma^2}\sum_{i=1}^{n}(x_i - \mu) = 0 \\ \dfrac{\partial \ln L}{\partial \sigma^2} = -\dfrac{n}{2}\dfrac{1}{\sigma^2} + \dfrac{1}{2(\sigma^2)^2}\sum_{i=1}^{n}(x_i - \mu)^2 = 0 \end{cases}$$

解得

$$\hat{\mu} = \frac{1}{n}\sum_{i=1}^{n} x_i, \quad \widehat{\sigma^2} = \frac{1}{n}\sum_{i=1}^{n}(x_i - \overline{x})^2$$

因此 μ, σ^2 的极大似然估计量为

$$\hat{\mu} = \frac{1}{n}\sum_{i=1}^{n} X_i, \quad \widehat{\sigma^2} = \frac{1}{n}\sum_{i=1}^{n}(X_i - \overline{X})^2.$$

【例 7-8】设总体 X 在区间 $[a,b]$ 上服从均匀分布，$x_1, x_2, \cdots, x_n$ 是来自 X 的一个样本值，求 a, b 的极大似然估计.

解 记 $x_{(1)} = \min\{x_1, x_2, \cdots, x_n\}$，$x_{(n)} = \max\{x_1, x_2, \cdots, x_n\}$，

X 的概率密度为

$$f(x; a, b) = \begin{cases} \dfrac{1}{b-a}, & a \leqslant x \leqslant b, \\ 0, & \text{其他}. \end{cases}$$

似然函数为

$$L(a, b) = \begin{cases} \dfrac{1}{(b-a)^n}, & a \leqslant x_1, x_2, \cdots, x_n \leqslant b, \\ 0, & \text{其他}. \end{cases}$$

由于 $a \leqslant x_1, x_2, \cdots, x_n \leqslant b$，等价于 $a \leqslant x_{(1)}, x_{(n)} \leqslant b$，似然函数可以写成

$$L(a, b) = \begin{cases} \dfrac{1}{(b-a)^n}, & a \leqslant x_{(1)}, x_{(n)} \leqslant b, \\ 0, & \text{其他}. \end{cases}$$

对于满足条件 $a \leqslant x_{(1)}, x_{(n)} \leqslant b$ 的任意值 a, b 有

$$L(a, b) = \frac{1}{(b-a)^n} \leqslant \frac{1}{(x_{(n)} - x_{(1)})^n}$$

即 $L(a, b)$ 在 $a = x_{(1)}, b = x_{(n)}$ 时取得最大值 $(x_{(n)} - x_{(1)})^{-n}$，a, b 的极大似然估计值为

$$\hat{a} = x_{(1)}, \hat{b} = x_{(n)}$$

因此 a, b 的极大似然估计量为

$$\hat{a} = X_{(1)}, \quad \hat{b} = X_{(n)}$$

【例 7-9】设总体 X 服从柯西（Cauchy）分布，其密度为

$$f(x; \theta) = \frac{1}{\pi} \cdot \frac{1}{1 + (x-\theta)^2}, -\infty < x < +\infty$$

$x_1, x_2, \cdots, x_n$ 是来自 X 的一个样本值，求 θ 的点估计.

解 因柯西分布的一阶矩不存在，故无法使用矩估计法. 若用极大似然估计法，则似然函数为

$$L(\theta) = \prod_{i=1}^{n} \left[\frac{1}{\pi} \cdot \frac{1}{1 + (x_i - \theta)^2} \right]$$

取对数得

$$\ln L(\theta) = -n \ln \pi - \sum_{i=1}^{n} \ln[1 + (x_i - \theta)^2]$$

似然方程为

$$\frac{\partial \ln L(\theta)}{\partial \theta} = \sum_{i=1}^{n} \frac{x_i - \theta}{1 + (x_i - \theta)^2} = 0$$

这个方程没有解析解，但该方程有许多解且求解困难，只能用数值方法求解，因此，极大似然法也不是理想的方法.

注意到柯西分布的密度函数关于 θ 对称，故 θ 是这个分布的中位数，因此可以用样本分位数

$$m_{0.5} = \begin{cases} X_{\left(\frac{n+1}{2}\right)}, & \text{当 } n \text{ 为奇数,} \\ \dfrac{1}{2}\left[X_{\left(\frac{n}{2}\right)} + X_{\left(\frac{n}{2}+1\right)} \right], & \text{当 } n \text{ 为偶数.} \end{cases}$$

作为 θ 的估计. 这个估计容易计算且效果也比较理想.

对于正态分布 $N(\mu, \sigma^2)$，μ 也是中位数，故也可用中位数来估计 μ.

矩估计和极大似然估计是参数点估计的两种基本方法. 当样本容量比较大时，极大似然估计一般也优于矩估计. 因此，极大似然估计受到更大的重视，但在矩估计能用时，矩估计的计算一般比极大似然估计简单些.

7.2 估计量的评价标准

对于同一参数，用不同的方法来估计可能得到不同的估计量，如均匀分布 $U(a,b)$ 中参数 a,b 的矩估计和极大似然估计. 有时用同一种方法也可能得到不同的估计，如泊松分布 $\pi(\lambda)$，样本均值 $\overline{X}$ 和二阶中心矩 $B_2 = \dfrac{1}{n}\sum_{i=1}^{n}(X_i - \overline{X})^2$ 都是 λ 的矩估计.

既然估计量不唯一，但究竟哪个好一些？首先就存在一个衡量估计量好坏的标准问题. 下面介绍几个常用的标准.

7.2.1 无偏性

设总体 $X \sim F(x;\theta)$，$\theta = (\theta_1,\theta_2,\cdots,\theta_m) \in \Theta$ 是包含在总体 X 的分布中的待估参数，Θ 是参数 θ 的取值范围，$X_1,X_2,\cdots,X_n$ 为总体 X 的样本.

定义 7-2 若估计量 $\hat{\theta} = \hat{\theta}(X_1,X_2,\cdots,X_m)$ 的数学期望 $E(\hat{\theta})$ 存在，且对于任意的 $\theta \in \Theta$，有

$$E(\hat{\theta}) = \theta,$$

称 $\hat{\theta}$ 为 θ 的无偏估计量.

估计量的无偏性是说对于某些样本值，由这一估计量得到的估计值和真实值相比，有时偏大，有时偏小. 反复将这一估计量使用多次，就"平均"来说，其偏差为零. 在科学技术中，$E(\hat{\theta}) - \theta$ 称为以 $\hat{\theta}$ 作为 θ 的估计的偏差（系统误差）. 无偏估计的实际意义就是无系统误差.

设 $X_1,X_2,\cdots,X_n$ iid X，$E(X) = \mu$，$D(X) = \sigma^2$，则样本均值 $\overline{X}$ 和样本方差 S^2 分别是 μ 和 σ^2 的无偏估计. 事实上

$$E(\overline{X}) = E\left(\frac{1}{n}\sum_{i=1}^{n}X_i\right) = \frac{1}{n}E\left(\sum_{i=1}^{n}X_i\right) = \frac{1}{n}E\left(\sum_{i=1}^{n}\mu\right) = \mu,$$

所以 $\overline{X}$ 是 μ 的无偏估计.

$$又\ D(\overline{X}) = D\left(\frac{1}{n}\sum_{i=1}^{n}X_i\right) = \frac{1}{n^2}D\left(\sum_{i=1}^{n}X_i\right) = \frac{1}{n^2}D\left(\sum_{i=1}^{n}\sigma^2\right) = \frac{\sigma^2}{n},$$

而

$$E(S^2) = E\left[\frac{1}{n-1}\left(\sum_{i=1}^{n}X_i^2 - n\overline{X}^2\right)\right] = \frac{1}{n-1}\left[\sum_{i=1}^{n}E(X_i^2) - nE\left(\overline{X}^2\right)\right],$$

$$= \frac{1}{n-1}\left[\sum_{i=1}^{n}(\sigma^2 + \mu^2) - n\left(\frac{\sigma^2}{n} + \mu^2\right)\right] = \sigma^2$$

所以 S^2 是 σ^2 的无偏估计.

【例 7-10】设总体 X 服从指数分布，其密度为

$$f(x;\theta) = \begin{cases} \dfrac{1}{\theta}\mathrm{e}^{-\frac{x}{\theta}}, & x > 0, \\ 0, & x \leqslant 0. \end{cases}$$

其中 $\theta>0$ 为未知，又设 $X_1,X_2,\cdots,X_n$ 是来自 X 的一个样本，试证明：$\overline{X}$ 和 $nZ=n\min\limits_{1\leq i\leq 1}\{X_i\}$ 都是 θ 的无偏估计量.

证明 因为 $E(\overline{X})=EX=\theta$，所以 $\overline{X}$ 是 θ 的无偏估计量. $Z=\min\limits_{1\leq i\leq 1}\{X_i\}$ 的概率密度为

$$f(x;\theta)=\begin{cases}\dfrac{n}{\theta}\mathrm{e}^{-\frac{nx}{\theta}}, & x>0,\\[2mm] 0, & x\leq 0.\end{cases}$$

故 $EZ=\dfrac{\theta}{n}$，$E(nZ)=\theta$，nZ 也是 θ 的无偏估计量.

由此可见，一个未知参数的无偏估计量不唯一.

7.2.2 有效性

现在比较参数 θ 的两个无偏估计量 $\hat{\theta}_1$ 和 $\hat{\theta}_2$，如果在样本容量 n 相同的情况下，如果 $\hat{\theta}_1$ 的观察值比 $\hat{\theta}_2$ 更密集分布在真值 θ 的附近，就认为 $\hat{\theta}_1$ 比 $\hat{\theta}_2$ 更为理想. 由于方差是随机变量取值与其数学期望的偏离程度的度量，所以在无偏估计中，方差越小的越好，于是引入估计量的有效性这一概念.

定义 7-3 设 $\hat{\theta}_1=\hat{\theta}_1(X_1,X_2,\cdots,X_n)$ 和 $\hat{\theta}_2=\hat{\theta}_2(X_1,X_2,\cdots,X_n)$ 都是 θ 的无偏估计量，若对于任意的 $\theta\in\Theta$，有

$$D(\hat{\theta}_1)\leqslant D(\hat{\theta}_2),$$

且至少有某一个 $\theta\in\Theta$，上式中的不等号成立，则称 $\hat{\theta}_1$ 比 $\hat{\theta}_2$ 有效.

【例 7-11】（承例 7-10）试证当 $n>1$ 时，θ 的无偏估计量 $\overline{X}$ 比 nZ 有效.

证明 由于 $DX=\theta^2$，故 $D(\overline{X})=\dfrac{\theta^2}{n}$，又因 $DZ=\dfrac{\theta^2}{n^2}$，故 $D(nZ)=\theta^2$.

当 $n>1$ 时，$D(\overline{X})<D(nZ)$，所以 $\overline{X}$ 比 nZ 有效.

7.2.3 相合性

前面讲的无偏性与有效性都是在样本容量 n 固定的前提下提出的. 自然希望随着样本容量的增大，一个估计量的值稳定于待估参数的真值. 这样，对估计量又有了下述相合性的要求.

定义 7-4 设 $\hat{\theta}=\hat{\theta}(X_1,X_2,\cdots,X_n)$ 是 θ 的估计量，若对于任意的 $\theta\in\Theta$，当 $n\to\infty$ 时，$\hat{\theta}(X_1,X_2,\cdots,X_n)$ 依概率收敛于 θ，则称 $\hat{\theta}$ 为 θ 的相合估计量. 即，对任意的 $\theta\in\Theta$ 都满足：对于任意的 $\varepsilon>0$，有

$$\lim_{n\to\infty}P\{|\hat{\theta}-\theta|<\varepsilon\}=1,$$

且至少有某一个 $\theta\in\Theta$，上式中的不等号成立，则称 $\hat{\theta}$ 为 θ 的相合估计量.

由最大似然估计得到的估计量，在一定条件下，也具有相合性.

相合性是对一个估计量的基本要求. 如果一个估计量不具有相合性，那么无论样本容量 n 多大，都不能把未知参数估计到事先指定的精度，这种估计量是否可用是值得怀疑的.

7.3　区　间　估　计

7.3.1　基本概念

点估计是使用一个点（数）去估计未知参数，其缺点是不能反映估计的可信程度，也没有直接给出估计的精度. 在实际问题中，有时需要用一个区间去估计未知参数. 例如，估计一个成年男子身高在 $170\sim180$ cm；估计一个工程的水泥用量在 $100\sim120$ t. 区间估计的好处是把可能出现的误差直接给出来了. 例如，估计水泥用量在 $100\sim120$ t，已把可能出现的误差考虑到了，并给人们更大的信任感从而乐意接受. 若给出水泥用量是 100 t，人们相信或多或少会有一些误差，但看不出误差多少，因此让人难以接受.

设总体 $X\sim F(x;\theta)$，$\theta\in\Theta$ 是单参数，Θ 是参数 θ 的取值范围，$X_1,X_2,\cdots,X_n$ 为其样本，现在建立两个统计量 $\hat{\theta}_1=\hat{\theta}_1(X_1,X_2,\cdots,X_n)$ 和 $\hat{\theta}_2=\hat{\theta}_2(X_1,X_2,\cdots,X_n)$，满足 $\hat{\theta}_1<\hat{\theta}_2$，则 $(\hat{\theta}_1,\hat{\theta}_2)$ 是随机区间. 随机区间的端点及区间长度都是统计量.

定义 7-5　对给定的 $\alpha\in(0,1)$，如果对任意的 $\theta\in\Theta$ 满足

$$P\{\hat{\theta}_1<\theta<\hat{\theta}_2\}\geqslant 1-\alpha,\tag{7-5}$$

则称随机区间 $(\hat{\theta}_1,\hat{\theta}_2)$ 为参数 θ 的置信水平为 $1-\alpha$ 的置信区间，$\hat{\theta}_1,\hat{\theta}_2$ 分别称为置信水平为 $1-\alpha$ 的双侧置信区间的置信上限和置信下限，$1-\alpha$ 称为置信水平.

当 X 是连续型随机变量时，对于给定的 α，可以按条件 $P\{\hat{\theta}_1<\theta<\hat{\theta}_2\}=1-\alpha$ 求出置信区间. 而当 X 是离散型随机变量时，对于给定的 α，经常找不到 $(\hat{\theta}_1,\hat{\theta}_2)$ 使得 $P\{\hat{\theta}_1<\theta<\hat{\theta}_2\}$ 恰好为 $1-\alpha$. 这时，去找区间 $(\hat{\theta}_1,\hat{\theta}_2)$ 使得 $P\{\hat{\theta}_1<\theta<\hat{\theta}_2\}$ 至少为 $1-\alpha$，且尽可能地接近 $1-\alpha$.

式（7-5）的含义如下：若重复抽样多次（每次得到的样本容量均为 n），每个样本值确定一个区间 $(\hat{\theta}_1,\hat{\theta}_2)$，每个这样的区间要么包含 θ 的真值，要么不包含 θ 的真值，$1-\alpha$ 反映了随机区间 $(\hat{\theta}_1,\hat{\theta}_2)$ 包含 θ 的可靠程度，α 越小，$1-\alpha$ 越大，估计的可靠度越高. 按照伯努利大数定律，在这么多的区间中，包含 θ 的真值的区间约占 $100(1-\alpha)\%$，不包含 θ 的真值的区间约占 $100\alpha\%$. 例如，若 $\alpha=0.05$，重复抽样 $1\,000$ 次，则得到的 $1\,000$ 个区间中不包含 θ 的真值区间约为 50 个.

要想提高可靠性，就要减小 α，这时 $\hat{\theta}_2-\hat{\theta}_1$ 往往增大，因而估计精度降低. 在同一样本容量的条件下，可靠性与精度是一对不可调和的矛盾，不能同时提高. 确定 α 后，置信区间的选取方法也不唯一，通常选取区间长度最小的一个.

那么在给定 α 后如何确定置信区间，即如何找到上面的 $(\hat{\theta}_1,\hat{\theta}_2)$ 呢？下面给出区间估计的一般步骤.

（1）构造样本的函数 $X_1,X_2,\cdots,X_n$ 的一个函数 $T(X_1,X_2,\cdots,X_n;\theta)$，它包含待估参数 θ，其分布 F 完全已知（与 θ 无关）且不依赖于任何参数，称为枢轴量（pivot variate）；

（2）对于给定的置信水平 $1-\alpha$，根据 T 的分布确定两个常数 $a<b$，使得 $P\{a<T(X_1,X_2,\cdots,X_n;\theta)<b\}=1-\alpha$；

（3）将 $a<T(X_1,X_2,\cdots,X_n;\theta)<b$ 等价变形得

$$\hat{\theta}_1(X_1, X_2, \cdots, X_n) < \theta < \hat{\theta}_2(X_1, X_2, \cdots, X_n) ,$$

即 $P\{\hat{\theta}_1(X_1, X_2, \cdots, X_n) < \theta < \hat{\theta}_2(X_1, X_2, \cdots, X_n)\} = 1 - \alpha$.

$(\hat{\theta}_1, \hat{\theta}_2)$ 就是 θ 的置信水平为 $1 - \alpha$ 的置信区间.

7.3.2 单个正态总体均值 μ 的区间估计

设 $X_1, X_2, \cdots, X_n$ iid $N(\mu, \sigma^2)$ ，$\overline{X}$ 为样本均值，S^2 为样本方差，给定置信水平 $1 - \alpha$.

1. σ^2 为已知，μ 的置信区间

（1）选取枢轴量 $U = \dfrac{\overline{X} - \mu}{\sigma / \sqrt{n}} \sim N(0, 1)$ ；

（2）由 $P\{|U| \geqslant z_{\alpha/2}\} = \alpha$ 确定 $z_{\alpha/2}$ ；

（3）解 $|U| \geqslant z_{\alpha/2}$ 得 μ 的置信水平为 $1 - \alpha$ 的置信区间为

$$\left(\overline{X} - \frac{\sigma}{\sqrt{n}} z_{\alpha/2}, \overline{X} + \frac{\sigma}{\sqrt{n}} z_{\alpha/2} \right), \tag{7-6}$$

该置信区间的长度为 $l = 2z_{\alpha/2} \dfrac{\sigma}{\sqrt{n}}$.

由于标准正态分布的概率密度曲线关于纵坐标对称，所以上述区间为置信区间中长度最短的区间.

2. σ^2 为未知，μ 的置信区间

（1）选取枢轴量 $T = \dfrac{\overline{X} - \mu}{S / \sqrt{n}} \sim t(n-1)$ ；

（2）由 $P\{|T| \geqslant t_{\alpha/2}(n-1)\} = \alpha$ 确定 $t_{\alpha/2}(n-1)$ ；

（3）解 $|T| \geqslant t_{\alpha/2}(n-1)$ 得 μ 的置信水平为 $1 - \alpha$ 的置信区间为

$$\left(\overline{X} - \frac{S}{\sqrt{n}} t_{\alpha/2}(n-1), \overline{X} + \frac{S}{\sqrt{n}} t_{\alpha/2}(n-1) \right), \tag{7-7}$$

该置信区间的长度为 $l = 2t_{\alpha/2}(n-1) \dfrac{S}{\sqrt{n}}$.

由于 t 分布的概率密度曲线关于纵坐标对称，所以上述区间为置信区间中长度最短的区间.

【例 7-12】 设有一批酵母，每袋酵母的质量 $X \sim N(\mu, \sigma^2)$ ，先从中任取 8 袋，测得质量（单位：g）为：12.1，11.9，12.4，12.3，11.9，12.1，12.4，12.1.

（1）若 $\sigma^2 = 0.01$ ，求 μ 的置信水平为 0.95 的置信区间；

（2）若 σ^2 未知，求 μ 的置信水平为 0.95 的置信区间.

解 （1）由式（7-6），σ^2 已知，求 μ 的置信区间为

$$\left(\overline{X} - \frac{\sigma}{\sqrt{n}} z_{\alpha/2}, \overline{X} + \frac{\sigma}{\sqrt{n}} z_{\alpha/2} \right)$$

$$\overline{x} = \frac{1}{8}(12.1+11.9+12.4+12.3+11.9+12.1+12.4+12.1) = 12.15,$$

$$\frac{\sigma}{\sqrt{n}} = \frac{\sqrt{0.01}}{\sqrt{8}} = 0.035\,4,$$

当 $\alpha = 0.05$ 时，查表得 $z_{\alpha/2} = 1.96$，所以 μ 的置信水平为 0.95 的置信区间为 $(12.15 - 0.035\,4 \times 1.96, 12.15 + 0.035\,4 \times 1.96) = (12.08, 12.22)$.

（2）由式（7-7），σ^2 未知，求 μ 的置信区间为

$$\left(\overline{X} - \frac{S}{\sqrt{n}} t_{\alpha/2}(n-1), \overline{X} + \frac{S}{\sqrt{n}} t_{\alpha/2}(n-1) \right),$$

样本方差为

$$s^2 = \frac{1}{8-1}[(12.1-12.15)^2 + (11.9-12.15)^2 + (12.4-12.15)^2$$

$$+ (12.3-12.15)^2 + (11.9-12.15)^2 + (12.1-12.15)^2$$

$$+ (12.4-12.15)^2 + (12.1-12.15)^2] = 0.04,$$

$$\frac{s}{\sqrt{n}} = \frac{\sqrt{0.04}}{\sqrt{8}} = 0.07.$$

当 $\alpha = 0.05$ 时，查表得 $t_{\alpha/2}(7) = 2.36$，所以 μ 的置信水平为 0.95 的置信区间为 $(12.15 - 0.07 \times 2.36, 12.15 + 0.07 \times 2.36) = (11.98, 12.32)$.

7.3.3　单个正态总体方差 σ^2 的区间估计

1. μ 为已知，σ^2 的置信区间

选取枢轴量

$$Q = \sum_{i=1}^{n} \left(\frac{X_i - \mu}{\sigma} \right)^2 \sim \chi^2(n),$$

由 $P\{\chi_{1-\alpha/2}^2(n) < Q < \chi_{\alpha/2}^2(n)\} = 1-\alpha$ 得 σ^2 的置信水平为 $1-\alpha$ 置信区间为

$$\left(\frac{\sum_{i=1}^{n}(X_i-\mu)^2}{\chi_{\alpha/2}^2(n)}, \frac{\sum_{i=1}^{n}(X_i-\mu)^2}{\chi_{1-\alpha/2}^2(n)} \right). \tag{7-8}$$

标准差 σ 的置信水平为 $1-\alpha$ 置信区间为

$$\left(\frac{\sqrt{\sum_{i=1}^{n}(X_i-\mu)^2}}{\sqrt{\chi_{\alpha/2}^2(n)}}, \frac{\sqrt{\sum_{i=1}^{n}(X_i-\mu)^2}}{\sqrt{\chi_{1-\alpha/2}^2(n)}} \right). \tag{7-9}$$

2. μ 为未知，σ^2 的置信区间

选取枢轴量

$$K = \frac{(n-1)S^2}{\sigma^2} \sim \chi^2(n-1) \,,$$

由 $P\{\chi^2_{1-\alpha/2}(n-1) < K < \chi^2_{\alpha/2}(n-1)\} = 1-\alpha$ 得 σ^2 的置信水平为 $1-\alpha$ 置信区间为

$$\left(\frac{(n-1)S^2}{\chi^2_{\alpha/2}(n-1)}, \frac{(n-1)S^2}{\chi^2_{1-\alpha/2}(n-1)} \right). \qquad (7-10)$$

标准差 σ 的置信水平为 $1-\alpha$ 置信区间为

$$\left(\frac{\sqrt{(n-1)}S}{\sqrt{\chi^2_{\alpha/2}(n-1)}}, \frac{\sqrt{(n-1)}S}{\sqrt{\chi^2_{1-\alpha/2}(n-1)}} \right). \qquad (7-11)$$

由于 χ^2 的概率密度曲线不对称，对于置信水平 $1-\alpha$，寻找区间长度最短的区间非常复杂，于是按照习惯选取了式（7-8）和式（7-10），注意它们的区间长度不一定最短，即估计精度不一定最好.

【**例 7-13**】（承例 7-12） μ 未知，求方差 σ^2 的置信水平为 0.95 的置信区间.

解 μ 未知，方差 σ^2 的置信水平为 $1-\alpha$ 的置信区间为

$$\left(\frac{(n-1)S^2}{\chi^2_{\alpha/2}(n-1)}, \frac{(n-1)S^2}{\chi^2_{1-\alpha/2}(n-1)} \right).$$

$n-1 = 8-1 = 7$，$s^2 = 0.04$，$\alpha = 0.05$，查表得

$$\chi^2_{\alpha/2}(n-1) = \chi^2_{0.025}(7) = 16.01 , \quad \chi^2_{1-\alpha/2}(n-1) = \chi^2_{0.975}(7) = 1.69 ,$$

σ^2 的置信水平为 0.95 的置信区间为

$$\left(\frac{7s^2}{\chi^2_{0.025}(7)}, \frac{7s^2}{\chi^2_{0.975}(7)} \right) = \left(\frac{7 \times 0.04}{16.01}, \frac{7 \times 0.04}{1.69} \right) = (0.017\,5, 0.165\,7).$$

7.3.4 两个正态总体均值差和方差比的区间估计

设样本 $X_1, X_2, \cdots, X_{n_1}$ iid $N(\mu_1, \sigma_1^2)$，$Y_1, Y_2, \cdots, Y_{n_1}$ iid $N(\mu_2, \sigma_2^2)$，两个总体相互独立，$\overline{X}, S_1^2$，$\overline{Y}, S_2^2$ 分别为两样本的均值和方差，置信水平为 $1-\alpha$.

1. σ_1^2，σ_2^2 为已知，$\mu_1 - \mu_2$ 的置信区间

因为 $\overline{X} \sim N\left(\mu_1, \frac{\sigma_1^2}{n_1} \right), \overline{Y} \sim N\left(\mu_2, \frac{\sigma_2^2}{n_2} \right)$，$\overline{X}, \overline{Y}$ 相互独立，则

$$\frac{(\overline{X} - \overline{Y}) - (\mu_1 - \mu_2)}{\sqrt{\frac{\sigma_1^2}{n_1} + \frac{\sigma_2^2}{n_2}}} \sim N(0,1) \,,$$

可得 $\mu_1 - \mu_2$ 置信水平为 $1-\alpha$ 的置信区间为

$$\left((\overline{X} - \overline{Y}) - z_{\alpha/2} \sqrt{\frac{\sigma_1^2}{n_1} + \frac{\sigma_2^2}{n_2}}, (\overline{X} - \overline{Y}) + z_{\alpha/2} \sqrt{\frac{\sigma_1^2}{n_1} + \frac{\sigma_2^2}{n_2}} \right). \qquad (7-12)$$

2. σ_1^2，σ_2^2 为未知，但 $\sigma_1^2 = \sigma_2^2$，$\mu_1 - \mu_2$ 的置信区间

因为

$$\frac{(\overline{X} - \overline{Y}) - (\mu_1 - \mu_2)}{S_w\sqrt{\dfrac{1}{n_1} + \dfrac{1}{n_2}}} \sim t(n_1 + n_2 - 2)\,,$$

其中 $S_w^2 = \dfrac{(n_1 - 1)S_1^2 + (n_2 - 1)S_2^2}{n_1 + n_2 - 2}$，可得 $\mu_1 - \mu_2$ 的置信水平为 $1 - \alpha$ 的置信区间为

$$\left((\overline{X} - \overline{Y}) - t_{\alpha/2}(n_1 + n_2 - 2)S_w\sqrt{\frac{1}{n_1} + \frac{1}{n_2}}, (\overline{X} - \overline{Y}) + t_{\alpha/2}(n_1 + n_2 - 2)S_w\sqrt{\frac{1}{n_1} + \frac{1}{n_2}} \right). \quad (7-13)$$

3. μ_1, μ_2 为已知，方差比 σ_1^2 / σ_2^2 的置信区间

因为

$$\sum_{i=1}^{n_1} \frac{(X_i - \mu_1)^2}{\sigma_1^2} \sim \chi^2(n_1)\,, \quad \sum_{j=1}^{n_2} \frac{(Y_j - \mu_2)^2}{\sigma_2^2} \sim \chi^2(n_2)\,, \quad \frac{\displaystyle\sum_{i=1}^{n_1} \frac{(X_i - \mu_1)^2}{n_1\sigma_1^2}}{\displaystyle\sum_{j=1}^{n_2} \frac{(Y_j - \mu_2)^2}{n_2\sigma_2^2}} \sim F(n_1, n_2)\,,$$

所以

$$P\left\{ F_{1-\alpha/2}(n_1, n_2) < \frac{\displaystyle\sum_{i=1}^{n_1} \frac{(X_i - \mu_1)^2}{n_1\sigma_1^2}}{\displaystyle\sum_{j=1}^{n_2} \frac{(Y_j - \mu_2)^2}{n_2\sigma_2^2}} < F_{\alpha/2}(n_1, n_2) \right\} = 1 - \alpha\,,$$

整理得

$$P\left\{ F_{1-\alpha/2}(n_1, n_2) < \frac{\left(n_2\displaystyle\sum_{i=1}^{n_1}(X_i - \mu_1)^2 \right) \Big/ \left(n_1\displaystyle\sum_{j=1}^{n_2}(Y_j - \mu_2)^2 \right)}{\sigma_1^2 / \sigma_2^2} < F_{\alpha/2}(n_1, n_2) \right\} = 1 - \alpha\,,$$

可得方差比 σ_1^2 / σ_2^2 的置信水平为 $1 - \alpha$ 的置信区间为

$$\left(\frac{\left(n_2\displaystyle\sum_{i=1}^{n_1}(X_i - \mu_1)^2 \right) \Big/ \left(n_1\displaystyle\sum_{j=1}^{n_2}(Y_j - \mu_2)^2 \right)}{F_{\alpha/2}(n_1, n_2)}, \frac{\left(n_2\displaystyle\sum_{i=1}^{n_1}(X_i - \mu_1)^2 \right) \Big/ \left(n_1\displaystyle\sum_{j=1}^{n_2}(Y_j - \mu_2)^2 \right)}{F_{1-\alpha/2}(n_1, n_2)} \right). \quad (7-14)$$

4. μ_1, μ_2 为未知，方差比 σ_1^2 / σ_2^2 的置信区间

因为 $\dfrac{(n_1 - 1)S_1^2}{\sigma_1^2} \sim \chi^2(n_1 - 1)$，$\dfrac{(n_2 - 1)S_2^2}{\sigma_2^2} \sim \chi^2(n_2 - 1)$，故由 F 分布的定义，有

$$\frac{S_1^2 / S_2^2}{\sigma_1^2 / \sigma_2^2} \sim F(n_1 - 1, n_2 - 1).$$

再由 F 分布分位数的定义和性质，有

$$P\left\{F_{1-\alpha/2}(n_1 - 1, n_2 - 1) < \frac{S_1^2 / S_2^2}{\sigma_1^2 / \sigma_2^2} < F_{\alpha/2}(n_1 - 1, n_2 - 1)\right\} = 1 - \alpha,$$

可得方差比 σ_1^2 / σ_2^2 的置信水平为 $1 - \alpha$ 的置信区间为

$$\left(\frac{S_1^2 / S_2^2}{F_{\alpha/2}(n_1 - 1, n_2 - 1)}, \frac{S_1^2 / S_2^2}{F_{1-\alpha/2}(n_1 - 1, n_2 - 1)}\right). \tag{7-15}$$

【例 7-14】某大学在 2022 年从上海、北京两市招收的新生中，分别随机抽取 5 名和 6 名男生，测得其身高（单位：cm）见表 7-2.

表 7-2 男生身高

| 上海市 | 172 | 178 | 181 | 184 | 185 | |
| 北京市 | 170 | 179 | 183 | 184 | 184 | 186 |

设两市男生身高分别服从正态分布 $N(\mu_1, \sigma_1^2)$，$N(\mu_2, \sigma_2^2)$，求：

（1）$\mu_1 - \mu_2$ 的置信水平为 0.95 的置信区间；

（2）σ_1^2 / σ_2^2 的置信水平为 0.95 的置信区间.

解 （1）$\bar{x} = 180$，$s_1^2 = 27.5$，$\bar{y} = 181$，$s_2^2 = 34.4$，则

$$\bar{x} - \bar{y} = -1, \quad s_w = \sqrt{\frac{(n_1 - 1)s_1^2 + (n_2 - 1)s_2^2}{n_1 + n_2 - 2}} = 5.597\,6,$$

取 $\alpha = 0.05$，查 t 分布分位数表，得 $t_{0.975}(9) = 2.262\,2$，则

$$t_{0.975}(9)s_w\sqrt{\frac{1}{n_1} + \frac{1}{n_2}} = 2.262\,2 \times 5.597\,6 \times 0.605\,5 = 7.667\,4,$$

故 $\mu_1 - \mu_2$ 的置信水平为 0.95 的置信区间为 $(-8.667\,4, 6.667\,4)$.

（2）对 $\alpha = 0.05$，查 F 分布分位数表，得

$$F_{0.025}(4,5) = 0.106\,8, \quad F_{0.975}(4,5) = 7.387\,9,$$

σ_1^2 / σ_2^2 的置信水平为 0.95 的置信区间为

$$\left(\frac{27.5 / 34.4}{0.106\,8}, \frac{27.5 / 34.4}{7.383\,9}\right) = (0.108\,2, 7.485\,2).$$

*7.3.5　指数分布参数的区间估计

设总体 X 服从指数分布，其密度为

$$f(x;\lambda)=\begin{cases}\lambda e^{-\lambda x}, & x>0,\\ 0, & x\leqslant 0.\end{cases}$$

$X_1,X_2,\cdots,X_n$ 为其样本，求失效率 λ 和平均寿命 $\theta=1/\lambda$ 的置信水平为 $1-\alpha$ 的置信区间.

不难求得 $2\lambda X$ 的概率密度为 $g(x)=\begin{cases}\dfrac{1}{2}e^{-\frac{x}{2}}, & x>0,\\ 0, & x\leqslant 0.\end{cases}$　与 $\chi^2(n)$ 的密度比较可知，$2\lambda X\sim$

$\chi^2(2)$. 由 χ^2 分布的可加性知 $2\lambda\sum_{i=1}^{n}X_i=2\lambda n\overline{X}\sim\chi^2(2n)$ ，对于 α ，由 $\chi_{\alpha/2}^2(2n),\chi_{1-\alpha/2}^2(2n)$ ，使得

$$P\{\chi_{\alpha/2}^2(2n)<2n\lambda\overline{X}<\chi_{1-\alpha/2}^2(2n)\}=1-\alpha,$$

从而得 λ 的置信水平为 $1-\alpha$ 的置信区间为

$$\left(\frac{\chi_{\alpha/2}^2(2n)}{2n\overline{X}},\frac{\chi_{1-\alpha/2}^2(2n)}{2n\overline{X}}\right).\tag{7-16}$$

平均寿命 $\theta=1/\lambda$ 的置信水平为 $1-\alpha$ 的置信区间为

$$\left(\frac{2n\overline{X}}{\chi_{1-\alpha/2}^2(2n)},\frac{2n\overline{X}}{\chi_{\alpha/2}^2(2n)}\right).\tag{7-17}$$

【例 7-15】设某产品的寿命服从指数分布，抽得 7 个样品进行完全寿命试验，得试验结果为（单位：h）150，450，500，530，600，650，700.求失效率 λ 和平均寿命 $\theta=1/\lambda$ 的置信水平为 0.90 的置信区间.

解　这里 $n=7$ ，$2n\bar{x}=2\times 7\times 511.428\,6=7\,160$ ，$\chi_{0.05}^2(14)=6.570\,6$ ，$\chi_{0.95}^2(14)=23.684\,8$ ，所以失效率 λ 的置信水平为 0.90 的置信区间为

$$\left(\frac{\chi_{\alpha/2}^2(2n)}{2n\bar{x}},\frac{\chi_{1-\alpha/2}^2(2n)}{2n\bar{x}}\right)=\left(\frac{6.570\,6}{7\,160},\frac{23.684\,8}{7\,160}\right)=(\,0.000\,9,\,0.003\,3)\,,$$

平均寿命 $\theta=1/\lambda$ 的置信水平为 0.90 的置信区间为

$$\left(\frac{2n\bar{x}}{\chi_{1-\alpha/2}^2(2n)},\frac{2n\bar{x}}{\chi_{\alpha/2}^2(2n)}\right)=\left(\frac{7\,160}{23.684\,8},\frac{7\,160}{6.570\,6}\right)=(302.303\,6,1\,089.702\,6)\,.$$

7.3.6　单侧置信区间

在某些实际问题中，人们只对参数 θ 的一端界限感兴趣. 例如，θ 是某批产品的次品率，人们只关心其上限. 又如，θ 是某种产品的平均使用寿命，人们只关心其下限. 由此引出了单侧置信区间的概念.

定义 7-6　对给定的 $\alpha\in(0,1)$ ，若由样本 $X_1,X_2,\cdots,X_n$ 确定的统计量 $\hat{\theta}_1=\hat{\theta}_1(X_1,X_2,\cdots,X_n)$

满足

$$P\{\hat{\theta}_1 < \theta\} \geqslant 1 - \alpha,$$

则称随机区间 $(\hat{\theta}_1, +\infty)$ 为参数 θ 的置信水平为 $1 - \alpha$ 的单侧置信区间，$\hat{\theta}_1$ 称为置信水平为 $1 - \alpha$ 的单侧置信区间的置信下限.

若统计量 $\hat{\theta}_2 = \hat{\theta}_2(X_1, X_2, \cdots, X_n)$ 满足

$$P\{\theta < \hat{\theta}_2\} \geqslant 1 - \alpha,$$

则称随机区间 $(-\infty, \hat{\theta}_2)$ 为参数 θ 的置信水平为 $1 - \alpha$ 的单侧置信区间，$\hat{\theta}_2$ 称为置信水平为 $1 - \alpha$ 的单侧置信区间的置信上限.

把前面讨论过的置信区间称为双侧置信区间，根据双侧置信区间的结论，很容易得到对应的单侧置信区间.

例如，设 $X \sim N(\mu, \sigma^2)$，μ, σ^2 未知，则 μ 的置信水平为 $1 - \alpha$ 的单侧置信区间为

$$\left(\overline{X} - \frac{S}{\sqrt{n}} t_{1-\alpha}(n-1), +\infty\right), \quad \left(-\infty, \overline{X} + \frac{S}{\sqrt{n}} t_{1-\alpha}(n-1)\right),$$

$\overline{X} - \dfrac{S}{\sqrt{n}} t_{1-\alpha}(n-1)$ 为单侧置信下限，$\overline{X} + \dfrac{S}{\sqrt{n}} t_{1-\alpha}(n-1)$ 为单侧置信上限. σ^2 的置信水平为 $1 - \alpha$ 的单侧置信区间为

$$\left(\frac{(n-1)S^2}{\chi_{1-\alpha}^2(n-1)}, +\infty\right), \quad \left(0, \frac{(n-1)S^2}{\chi_{\alpha}^2(n-1)}\right),$$

$\dfrac{(n-1)S^2}{\chi_{1-\alpha}^2(n-1)}$ 为单侧置信下限，$\dfrac{(n-1)S^2}{\chi_{\alpha}^2(n-1)}$ 为单侧置信上限.

又如 $X_1, X_2, \cdots, X_n$ 是来自指数分布的样本，则失效率 λ 的置信水平为 $1 - \alpha$ 的单侧置信区间是

$$\left(0, \frac{\chi_{1-\alpha}^2(2n)}{2n\overline{X}}\right),$$

$\dfrac{\chi_{1-\alpha}^2(2n)}{2n\overline{X}}$ 为单侧置信上限. 平均寿命 $\theta = 1/\lambda$ 的置信水平为 $1 - \alpha$ 的单侧置信区间是

$$\left(\frac{2n\overline{X}}{\chi_{1-\alpha}^2(2n)}, +\infty\right),$$

$\dfrac{\chi_{1-\alpha}^2(2n)}{2n\overline{X}}$ 为单侧置信下限.

习 题 7

1. 设总体 X 的密度函数为

$$f(x;\theta) = \begin{cases} \dfrac{2}{\theta^2}(\theta - x), & 0 < x < \theta, \\ 0, & \text{其他}. \end{cases}$$

求 θ 的矩估计.

2. 设 $X \sim B(N,p), 0 < p < 1$，求 N 和 p 的矩估计.

3. 设总体 X 的密度函数为

$$f(x;\theta) = \begin{cases} (\theta+1)x^\theta, & 0 < x < 1, \\ 0, & \text{其他}. \end{cases}$$

求 θ 的矩估计量和极大似然估计量. 现有样本观察值

$$0.30 \qquad 0.80 \qquad 0.27 \qquad 0.35 \qquad 0.62 \qquad 0.55$$

求 θ 的矩估计值和极大似然估计值.

4. 设总体 X 的概率密度为

$$f(x;\theta) = \begin{cases} \theta, & 0 < x < 1, \\ 1-\theta, & 1 \leqslant x < 2, \\ 0, & \text{其他}. \end{cases}$$

其中 θ 是未知参数 $(0 < \theta < 1)$，$X_1, X_2, \cdots, X_n$ 为来自总体 X 的简单随机样本，记 N 为样本值 $x_1, x_2, \cdots, x_n$ 中小于 1 的个数.

（1）求 θ 的矩估计；

（2）求 θ 的最大似然估计.

5. 设总体 X 的概率密度为

$$f(x;\theta) = \begin{cases} \dfrac{1}{2\theta}, & 0 < x < \theta, \\ \dfrac{1}{2(1-\theta)}, & \theta \leqslant x < 1, \\ 0, & \text{其他}. \end{cases}$$

其中参数 $\theta(0 < \theta < 1)$ 未知. $X_1, X_2, \cdots, X_n$ 是来自总体 X 的简单随机样本，$\overline{X}$ 是样本均值.

（1）求参数 θ 的矩估计量 $\hat{\theta}$；

（2）判断 $4\overline{X}^2$ 是否为 θ^2 的无偏估计量，并说明理由.

6. 设总体 X 的概率密度为 $f(x) = \begin{cases} \dfrac{\theta^2}{x^3} e^{-\frac{\theta}{x}}, & x > 0, \\ 0, & \text{其他}. \end{cases}$ 其中 θ 为未知参数且大于零，

$X_1, X_2, \cdots X_N$ 为来自总体 X 的简单随机样本.

（1）求 θ 的矩估计量；

（2）求 θ 的最大似然估计量.

7. 设 X_1, X_2 是来自总体 X 的一个简单随机样本，则最有效的无偏估计是（　　）.

（A）$\hat{\mu} = \dfrac{1}{2}X_1 + \dfrac{1}{2}X_2$ 　　　　　　（B）$\hat{\mu} = \dfrac{1}{3}X_1 + \dfrac{2}{3}X_2$

（C）$\hat{\mu} = \dfrac{1}{4}X_1 + \dfrac{3}{4}X_2$ 　　　　　　（D）$\hat{\mu} = \dfrac{2}{5}X_1 + \dfrac{3}{5}X_2$

8. 设总体 X 的数学期望 $E(X) = \mu$，方差 $D(X) = \sigma^2$，X_1, X_2, X_3, X_4 是来自总体 X 的简单随机样本，则下列 μ 的估计量中最有效的是（　　）.

（A）$\dfrac{1}{6}X_1 + \dfrac{1}{6}X_2 + \dfrac{1}{3}X_3 + \dfrac{1}{3}X_4$ 　　　　（B）$\dfrac{1}{3}X_1 + \dfrac{1}{3}X_2 + \dfrac{1}{3}X_3$

（C）$\dfrac{3}{5}X_1 + \dfrac{4}{5}X_2 - \dfrac{1}{5}X_3 - \dfrac{1}{5}X_4$ 　　　（D）$\dfrac{1}{4}X_1 + \dfrac{1}{4}X_2 + \dfrac{1}{4}X_3 + \dfrac{1}{4}X_4$

9. 设总体 X 的数学期望为 μ，$X_1, X_2, \cdots, X_n$ 为来自 X 的样本，则下列结论中正确的是（　　）.

（A）X_1 是 μ 的无偏估计量

（B）X_1 是 μ 的极大似然估计量

（C）X_1 是 μ 的相合（一致）估计量

（D）X_1 不是 μ 的估计量

10. 设总体 X 的概率密度函数为

$$\varphi(x) = \begin{cases} \dfrac{1}{\theta} e^{-\frac{x}{\theta}}, & x \geqslant 0, \\ 0 & x < 0. \end{cases}$$

$\theta > 0$，$X_1, X_2, \cdots, X_n$ 是取自总体 X 的简单随机变量. 求参数 θ 的极大似然估计量 $\hat{\theta}$，并验证估计量 $\hat{\theta}$ 是参数 θ 的无偏估计量.

11. 设 X_1, X_2 是来自正态总体 $N(\mu, 1)$ 的样本，下列三个估计量是不是参数 μ 的无偏估计量，若是无偏估计量，试判断哪一个较优？

$$\hat{\mu}_1 = \dfrac{2}{3}X_1 + \dfrac{1}{3}X_2, \quad \hat{\mu}_2 = \dfrac{1}{4}X_1 + \dfrac{3}{4}X_2, \quad \hat{\mu}_3 = \dfrac{1}{2}X_1 + \dfrac{1}{2}X_2.$$

12. 已知灯泡寿命 $X \sim N(\mu, 100^2)$，今抽取 25 只灯泡进行寿命测试，得样本 $\bar{x} = 1\,200$ h，则 μ 的置信度为 95% 的置信区间是 _____（$z_{0.025} = 1.96$）.

13. 已知一批零件的长度 X（单位：cm）服从正态分布 $N(\mu, 1)$，今从中随机地抽取 16 个零件，得到长度的平均值为 40 cm，则 μ 的置信度为 95% 的置信区间是 _____（$z_{0.025} = 1.96$）.

14. 假设防灾科技学院男生身高 $X \sim N(\mu,\sigma^2)$，随机测得 16 人身高，得 $\bar{x}=173$（cm）$s=6$（cm），σ^2 未知，则 μ 的置信度为 0.95 的置信区间（$t_{0.025}(15)=2.1315$）_____.

15. 随机地取 8 只活塞环，测得它们的直径为（以 mm 计）

　　74.001　74.005　74.003　74.001　74.000　73.998　74.006　74.002

求总体均值 μ 及方差 σ^2 的矩估计，并求样本方差 S^2.

16. 设 X_1，X_1，$\cdots$，X_n 为准总体的一个样本. 求下列各总体的密度函数或分布律中的未知参数的矩估计量、极大似然估计值和估计量.

（1）$f(x)=\begin{cases}\theta c^\theta x^{-(\theta+1)},x>c,\\0,\qquad\text{其他}.\end{cases}$　　　　其中 $c>0$ 为已知，$\theta>1$，θ 为未知参数

（2）$f(x)=\begin{cases}\sqrt{\theta}x^{\sqrt{\theta}-1},0\leqslant x\leqslant 1,\\0,\qquad\text{其他}.\end{cases}$　　　其中 $\theta>0$，θ 为未知参数

（3）$P(X=x)=\binom{m}{x}p^x(1-p)^{m-x}$，$x=0,1,2,\cdots,m,0<p<1,p$ 为未知参数

17. 设 X_1，X_1，$\cdots$，X_n 是来自参数为 λ 的泊松分布总体的一个样本，试求 λ 的极大似然估计量及矩估计.

18. 一地质学家研究密歇根湖地区的岩石成分，随机地自该地区取 100 个样品，每个样品有 10 块石子，记录了每个样品中属石灰石的石子数. 假设这 100 次观察相互独立，并由过去经验知，它们都服从参数为 n（=10），p 的二项分布，其中 p 是该地区一块石子是石灰石的概率.该地质学家所得的数据如下：

样品中属石灰石的石子数	0	1	2	3	4	5	6	7	8	9	10
观察到石灰石的样品个数	0	1	6	7	23	26	21	12	3	1	0

求 p 的极大似然估计值.

19. 设总体 X 具有分布律

X	1	2	3
P_k	θ^2	$2\theta(1-\theta)$	$(1-\theta)^2$

其中 $\theta(0<\theta<1)$ 为未知参数. 已知取得了样本值 $x_1=1$，$x_2=2$，$x_3=1$，试求 θ 的矩估计值和最大似然估计值.

20. 设总体 $X\sim N(\mu,\sigma^2)$，X_1，X_2，$\cdots$，X_n 是来自 X 的一个样本. 试确定常数 c，使 $c\sum_{i=1}^{n-1}(X_{i+1}-X_i)^2$ 为 σ^2 的无偏估计.

21. 设 X_1，X_2，X_3，X_4 是来自均值为 θ 的指数分布总体的样本，其中 θ 未知，设有估计量

$$T_1=\frac{1}{6}(X_1+X_2)+\frac{1}{3}(X_3+X_4)$$
$$T_2=(X_1+2X_2+3X_3+4X_4)/5$$

$$T_3 = (X_1 + X_2 + X_3 + X_4) / 4$$

（1）指出 T_1，T_2，T_3 中哪几个是 θ 的无偏估计量；

（2）在上述 θ 的无偏估计中指出哪一个较为有效.

22. 设某种清漆的 9 个样品，其干燥时间（以 h 计）分别为

$$6.0 \quad 5.7 \quad 5.8 \quad 6.5 \quad 7.0 \quad 6.3 \quad 5.6 \quad 6.1 \quad 5.0$$

设干燥时间总体服从正态分布 $N(\mu, \sigma^2)$，求 μ 的置信度为 0.95 的置信区间.（1）若由以往经验知 $\sigma = 0.6$（h）；（2）若 σ 为未知.

23. 随机地取某种炮弹 9 发做试验，得炮弹口速度的样本标准差为 $s = 11$ m/s. 设炮弹口速度服从正态分布. 求炮弹口速度的标准差 σ 的置信度为 0.95 的置信区间.

24. 研究两种固体燃料火箭推进器的燃烧率. 设两者都服从正态分布，并且已知燃烧率的标准差均近似地为 0.05 cm/s，取样本容量为 $n_1 = n_2 = 20$，得燃烧率的样本均值分别为 $\overline{x_1} = 18$ cm/s，$\overline{x_2} = 24$ cm/s. 设两样本独立，求两燃烧率总体均值差 $\mu_1 - \mu_2$ 的置信度为 0.99 的置信区间.

25. 设两位化验员 A，B 独立地对某种聚合物测含氯量，用同样的方法各做 10 次测定，其测定值的样本方差依次为 $S_A^2 = 0.541\,9$，$S_B^2 = 0.606\,5$. 设 σ_A^2, σ_B^2 分别为 A，B 所测定的测定值总体的方差，设总体均为正态的. 设两样本独立，求方差比 σ_A^2 / σ_B^2 的置信度为 0.95 的置信区间.

⚙ 数学实验

1. 单个正态总体参数的估计.

一组来自正态总体的样本观察值 683，681，676，678，679，672，求总体均值和标准差的点估计值及置信水平为 0.95 的置信区间.

在 MATLAB 命令窗口中输入：

```
>>x=[683,681,676,678,679,672];
>>[mu sigma muci sigmaci]=normfit(x)
```

运行结果为：

```
mu=
678.1667
Sigma=
3.8687
muci=
674.1067
682.2266
Sigma=
2.4149
9.4884
```

由运行结果可知总体均值和标准差的点估计值分别为 678.166 7 和 3.868 7.

总体均值的置信度为 0.95 的置信区间为 [674.106 7,682.226 6]，标准差的置信区间为

[2.414 9,9.488 4].

2. 参数的极大似然估计.

设电池的寿命服从参数为 λ 的指数分布, 随机抽取 15 只电池进行寿命试验, 测得失效时间 (单位: h) 为 115, 119, 131, 138, 142, 147, 148, 155, 158, 159, 163, 166, 160, 170, 172, 试求电池的平均寿命 λ 的极大似然估计值.

在 MATLAB 命令窗口中输入:

```
>>x=[115 119 131 138 142 147 148 155 158 159 163 166 160 170 172];
>>p=expfit(x)
```

运行结果为:

```
p=
149.5333
```

由结果可知参数 λ 的极大似然估计值为 149.533 3.

第8章 假设检验

统计推断的另一类问题是假设检验. 在总体分布未知或虽知类型但含有未知参数的时候, 为推断总体的某些未知参数, 提出某些关于总体的假设, 需要根据样本提供的信息和运用适当的统计量, 对提出的假设做出接受或拒绝的决定, 假设检验就是做出这一决策的过程. 假设检验分为参数假设检验和非参数假设检验两类.

参数假设检验是针对总体分布函数中的未知参数而提出的假设进行检验, 非参数假设检验是针对总体分布函数的形式或类型而提出的假设进行检验. 本章主要讨论单参数假设检验问题.

8.1 假设检验的基本思想与概念

假设检验问题

先介绍 Fisher 论述过的例子, 来看他的显著性检验的思想.

【例 8–1】（女士品茶试验）一种饮料由牛奶和茶按一定比例混合而成, 可以先倒茶后倒牛奶（TM）或反过来（MT）. 某女士声称, 她可以鉴别是 TM 还是 MT. 设计以下试验来确定她的说法是否可信. 准备 8 杯饮料, TM 和 MT 各半, 把它们排成一列让该女士依次品尝, 并告诉她 TM 和 MT 各半. 然后请她指出哪 4 杯是 TM. 假设她全说对了.

Fisher 推理过程如下, 引进一个假设

$$H: 该女士并无鉴别能力,$$

其意义是: 当 H 成立时, 不论该女士如何做, 她事实上只能从 8 杯中随机地挑选 4 杯被作为 TM. 从 8 杯中挑出 4 杯共有 $C_8^4 = 70$ 种可能, 只有一种全部挑对, 其概率为 $1/70$. 因此, 若该女士全部挑对, 则必须承认, 下列两种情况必发生其一:

（1）H 不成立, 即该女士的确有鉴别能力;

（2）发生了一个其概率只有 $1/70$ 的事件.

第二种情况可以认为是一个小概率事件, 根据实际推断原理, 有理由承认第一种可能. 或者说 "4 杯全挑对" 这个结果是一个不利于 H 成立的显著证据. 据此, 否定 H. 这样一种推理过程就叫作显著性检验.

如果该女士只说对了 3 杯, 则从表面上看, 4 杯说对了 3 杯, 成绩不错, 其机会有多大呢? 若用 X 表示该女士挑对的杯数, 则当 H 成立时

$$P\{X = k\} = \frac{C_4^k C_4^{4-k}}{C_8^4}, k = 0, 1, 2, 3, 4.$$

$$P\{X \geqslant 3\} = \frac{4 \times 4 + 1}{70} = 0.243 ,$$

发生一个概率为 0.243 的事件并不稀奇. 因此, 试验结果没有提供不利于 H 成立的显著证据, 不能拒绝 H.

1/70 的概率虽然不大, 但在一个试验中还是有可能发生的, 这种说法无可否认. 所以 "以概率为 1/70 发生的事件" 是否为小概率事件取决于人们对这个问题的态度与事情的重要性及可能产生的后果. 要得到一个判断的决定, 就必须指定一个阈值 $\alpha(\alpha = 0.01, 0.05, 0.10)$, 只有当事件的概率小于 α 时才认为它是小概率事件, 才认为所得的结果是显著的 (提供了不利于 H 的显著证据), 并否定 H. 若取 $\alpha = 0.01$, 则 4 杯全挑对 (1/70) 也认为结果不显著, 若取 $\alpha = 0.05$, 则认为所得的结果显著. α 的选取决定于 "人们对这种问题的态度与事情的重要性及可能产生的后果". α 越小, 获得显著结果就越难, 所导致的否定 H 的结论就越可靠, 称 α 为检验的显著性水平.

8.2 单正态总体参数的假设检验

参数检验的一般提法: 设总体 $X \sim F(x; \theta)$, $\theta \in \Theta$ 是单参数, Θ 是参数 θ 的取值空间. 根据实际问题的需要, 可以将参数空间 Θ 分为两个不相交的部分 Θ_0 和 $\Theta - \Theta_0$, 于是参数检验问题的一般形式为

$$H_0 : \theta \in \Theta_0 \quad \text{vs} \quad H_1 : \theta \in \Theta - \Theta_0 \qquad (8-1)$$

如果 $\Theta = \{\theta_0, \theta_1\}$, $\Theta_0 = \{\theta_0\}$, $\Theta - \Theta_0 = \{\theta_1\}$, 则称

$$H_0 : \theta = \theta_0 \quad \text{vs} \quad H_1 : \theta = \theta_1 \qquad (8-2)$$

为简单原假设对简单备择假设.

如果 Θ 多于两点, $\Theta_0 = \{\theta_0\}$, $\Theta - \Theta_0 = \{\theta \neq \theta_0\}$ 为非单点集, 则称

$$H_0 : \theta = \theta_0 \quad \text{vs} \quad H_1 : \theta \neq \theta_0 \qquad (8-3)$$

为简单原假设对复合备择假设. 这样的假设称为双边假设.

如果 Θ_0 和 $\Theta - \Theta_0$ 都是非单点集, 则称

$$H_0 : \theta \leqslant \theta_0 \quad \text{vs} \quad H_1 : \theta > \theta_0 \qquad (8-4)$$

$$H_0 : \theta \geqslant \theta_0 \quad \text{vs} \quad H_1 : \theta < \theta_0 \qquad (8-5)$$

为复合原假设对复合备择假设. 这样的假设称为单边假设.

8.2.1 单正态总体均值的检验

设 $X_1, X_2, \cdots, X_n$ 为来自正态总体 $N(\mu, \sigma^2)$ 的样本, 现在讨论均值 μ 的检验问题. 在应用上常见的形式有以下三种:

(1) $H_0 : \mu \leqslant \mu_0 \quad \text{vs} \quad H_1 : \mu > \mu_0$;

(2) $H_0 : \mu \geqslant \mu_0 \quad \text{vs} \quad H_1 : \mu < \mu_0$;

(3) $H_0 : \mu = \mu_0 \quad \text{vs} \quad H_1 : \mu \neq \mu_0$.

其中 μ_0 是某个给定的数. 下面在显著性水平 α, 分别给予讨论.

1. 方差 σ^2 已知（U 检验）

设总体 $X \sim N(\mu, \sigma^2)$, 其中 σ^2 已知, $X_1, X_2, \cdots, X_n$ 是取自 X 的一个样本, $\overline{X}$ 为样本均值.

（1）检验假设 $H_0 : \mu = \mu_0$, $H_1 : \mu \neq \mu_0$, 其中 μ_0 为已知常数.

当 H_0 为真时, 有

$$U = \frac{\overline{X} - \mu_0}{\sigma / \sqrt{n}} \sim N(0,1), \tag{8-6}$$

故选取 U 作为检验统计量, 记其观察值为 u. 相应的检验法称为 U 检验法.

因为 $\overline{X}$ 是 μ 的无偏估计量, 当 H_0 为真时, $|u|$ 不应太大, 当 H_1 为真时, $|u|$ 有偏大的趋势, 故拒绝域形式为

$$|u| = \left| \frac{\overline{x} - \mu_0}{\sigma / \sqrt{n}} \right| > k \quad (k \text{ 待定}),$$

对于给定的显著性水平 α, 查标准正态分布表得 $k = u_{\alpha/2}$, 使得 $P\{|U| > u_{\alpha/2}\} = \alpha$, 由此得拒绝域为

$$|u| = \left| \frac{\overline{x} - \mu_0}{\sigma / \sqrt{n}} \right| > u_{\alpha/2}, \tag{8-7}$$

即

$$W = (-\infty, -u_{\alpha/2}) \bigcup (u_{\alpha/2}, +\infty)$$

根据一次抽样后得到的样本观察值 $x_1, x_2, \cdots, x_n$ 计算出 U 的观察值 u, 若 $|u| > u_{\alpha/2}$, 即拒绝原假设 H_0, 则认为总体均值与 μ_0 有显著差异; 若 $|u| \leqslant u_{\alpha/2}$, 即接受原假设, 则认为总体均值与 μ_0 无显著差异.

类似地, 还可给出对总体均值 μ 的单侧检验的拒绝域.

（2）右侧检验: 检验假设 $H_0 : \mu \leqslant \mu_0$, $H_1 : \mu > \mu_0$, 其中 μ_0 为已知常数, 可得拒绝域为

$$u = \frac{\overline{x} - \mu_0}{\sigma / \sqrt{n}} > u_\alpha, \tag{8-8}$$

（3）左侧检验: 检验假设 $H_0 : \mu \geqslant \mu_0$, $H_1 : \mu < \mu_0$, 其中 μ_0 为已知常数, 可得拒绝域为

$$u = \frac{\overline{x} - \mu_0}{\sigma / \sqrt{n}} < -u_\alpha. \tag{8-9}$$

2. 方差 σ^2 未知（T 检验）

设总体 $X \sim N(\mu, \sigma^2)$, 其中 σ^2 未知, $X_1, X_2, \cdots, X_n$ 是取自 X 的一个样本, $\overline{X}$ 为样本均值, S^2 为样本方差.

（1）检验假设 $H_0 : \mu = \mu_0$, $H_1 : \mu \neq \mu_0$, 其中 μ_0 为已知常数.

当 H_0 为真时, 有

$$T = \frac{\overline{X} - \mu_0}{S / \sqrt{n}} \sim t(n-1), \tag{8-10}$$

故选取 T 作为检验统计量，记其观察值为 t. 相应的检验法称为 T 检验法.

因为 $\overline{X}$ 是 μ 的无偏估计量，S^2 是 σ^2 的无偏估计量，当 H_0 为真时，$|t|$ 不应太大，当 H_1 为真时，$|t|$ 有偏大的趋势，故拒绝域形式为

$$|t| = \left| \frac{\overline{x} - \mu_0}{s / \sqrt{n}} \right| > k \quad (k \text{ 待定}).$$

对于给定的显著性水平 α，查 t 分布表得 $k = t_{\alpha/2}(n-1)$，使得 $P\{|T| > t_{\alpha/2}(n-1)\} = \alpha$，由此得拒绝域为

$$|t| = \left| \frac{\overline{x} - \mu_0}{s / \sqrt{n}} \right| > t_{\alpha/2}(n-1), \tag{8-11}$$

即

$$W = (-\infty, -t_{\alpha/2}(n-1)) \bigcup (t_{\alpha/2}(n-1), +\infty).$$

根据一次抽样后得到的样本观察值 $x_1, x_2, \cdots, x_n$ 计算出 T 的观察值 t，若 $|t| > t_{\alpha/2}(n-1)$，即拒绝原假设 H_0，则认为总体均值与 μ_0 有显著差异；若 $|t| \leqslant t_{\alpha/2}(n-1)$，即接受原假设，则认为总体均值与 μ_0 无显著差异.

类似地，还可给出对总体均值 μ 的单侧检验的拒绝域.

（2）右侧检验：检验假设 $H_0: \mu \leqslant \mu_0$，$H_1: \mu > \mu_0$，其中 μ_0 为已知常数，可得拒绝域为

$$t = \frac{\overline{x} - \mu_0}{s / \sqrt{n}} > t_{\alpha}(n-1). \tag{8-12}$$

（3）左侧检验：检验假设 $H_0: \mu \geqslant \mu_0$，$H_1: \mu < \mu_0$，其中 μ_0 为已知常数，可得拒绝域为

$$t = \frac{\overline{x} - \mu_0}{s / \sqrt{n}} < -t_{\alpha}(n-1). \tag{8-13}$$

【例 8-2】水泥厂用自动包装机包装水泥，每袋额定质量是 50 kg. 某日开工后随机抽查了 9 袋，称得质量如下（单位：kg）：

49.6　49.3　50.1　50.0　49.2　49.9　49.8　51.0　50.2

设每袋水泥的质量服从正态分布 $N(\mu, \sigma^2)$，问包装机工作是否正常（$\alpha = 0.05$）？

解　（1）建立假设 $H_0: \mu = 50$，$H_1: \mu \neq 50$；

（2）因为 σ^2 未知，使用统计量 $T = \dfrac{\overline{X} - \mu_0}{S / \sqrt{n}} \sim t(n-1)$；

（3）对于给定的显著性水平 α，确定 k，使

$$P\{|T| > k\} = \alpha,$$

查 t 分布表得 $k = t_{\alpha/2}(n-1) = t_{0.025}(9) = 2.306$，从而拒绝域为 $|t| > 2.306$；

（4）由于 $\overline{x} = 49.9$，$s^2 \approx 0.29$，所以

$$|t| = \left| \frac{\overline{x} - 50}{s / \sqrt{n}} \right| \approx 0.56 < 2.306,$$

故应接受 H_0，即认为包装机正常工作.

【例 8−3】一公司声称某种类型的电池的平均寿命至少为 21.5 h. 某检测机构随机抽取该公司生产的 6 套电池进行检验，得到的电池寿命（单位：h）如下：

$$19 \quad 18 \quad 22 \quad 20 \quad 16 \quad 25$$

设这种类型的电池寿命服从正态分布 $N(\mu,\sigma^2)$，问是否接受该公司所声称的电池寿命（$\alpha = 0.05$）？

解　（1）建立假设 $H_0 : \mu \geqslant 21.5$，$H_1 : \mu < 21.5$；

（2）因为 σ^2 未知，使用统计量 $T = \dfrac{\overline{X} - \mu_0}{S / \sqrt{n}} \sim t(n-1)$；

（3）对于给定的显著性水平 α，确定 k，使

$$P\{T < -k\} = \alpha,$$

查 t 分布表得 $k = t_\alpha(n-1) = t_{0.05}(5) = 2.015$，从而拒绝域为 $t < -2.015$；

（4）由于 $\overline{x} = 20$，$s^2 = 10$，所以

$$t = \frac{\overline{x} - 21.5}{s / \sqrt{n}} = \frac{20 - 21.5}{\sqrt{10} / \sqrt{6}} \approx -1.162 > -2.015,$$

故应接受 H_0，即认为此种电池的寿命不比公司宣称的寿命短.

8.2.2　单正态总体方差的检验

设 $X_1, X_2, \cdots, X_n$ 为来自正态总体 $N(\mu,\sigma^2)$ 的样本，$\overline{X}$ 与 S^2 分别为样本均值与样本方差.

检验假设 $H_0 : \sigma^2 = \sigma_0^2$，$H_1 : \sigma^2 \neq \sigma_0^2$，其中 σ_0 为已知常数.

当 H_0 为真时，

$$\chi^2 = \frac{(n-1)S^2}{\sigma^2} \sim \chi^2(n-1), \tag{8-14}$$

故选取 χ^2 作为检验统计量，相应的检验法称为 χ^2 检验法.

由于 S^2 是 σ^2 的无偏估计量，当 H_0 成立时，S^2 应在 σ_0^2 附近，当 H_1 成立时，S^2 应有偏小或偏大的趋势，故拒绝域为

$$\chi^2 = \frac{(n-1)S^2}{\sigma^2} < k_1 \text{ 或 } \chi^2 = \frac{(n-1)S^2}{\sigma^2} > k_2 \text{（} k_1, k_2 \text{ 待定）},$$

对于给定显著性水平 α，查分布表得

$$k_1 = \chi^2_{1-\alpha/2}(n-1), \quad k_2 = \chi^2_{\alpha/2}(n-1),$$

使

$$P\{\chi^2 < \chi^2_{1-\alpha/2}(n-1)\} = \frac{\alpha}{2}, \quad P\{\chi^2 > \chi^2_{\alpha/2}(n-1)\} = \frac{\alpha}{2}.$$

由此即得拒绝域为

$$\chi^2 = \frac{(n-1)S^2}{\sigma^2} < \chi_{1-\alpha/2}^2(n-1) \quad \text{或} \quad \chi^2 = \frac{(n-1)S^2}{\sigma^2} > \chi_{\alpha/2}^2(n-1),$$

即

$$W = (0, \chi_{1-\alpha/2}^2(n-1)) \bigcup (\chi_{\alpha/2}^2(n-1), +\infty). \tag{8-15}$$

根据样本观测值 $x_1, x_2, \cdots, x_n$，计算出 χ^2 的观测值，若 $\chi^2 = \frac{(n-1)S^2}{\sigma_0^2} \in W$，则拒绝原假设 H_0，否则接受原假设 H_0.

【例 8-4】 某厂生产的某种型号的电池，其寿命（单位：h）长期以来服从方差 $\sigma^2 = 5\,000$ 的正态分布，现有一批这种电池，怀疑其寿命的波动性有所改变. 随机地抽取 26 只电池，测出其样本方差为 $S^2 = 9\,200$. 根据这一数据能否推断这批电池的寿命的波动性有显著变化（ $\alpha = 0.05$ ）？

解　本题要求在 $\alpha = 0.05$ 下检验假设

$$H_0: \sigma^2 = 5\,000, \quad H_1: \sigma^2 \neq 5\,000.$$

现在 $n = 26$，$\sigma_0^2 = 5\,000$，$\chi_{\alpha/2}^2(n-1) = \chi_{0.025}^2(25) = 13.119\,7$，$\chi_{1-\alpha/2}^2(n-1) = \chi_{0.975}^2(25) = 40.646\,5$.

根据 χ^2 检验法，拒绝域为 $[0, 13.119\,7] \bigcup (40.646\,5, +\infty)$，代入观察值

$$\chi^2 = \frac{(n-1)S^2}{\sigma_0^2} = \frac{25 \times 9\,200}{5\,000} = 46 > 40.646\,5,$$

故拒绝 H_0，认为这批电池寿命的波动性较以往有显著的变化.

【例 8-5】 某厂生产某种型号的电池，产品指标为折断力. 折断力的方差被用作生产精度的特征. 方差越小，精度越高. 长期以来工厂一直把该方差保持在 6\,400 及以下. 最近从一批产品中抽取 10 只做折断力试验，测得的结果为（单位：kN）

5\,790　5\,720　5\,710　5\,610　5\,700　5\,740　5\,720　5\,780　5\,910　5\,840

由上述样本数据计算得，$\bar{x} = 5\,752$，$s^2 = 6\,862.222\,2$. 为此，厂方怀疑金属丝折断力的方差变大了. 如果确实增大了，表明生产精度不如以前了，于是，需要对生产流程做一番检验，以发现生产环节中存在的问题. 试在 $\alpha = 0.05$ 的显著性水平下，检验厂方的怀疑.

解　为确认上述疑虑为真，假定金属丝折断力服从正态分布，并做以下假设检验：

$$H_0: \sigma^2 \leqslant 6\,400, \quad H_1: \sigma^2 > 6\,400.$$

现在 $n = 10$，$\sigma_0^2 = 6\,400$，$\chi_{\alpha}^2(n-1) = \chi_{0.05}^2(9) = 16.919$，根据 χ^2 检验法，拒绝域为 $(16.919, +\infty)$，代入观察值

$$\chi^2 = \frac{(n-1)s^2}{\sigma_0^2} = \frac{9 \times 6\,862.222\,2}{6\,400} = 9.65 < 16.919,$$

故不能拒绝 H_0，从而认为这批样本方差偏大可能是偶然因素造成的，生产流程正常，故继续观察，暂时无须对生产流程做检查.

8.3　双正态总体参数的假设检验

设 $X \sim N(\mu_1, \sigma_1^2)$，$Y \sim N(\mu_2, \sigma_2^2)$，$X_1, X_2, \cdots, X_{n_1}$ 为取自总体 $N(\mu_1, \sigma_1^2)$ 的一个样本，$\overline{X}$ 与 S_1^2 为其样本均值与方差，$Y_1, Y_2, \cdots, Y_{n_2}$ 是取自总体 $N(\mu_2, \sigma_2^2)$ 的一个样本，$\overline{Y}$ 与 S_2^2 为其样本均值与方差，并且两个样本相互独立.

8.3.1　双正态总体均值差的检验

1. 方差 σ_1^2，σ_2^2 已知

检验假设 $H_0: \mu_1 - \mu_2 = \mu_0$，$H_1: \mu_1 - \mu_2 \neq \mu_0$，其中 μ_0 为已知常数.

当 H_0 为真时，有

$$U = \frac{\overline{X} - \overline{Y} - \mu_0}{\sqrt{\sigma_1^2 / n_1 + \sigma_2^2 / n_2}} \sim N(0,1)，\tag{8-16}$$

故选取 U 作为检验统计量，记其观察值为 u，相应的检验法称为 u 检验法.

由于 $\overline{X}$ 与 $\overline{Y}$ 是 μ_1 与 μ_2 的无偏估计量，当 H_0 成立时，$|u|$ 不应太大，当 H_1 成立时，$|u|$ 有偏大的趋势，故拒绝域为

$$|u| = \left| \frac{\overline{x} - \overline{y} - \mu_0}{\sqrt{\sigma_1^2 / n_1 + \sigma_2^2 / n_2}} \right| > k \quad (k \text{ 待定})，$$

对于给定的显著性水平 α，查标准正态分布表得 $k = u_{\alpha/2}$，使得

$$P\{|U| > u_{\alpha/2}\} = \alpha，$$

由此即得拒绝域为

$$|u| = \left| \frac{\overline{x} - \overline{y} - \mu_0}{\sqrt{\sigma_1^2 / n_1 + \sigma_2^2 / n_2}} \right| > u_{\alpha/2}. \tag{8-17}$$

根据一次抽样得到的样本观察值 $x_1, x_2, \cdots, x_{n_1}$ 和 $y_1, y_2, \cdots, y_{n_2}$ 计算出 U 的观察值 u，若 $|u| > u_{\alpha/2}$，则拒绝原假设 H_0. 特别地，当 $\mu_0 = 0$ 时，拒绝 H_0 即认为 μ_1 与 μ_2 有显著差异；若 $|u| \leqslant u_{\alpha/2}$，则接受原假设 H_0，当 $\mu_0 = 0$ 时，接受 H_0 即认为 μ_1 与 μ_2 无显著差异.

【例 8-6】设甲、乙两厂生产同样的灯泡，其寿命 X 和 Y 分别服从 $N(\mu_1, \sigma_1^2)$，$N(\mu_2, \sigma_2^2)$，已知它们的寿命标准差分别为 $\sigma_1 = 84$ 和 $\sigma_2 = 96$. 先从两厂生产的灯泡中各取 60 只，测得其平均寿命分别为 $\overline{x} = 1\,295$ h，$\overline{y} = 1\,230$ h，问能否认为两厂生产的灯泡寿命无显著差异（$\alpha = 0.05$）？

解　（1）建立假设 $H_0: \mu_1 = \mu_2$，$H_1: \mu_1 \neq \mu_2$；

（2）选择统计量 $U = \dfrac{\overline{X} - \overline{Y} - \mu_0}{\sqrt{\sigma_1^2 / n_1 + \sigma_2^2 / n_2}} \sim N(0,1)$；

（3）对于给定的显著性水平 $\alpha = 0.05$，确定 k，使得

$$P\{|U|>k\}=\alpha,$$

查标准正态分布表，可得 $u_{\alpha/2}=u_{0.025}=1.96$，从而拒绝域为 $|u|>1.96$.

（4）由于 $\bar{x}=1\,295$，$\bar{y}=1\,230$，$\sigma_1=84$，$\sigma_2=96$，所以

$$|u|=\left|\frac{\bar{x}-\bar{y}}{\sqrt{\sigma_1^2/n_1+\sigma_2^2/n_2}}\right|=\left|\frac{1\,295-1\,230}{\sqrt{84^2/60+96^2/60}}\right|=3.947>1.96,$$

故应拒绝 H_0，即认为两厂生产的灯泡寿命存在显著差异.

【例 8-7】 设某医药厂生产一种新的止痛片，厂方希望验证服用新药后至开始起作用的时间间隔较原有止痛片至少缩短一半，因此，需要提出假设

$$H_0:\mu_1\geqslant 2\mu_2,\quad H_1:\mu_1<2\mu_2,$$

此处 μ_1,μ_2 分别是服用原有止痛片和服用新止痛片后至开始其作用的时间间隔的总体均值. 设两总体均为正态总体，且其方差分别为已知值 σ_1^2,σ_2^2. 现分别从两总体中取 $X_1,X_2,\cdots,X_{n_1}$ 和 $Y_1,Y_2,\cdots,Y_{n_2}$ 两个样本，设这两个样本相互独立. 试给出上述假设 H_0 的拒绝域，取显著性水平为 α.

解　检验假设 $H_0:\mu_1\geqslant 2\mu_2$，$H_1:\mu_1<2\mu_2$. 利用

$$\overline{X}-2\overline{Y}\sim N\left(\mu_1-2\mu_2,\frac{\sigma_1^2}{n_1}+\frac{4\sigma_2^2}{n_2}\right),$$

当 H_0 成立时

$$U=\frac{\overline{X}-2\overline{Y}-(\mu_1-2\mu_2)}{\sqrt{\dfrac{\sigma_1^2}{n_1}+\dfrac{4\sigma_2^2}{n_2}}}\sim N(0,1),$$

因此，对于给定显著性水平 $\alpha>0$，则当 H_0 成立（$\mu_1\geqslant 2\mu_2$）时，其概率

$$P\{U>u_\alpha\}=\alpha,$$

该检验法的拒绝域为

$$W=\left\{\frac{\bar{x}-2\bar{y}}{\sqrt{\sigma_1^2/n_1+4\sigma_2^2/n_2}}<-u_\alpha\right\}.$$

2. 方差 σ_1^2，σ_2^2 未知，但 $\sigma_1^2=\sigma_2^2=\sigma^2$

检验假设 $H_0:\mu_1-\mu_2=\mu_0$，$H_1:\mu_1-\mu_2\neq\mu_0$，其中 μ_0 为已知常数.

当 H_0 为真时，有

$$T=\frac{\overline{X}-\overline{Y}-\mu_0}{S_w\sqrt{1/n_1+1/n_2}}\sim t(n_1+n_2-2),\tag{8-18}$$

其中 $S_w^2=\dfrac{(n_1-1)S_1^2+(n_2-1)S_2^2}{n_1+n_2-2}$. 故选取 T 作为检验统计量，记其观察值为 t，相应的检验法为 t 检验法.

由于 S_w^2 是 σ^2 的无偏估计量，当 H_0 成立时，$|t|$ 不应太大，当 H_1 成立时，$|t|$ 有偏大的趋

势，故拒绝域为

$$|t| = \left| \frac{\overline{X} - \overline{Y} - \mu_0}{S_w \sqrt{1/n_1 + 1/n_2}} \right| > k \quad (k \text{ 待定}).$$

对于给定的显著性水平 α，查 t 分布表得 $k = t_{\alpha/2}(n_1 + n_2 - 2)$，使得

$$P\{|T| > t_{\alpha/2}(n_1 + n_2 - 2)\} = \alpha,$$

由此即得拒绝域为

$$|t| = \left| \frac{\overline{X} - \overline{Y} - \mu_0}{S_w \sqrt{1/n_1 + 1/n_2}} \right| > t_{\alpha/2}(n_1 + n_2 - 2). \tag{8-19}$$

根据一次抽样得到的样本观察值 $x_1, x_2, \cdots, x_{n_1}$ 和 $y_1, y_2, \cdots, y_{n_2}$ 计算出 T 的观察值 t，若 $|t| > t_{\alpha/2}(n_1 + n_2 - 2)$，则拒绝原假设 H_0. 特别地，当 $\mu_0 = 0$ 时，拒绝 H_0 即认为 μ_1 与 μ_2 有显著差异；若 $|t| \leqslant t_{\alpha/2}(n_1 + n_2 - 2)$，则接受原假设 H_0，当 $\mu_0 = 0$ 时，接受 H_0 即认为 μ_1 与 μ_2 无显著差异.

【例 8-8】 某地某年高考后随机抽得 15 名男生、12 名女生的物理考试成绩如下：

男生：49 48 47 53 51 43 39 57 56 46 42 44 55 44 40

女生：46 40 47 51 43 36 43 38 48 54 48 34

这 27 名学生的成绩能说明这个地区男女生的物理考试成绩不相上下吗（显著性水平 $\alpha = 0.05$）？

解 把该地区男生和女生的物理考试成绩近似地看作是服从正态分布的随机变量 $X \sim N(\mu_1, \sigma_1^2)$ 与 $Y \sim N(\mu_2, \sigma_2^2)$，则本例可归结为双侧检验问题：

$$H_0: \mu_1 = \mu_2, \quad H_1: \mu_1 \neq \mu_2.$$

这里，$n_1 = 15$，$n_2 = 12$，故 $n = n_1 + n_2 = 27$. 再由题中数据算出 $\overline{x} = 47.6$，$\overline{y} = 44$，$(n_1 - 1)S_1^2 = \sum_{i=1}^{15}(x_i - \overline{x})^2 = 469.6$，$(n_2 - 1)S_2^2 = \sum_{i=1}^{12}(y_i - \overline{y})^2 = 412$，故

$$S_w = \sqrt{\frac{1}{n_1 + n_2 - 2}[(n_1 - 1)S_1^2 + (n_2 - 1)S_2^2]} = \sqrt{\frac{1}{25}(496.6 + 412)} = 5.94,$$

所以可以计算出

$$|t| = \left| \frac{\overline{x} - \overline{y}}{S_w \sqrt{1/n_1 + 1/n_2}} \right| = \left| \frac{47.6 - 44}{5.94 \sqrt{1/15 + 1/12}} \right| \approx 1.565.$$

取显著性水平 $\alpha = 0.05$，查表可得：

$$t_{\alpha/2}(n - 2) = t_{0.025}(25) = 2.0595,$$

因 $|t| = 1.565 < 2.0595 = t_{0.025}(25)$，从而没有充分理由否认原假设 H_0，即认为这一地区男女生的物理考试成绩不相上下.

8.3.2 双正态总体方差比的检验

均值 μ_1，μ_2 未知，检验假设 $H_0: \sigma_1^2 = \sigma_2^2$，$H_1: \sigma_1^2 \neq \sigma_2^2$.

当 H_0 为真时，有

$$F = \frac{S_1^2 / \sigma_1^2}{S_2^2 / \sigma_2^2} \sim F(n_1-1, n_2-1) , \qquad (8-20)$$

故选取 F 作为检验统计量，相应的检验法称为 F 检验法.

由于 S_1^2 与 S_2^2 是 σ_1^2 与 σ_2^2 的无偏估计量，当 H_0 成立时，F 的值应集中于 1 附近，当 H_1 成立时，F 的值有偏小或偏大的趋势，故拒绝域形式为

$$F < k_1 \quad 或 \quad F > k_2 （k_1，k_2 待定）.$$

对于给定的显著性水平 α，查 F 分布表得

$$k_1 = F_{1-\alpha/2}(n_1-1, n_2-1) , \quad k_2 = F_{\alpha/2}(n_1-1, n_2-1) ,$$

使

$$P\{F < F_{1-\alpha/2}(n_1-1, n_2-1)\} = P\{F > F_{\alpha/2}(n_1-1, n_2-1)\} = \alpha / 2 ,$$

由此得拒绝域为

$$F < F_{1-\alpha/2}(n_1-1, n_2-1) \quad 或 \quad F > F_{\alpha/2}(n_1-1, n_2-1) . \qquad (8-21)$$

根据一次抽样得到的样本观察值 $x_1, x_2, \cdots, x_{n_1}$ 和 $y_1, y_2, \cdots, y_{n_2}$ 计算出 F 的观察值，若式（8-21）成立，则拒绝原假设 H_0，否则接受原假设 H_0.

【例 8-9】 甲、乙两厂生产同一种电阻，现从甲、乙两厂的产品中分别随机抽取 12 个和 10 个样品，测得它们的电阻值后，计算出样本方差分别为 $s_1^2 = 1.40$，$s_2^2 = 4.38$. 假设电阻阻值服从正态分布，在显著性水平 $\alpha = 0.10$ 下，是否可以认为两厂生产的电阻阻值的方差相等.

解　该问题即检验假设

$$H_0 : \sigma_1^2 = \sigma_2^2 , \quad H_1 : \sigma_1^2 \neq \sigma_2^2$$

因为 $n_1 = 12$，$n_2 = 10$，由式（8-21）可知，需要计算 $F_{0.95}(11,9)$，但一般 F 分布表中查不到这个值. 利用 F 分布的性质有

$$F_{0.95}(11,9) = \frac{1}{F_{0.05}(9,11)} = \frac{1}{2.896\,2} = 0.345\,3 ,$$

而

$$\frac{s_1^2}{s_2^2} = \frac{1.40}{4.38} = 0.319\,6 < 0.345\,3 = F_{0.95}(11,9) .$$

所以，拒绝原假设，即可认为两厂生产的电阻阻值的方差不同.

*8.4　分布拟合检验

在总体分布类型已知的情况下，对其中的未知参数进行检验，称为参数检验. 在实际问题中，有时不能确切预知总体服从何种分布，这就需要根据来自总体的样本对总体的分布进行推断，以判断总体服从何种分布，这类检验称为非参数检验. 非参数检验方法主要有概率纸检验、拟合优度检验与秩检验三类，这里介绍拟合优度检验. 拟合优度检验又称分布拟合检验，是英国统计学家 K. 皮尔逊在 1900 年发表的一篇文章中引进的 χ^2 检验法，不少人把这项工作看作是近代统计学的开端.

在前面讨论参数估计与假设检验问题时，常常假定总体 X 服从正态分布. 在实际工作中，虽然有时可以凭经验和直觉认为这个假定是合理的，但总是不能令人信服. 直方图可以提供一种直观的认识，但这种定性方法也不能令人满意. 一般地，考虑如何根据样本 $X_1, X_2, \cdots, X_n$ 来检验

$$H_0 : X \text{ 服从某种分布.}$$

解决这个问题的实际意义是显而易见的. 如果不知道 X 服从何种分布，前面介绍的参数估计与假设检验中绝大多数方法将无法使用，统计学家对这个问题做了深入的研究，提出了不少方法，这里介绍应用面较广的 χ^2 拟合优度检验.

8.4.1 χ^2 检验法的基本原理和步骤

（1）提出原假设：

$$H_0 : \text{总体 } X \text{ 的分布函数为 } F(x).$$

如果总体分布为离散型，则假设具体化为

$$H_0 : \text{总体 } X \text{ 的分布律为 } P\{X = x_i\} = p_i, i = 1, 2, \cdots;$$

如果总体分布为连续型，则假设具体化为

$$H_0 : \text{总体 } X \text{ 的概率密度为 } f(x).$$

（2）将总体 X 的取值范围分成 k 个互不相交的小区间 $A_1, A_2, \cdots, A_k$，如可取

$$A_1 = (a_0, a_1], \quad A_2 = (a_1, a_2], \cdots, A_k = (a_{k-1}, a_k),$$

其中 a_0 可取 $-\infty$，a_k 可取 $+\infty$，区间的划分视具体情况而定，但一般要使每个小区间所含样本值个数不小于 5，而区间个数 k 不要太大也不要太小.

（3）把落入第 i 个小区间 A_i 的样本值的个数记作 f_i，称为组频数，所有组频数之和 $f_1 + f_2 + \cdots + f_k$ 等于样本容量 n.

（4）当 H_0 为真时，根据所假设的总体理论分布，可算出总体 X 的值落入第 i 个小区间 A_i 的概率 p_i，于是，np_i 就是落入第 i 个小区间 A_i 的样本值的理论频数.

（5）当 H_0 为真时，n 次试验中样本值落入第 i 个小区间 A_i 的频率 f_i / n 与概率 p_i 应很接近，当 H_0 不真时，则 f_i / n 与 p_i 相差较大. 基于这种思想，皮尔逊引进以下检验统计量

$$\chi^2 = \sum_{i=1}^{k} \frac{(f_i - np_i)^2}{np_i},$$ 并证明了当 n 充分大（$n \geqslant 50$）时，统计量 χ^2 近似服从 $\chi^2(k-1)$ 分布.

（6）对给定的显著性水平 α，确定 c，使 $P\{\chi^2 > c\} = \alpha$，查 χ^2 分布表得 $c = \chi^2_\alpha(k-1)$，所以拒绝域为 $\chi^2 > \chi^2_\alpha(k-1)$.

（7）若由所给的样本值 $x_1, x_2, \cdots, x_n$ 算得统计量 χ^2 的实测值落入拒绝域，则拒绝原假设 H_0，否则就认为差异不显著而接受原假设 H_0.

8.4.2 总体含未知参数的情形

设 $X_1, X_2, \cdots, X_n$ 是取自总体 X 的一个样本，记 X 的分布函数为 $F(x)$. 假定需要检验的总体分布中含有 r 个总体参数 $\theta_1, \theta_2, \cdots, \theta_r$. 在显著性水平 α 下检验，

$$H_0 : F(x) = F_0(x;\theta_1, \theta_2, \cdots, \theta_r),$$

其中 $F_0(x;\theta_1, \theta_2, \cdots, \theta_r)$ 表示需要检验的那类分布的分布函数. 例如，当检验 $X \sim N(\mu, \sigma^2)$ 时，$r = 2$，

$$F_0(x;\mu, \sigma^2) = \int_{-\infty}^{x} \frac{1}{\sqrt{2\pi}\sigma} \exp\left[-\frac{(t-\mu)^2}{2\sigma^2} \right] dt$$

当检验 $X \sim E(\lambda)$ 时，$r = 1$，

$$F_0(x;\lambda) = \begin{cases} 1 - e^{-\lambda t}, & x \geq 0, \\ 0, & x < 0. \end{cases}$$

检验步骤如下.

（1）利用样本 $X_1, X_2, \cdots, X_n$ 求出 $\theta_1, \theta_2, \cdots, \theta_r$ 的最大似然估计 $\hat{\theta}_1, \hat{\theta}_2, \cdots, \hat{\theta}_r$.

（2）在分布函数 $F_0(x;\theta_1, \theta_2, \cdots, \hat{\theta}_r)$ 中用 θ_i 代替 θ_i，$i = 1, 2, \cdots, r$，则得到一个完全已知的分布函数 $F_0(x;\hat{\theta}_1, \hat{\theta}_2, \cdots, \hat{\theta}_r)$.

（3）利用 $F_0(x;\hat{\theta}_1, \hat{\theta}_2, \cdots, \hat{\theta}_r)$ 计算 p_i 的估计值 $\hat{p}_i$，$i = 1, 2, \cdots, k$.

（4）计算要检验的统计量

$$\chi^2 = \sum_{i=1}^{k} \frac{(f_i - n\hat{p}_i)^2}{n\hat{p}_i},$$

当 n 充分大时，统计量近似服从 $\chi^2(k-r-1)$ 分布.

（5）对于给定的显著性水平 α，得拒绝域

$$\chi^2 = \sum_{i=1}^{k} \frac{(f_i - n\hat{p}_i)^2}{n\hat{p}_i} > \chi_\alpha^2(k-r-1).$$

注：在使用皮尔逊的 χ^2 检验法时，要求 $n \geq 50$，以及每个理论频数

$$np_i \geq 5(i = 1, 2, \cdots, k),$$

否则应当合并相邻的小区间，使 np_i 满足要求.

【例 8–10】将一颗骰子掷 120 次，所得数据见表 8–1.

表 8–1　掷骰子 120 次的点数分布

点数 i	1	2	3	4	5	6
出现次数 f_i	23	26	21	20	15	15

在显著性水平 $\alpha = 0.05$ 下，是否可以认为这颗骰子为均匀和对称的.

解　若这颗骰子是均匀和对称的，则 1～6 点中每点出现的可能性相同，都为 1/6.

如果用 $A_i(i = 1, 2, \cdots, 6)$ 表示第 i 点出现，则待检验假设为

$$H_0 : P(A_i) = 1/6, i = 1, 2, \cdots, 6.$$

在 H_0 成立的条件下，理论概率 $p_i = P(A_i) = 1/6$，由 $n = 120$ 得频数 $np_i = 20$，$i = 1, 2, \cdots, 6$. 计算结果见表 8–2.

表8-2 计算结果

点数 i	1	2	3	4	5	6
出现次数 f_i	23	26	21	20	15	15
p_i	1/6	1/6	1/6	1/6	1/6	1/6
np_i	20	20	20	20	20	20
$(f_i - np_i)^2 / (np_i)$	9/20	36/20	1/20	0	25/20	25/20

因所求分布不含未知参数，又 $k=6$，$\alpha=0.05$，查表得 $\chi_\alpha^2(k-1)=\chi_{0.05}^2(5)=11.071$，由表8-2得

$$\chi^2 = \sum_{i=1}^{6} \frac{(f_i - np_i)^2}{np_i} = 4.8 < 11.071,$$

故接受 H_0，可以认为这颗骰子是均匀和对称的.

【例8-11】根据1875—1955年中的某63年间的观察资料，上海每年夏季（5—9月）发生暴雨的天数 X 的观察结果见表8-3.

表8-3 暴雨的天数数据

暴雨天数 X	0	1	2	3	4	5	6	7	8	$\geqslant 9$
年份数 n	4	8	14	19	10	4	2	1	1	0

在显著性水平 $\alpha=0.05$ 下，是否可以认为 X 服从泊松分布？

解 待检验的假设为

$$H_0 : P\{X=i\} = \frac{\lambda^i}{i!} \mathrm{e}^{-\lambda}, \quad i=0,1,2,\cdots$$

在 H_0 成立的条件下，λ 的极大似然估计为

$$\hat{\lambda} = \overline{X} = \frac{1}{63}\sum_i in_i = 2.86.$$

由于 $X \geqslant 6$ 才出现4年，故将 X 的取值分成7组，并计算 $\hat{p}_i, i=0,1,\cdots,6$，其中

$$\hat{p}_i = \frac{(2.86)^i}{i!}\mathrm{e}^{-2.86}, i=0,1,\cdots,6$$

计算结果见表8-4：

表 8–4　计算结果

i	n_i	$\hat{p}_i$	$63\hat{p}_i$	$\dfrac{(n_i-63\hat{p}_i)^2}{63\hat{p}_i}$
0	4	0.057 3	3.607 9	0.042 6
1	8	0.163 8	10.318 7	0.521 0
2	14	0.234 2	14.755 7	0.038 7
3	19	0.223 3	14.067 1	1.729 8
4	10	0.159 7	10.058 0	0.000 3
5	4	0.091 3	5.753 2	0.534 2
≥6	4	0.070 5	4.439 4	0.043 5
Σ	63	1	63	2.910 2

对 $\alpha=0.05$，$\chi^2_{1-\alpha}(k-r-1)=\chi^2_{0.95}(5)=11.070\,5$，而 $\chi^2=2.910\,2<11.070\,5$，故接受原假设，即认为上海夏季的暴雨天数服从 $\lambda=2.86$ 的泊松分布.

习 题 8

1. 打包机装糖入包，每包标准重为 100 kg，每日开工后，要检验所装糖包质量的总体期望值是否合乎标准（100 kg）. 某日开工包糖，称得质量如下（单位：kg）：99.3，98.7，100.5，101.2，98.3，99.7，99.5，102.1，100.5，计算得 $\bar{x}=99.98$，$s=0.685$，已知所装糖包的质量服从正态分布，问该天打包机所装糖包是否合乎标准？[$\alpha=0.05$，$t_{1-\alpha/2}(8)=t_{0.975}(8)=-2.306\,0$]

2. 设某次考试的学生成绩 X 服从正态分布，现从中随机抽取 36 名考生的成绩，算得平均值为 66.5 分，样本标准差为 15 分，问在显著性水平 $\alpha=0.05$ 下，是否可以认为这次考试全体考生的平均成绩为 70 分？[$t_{0.025}(35)=2.030\,1$]

3. 设某机器生产的零件长度（单位：cm）$X\sim N(\mu,\sigma^2)$，今抽取容量为 16 的样本，测得样本均值 $\bar{x}=10$，样本方差 $s^2=0.16$.（1）求 μ 的置信度为 0.95 的置信区间；（2）检验假设 $H_0:\sigma^2\leqslant 0.1$（显著性水平为 0.05）.

4. 检测某批矿砂的 5 个样品中的金含量，测定结果为 $\bar{x}=3.252$，$s=0.002$，再假设测定总体服从正态分布，但参数均未知. 问在 $\alpha=0.01$ 下能否接受假设：这批矿砂的金含量均值为 3.25（已知 $t_{0.005}(4)=4.604\,1$，$t_{0.005}(5)=4.032\,2$，$\sqrt{5}=2.236$）.

5. 某批矿砂的 5 个样本中镍含量（以%计）经测定为
$$3.25\quad 3.27\quad 3.24\quad 3.26\quad 3.24$$
设测定值总体服从正态分布，但参数均未知，问在 0.01 下能否接受假设：这批矿砂的镍含量的均值为 3.25？

6. 要求一种元件，平均寿命不低于 1 000 h，生产者从一批这种元件中随机抽取 25 件，测得其寿命平均值为 950 h. 已知该种元件寿命服从标准差 $\sigma = 1000\,\text{h}$ 的正态分布. 试在显著性水平 $\alpha = 0.05$ 下判断这批元件是否合格？设总体均值为 μ，μ 未知，即需检验 $H_0: \mu \geqslant 1000$，$H_1: \mu < 1000$.

7. 下面列出的是某工厂随机选取的 20 个零件的装配时间（以 min 计）：

> 9.8　10.4　10.6　9.6　9.7　9.9　10.9　11.1　9.6　10.2
>
> 10.3　9.6　9.6　11.2　10.6　9.8　10.5　10.1　10.5　9.7

设装配时间的总体服从正态分布 $N(\mu, \sigma^2)$，μ, σ^2 均未知. 是否可以认为装配时间的均值 μ 显著大于 10（取 $\alpha = 0.05$）？

8. 按规定，100 g 番茄汁罐头中维生素 C 的平均含量不得少于 21mg/g，现从工厂的产品中抽取 17 个罐头，测得维生素 C 含量（以 mg/g 计）记录如下：

> 16　25　21　20　23　21　19　15　13　23　17　20　29　18　22　16　22

设维生素 C 含量服从正态分布 $N(\mu, \sigma^2)$，μ, σ^2 均未知，问这批罐头是否符合要求（取显著性水平 $\alpha = 0.05$）？

9. 下表分别给出了马克·吐温的 8 篇小品文及斯诺德格拉斯的 10 篇小品文中由 3 个字母组成的单词的比例：

马克·吐温	0.225	0.262	0.217	0.240	0.230	0.229	0.235	0.237		
斯诺德格拉斯	0.209	0.205	0.196	0.210	0.202	0.207	0.224	0.223	0.220	0.201

设两组数据分别来自正态总体，且两总体方差相等，但参数均未知. 两样本相互独立. 问两位作家所写的小品文中包含由 3 个字母组成的单词的比例是否有显著差异（取 $\alpha = 0.05$）？

10. 随机地选取 8 个人，分别测量他们在早晨起床时和晚上就寝时的身高（以 cm 计），得到的数据见下表.

序号	1	2	3	4	5	6	7	8
早晨（x_i）	172	168	180	181	160	163	165	177
晚上（y_i）	172	167	177	179	159	161	166	175

设各对数据的差 $D_i = X_i - Y_i (i = 1, 2, \cdots, 8)$ 是来自正态总体 $N(\mu_D, \sigma_D^2)$ 的样本，μ_D, σ_D^2 均未知. 问是否可以认为早晨的身高比晚上的身高要高（取 $\alpha = 0.05$）？

11. 为了试验某谷物两种不同种子的优劣，选取了 10 块土质不同的土地，并将每块土地分为面积相同的两部分，分别种植这两种种子. 设在每块土地的两部分人工管理等条件完全一样. 下表给出了各块土地上的单位面积产量.

序号	1	2	3	4	5	6	7	8	9	10
种子 A（x_i）	23	35	29	42	39	29	37	34	35	28
种子 B（y_i）	26	39	35	40	38	24	36	27	41	27

设 $D_i = X_i - Y_i (i = 1, 2, \cdots, 10)$ 是来自正态总体 $N(\mu_D, \sigma_D^2)$ 的样本，μ_D, σ_D^2 均未知. 问以这两种种子种植的谷物产量是否有显著的差异（取 $\alpha = 0.05$）？

12. 一种混杂的小麦品种，株高的标准差为 $\sigma_0 = 14\,\mathrm{cm}$，经提纯后随机抽取 10 株，它们的株高（以 cm 计）为

$$90 \quad 105 \quad 101 \quad 95 \quad 100 \quad 100 \quad 101 \quad 105 \quad 93 \quad 97$$

考查提纯后的群体是否比原群体整齐？（取显著性水平 $\alpha = 0.01$，并设小麦株高服从 $N(\mu, \sigma^2)$）.

13. 测定某种溶液中的水分，它的 10 个测定值给出 $s = 0.037\%$，设测定值总体为正态分布，σ^2 为总体方差，σ^2 未知，试在显著性水平 $\alpha = 0.05$ 下检验假设

$$H_0 : \sigma \geqslant 0.4\%, \quad H_1 : \sigma < 0.4\%.$$

14. 检查了 1 本书的 100 页，记录各页中出现错误的个数，其结果为

错误个数 f_i	0	1	2	3	4	5	6	$\geqslant 7$
含 f_i 个错误的页数	36	40	19	2	0	2	1	0

问能否认为一页的错误的个数服从泊松分布（取 $\alpha = 0.05$）.

15. 在一批灯泡中抽取 300 只做寿命试验，结果见下表.

寿命 $t\,/\mathrm{h}$	$0 \leqslant t \leqslant 100$	$100 < t \leqslant 200$	$200 < t \leqslant 300$	$t > 300$
灯泡数	121	78	43	58

取 $\alpha = 0.05$，试检验假设

$$H_0 : \text{灯泡寿命服从指数分布} \quad f(t) = \begin{cases} 0.005\mathrm{e}^{-0.005t}, & t \geqslant 0, \\ 0, & t < 0. \end{cases}$$

16. 一个袋中装有 8 个球，其中红球数未知. 在其中任取 3 个球，记录红球的个数 X，然后放回，再任取 3 个，记录红球的个数，然后放回. 如此重复进行了 112 次，其结果如下：

X	0	1	2	3
次数	1	31	55	25

取 $\alpha = 0.05$，试检验假设

$$H_0 : X \text{ 服从超几何分布} \quad P\{X = k\} = \frac{C_5^k C_3^{3-k}}{C_8^3}, \quad k = 0, 1, 2, 3.$$

即检验假设 H_0：红球的个数为 5.

17. 某种鸟在起飞前，双足齐跳的次数 X 服从几何分布，其分布律

$$P\{X = k\} = p^{x-1}(1 - p), \quad x = 1, 2, \cdots.$$

今获得一个样本如下：

x	1	2	3	4	5	6	7	8	9	10	11	12	⩾3
观察到 x 的次数	48	31	20	9	6	5	4	2	1	1	2	1	0

（1）求 p 的最大似然估计值.

（2）取 $\alpha=0.05$，检验假设 H_0：数据来自总体 $P\{X=x\}=p^{x-1}(1-p)$，$x=1,2,\cdots$.

数学实验

单个正态总体参数假设检验

某地区对高三年级的学生成绩进行评估，其中英语成绩服从正态分布 $N(\mu,\sigma^2)$. 从中抽取 8 个学生的英语成绩，得到以下数据：

88，63，90，85，75，80，92，76

已知均值 $\mu=80$，是否可以认为总体方差 σ^2 不小于 64？（取 $\alpha=0.05$）

$H_0:\sigma^2\geqslant 64, H_1:\sigma^2<64$，这是当均值已知时，对方差左侧假设进行检验. 检验统计量为：

$$\chi^2=\frac{1}{\sigma_0^2}\sum_{i=1}^{n}(X_i-\mu)^2\sim\chi^2(n)，\text{左侧检验拒绝域为}\ \chi^2\leqslant\chi^2_{1-\alpha}(n).$$

在 MATLAB 命令窗口中输入：

```
>>x=[88, 63, 90, 85, 75, 80, 92, 76];
>>alpha=0.05;
>>n=length(x);
>>u=80;
>>sigma=8;
>>chi=sum((x-u).^2/(sigma^2);
>>left=chi2inv(alpha,n);
>>sig=chi2cdf(chi,n);
>>if(chi>left
h=0;
disp('h=0,接受原假设');sig
end
```

运行结果：

```
h=0,接受原假设
sig=
0.7593
```

结果表明：h=0，接受原假设，而且 sig=0.759 3 远大于 0.05，因此认为总方差不小于 64.

第9章 回归分析

回归分析是一种应用十分广泛的统计方法，其本质上是利用参数估计与假设检验处理一类特定的数据，这类数据往往受到一个或若干个自变量的影响. 这里只讨论一个自变量的情形.

9.1 相关关系问题

在实际问题中，常常需要研究变量与变量之间的相互关系. 函数是研究变量之间相互关系的一个有力工具. 例如，以速度 v 作匀速直线运动时，物体经历的时间 t 与经过的路程 s 之间具有函数关系 $s = vt$. 函数关系的基本特征是，当自变量 x 的值确定后，因变量 y 随之确定. 因此，函数实质上是研究变量之间确定性关系的数学工具. 然而，在客观世界中变量之间还存在另一种关系，即不确定关系. 例如，人的身高和体重之间存在某种关系，这种关系不能用一个函数来表达，因为当人的身高确定后，人的体重并不能随之确定，它们之间存在一种不确定关系. 又如，混凝土的水泥用量与其抗压强度之间存在某种关系，这种关系也不能用函数关系来表达，因为这是一种不确定关系. 变量之间的不确定关系称为相关关系. 本章讨论一类较简单但应用价值很大的相关关系，即假定自变量是普通变量，但因变量是一个随机变量.

假定要考查自变量 x 与因变量 Y 之间的相关关系. 由于给定自变量 x 之后，因变量 Y 并不随之确定，它是一个与 x 有关的随机变量，它可能取其值域 Ω_Y 中的某个值，因此直接研究 x 与 Y 的关系比较困难. 注意到均值 $E(Y)$ 反映了随机变量 Y 的平均取值，因此可以考虑研究 x 与 $E(Y)$ 之间的关系，$E(Y)$ 往往是 x 的某个函数. 随机变量 Y 所包含的不确定性通过期望 $E(Y)$ 被消除，这样 x 与 $E(Y) = \mu(x)$ 之间便是一种确定性关系，即函数关系. 下面通过研究 $\mu(x)$ 这个函数来达到探讨 x 与 Y 之间相关关系的目的.

一般地，研究 $\mu(x)$ 这个函数还存在不少困难，通常是先考虑一种简单的情形，即 $\mu(x)$ 是 x 的线性函数. 另外，根据自变量 x 的不同范围分别用不同的统计方法来处理. 当 x 是一个定量描述（x 在某个区间内取值）的变量时，通常用回归分析来研究相关关系.

按照变量个数的不同，回归分析有一元和多元之分. 本章仅讨论一元回归分析.

9.2 一元回归分析

本节将通过对一个实例来建立一元（线性）回归分析的数学模型，并由此给出一般的回归分析方法.

9.2.1 线性模型

首先考察一个例子.

【例 9–1】设某工厂对新研发的一种产品进行定价，将该产品按事先拟定的价格进行试销，得到数据见表 9–1.

表 9–1 销售数据

单价 x_i/元	8	8.2	8.4	8.6	8.8	9.0
销量 y_i/件	90	84	83	80	75	68

把这些数据 (x_i, y_i) 画在平面坐标系中，这个图形称为散点图，如图 9–1 所示.

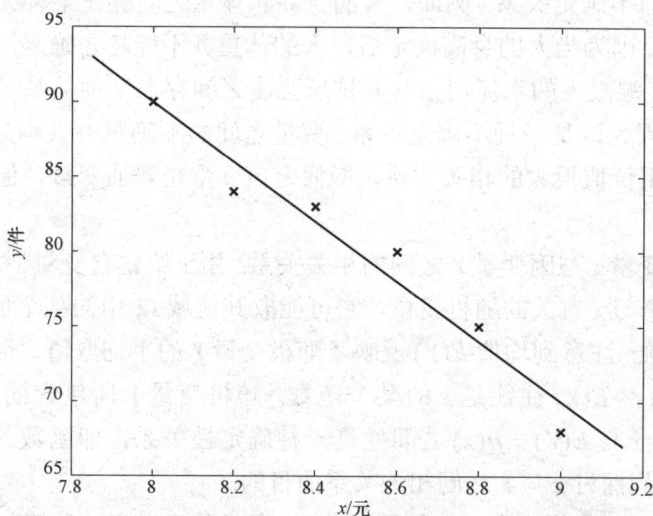

图 9–1 散点图和回归直线

从散点图可以看出，自变量 x 与因变量 Y 存在相关关系：这 6 个点虽然不在同一条直线上，但大致在直线周围. 记这条直线为 $y = b_0 + b_1 x$. 于是可以把 x_i 和 y_i 之间的关系表示成

$$y_i = (b_0 + b_1 x_i) + \varepsilon_i, \quad i = 1, 2, \cdots, 6.$$

这里，ε_i 表示试验误差，它反映了自变量 x 和因变量 Y 的不确定关系.

一般地，假设考察自变量 x 和因变量 Y 的相关关系，且

$$Y = b_0 + b_1 x + \varepsilon .$$

其中 $\varepsilon \sim N(0, \sigma^2)$. 对这一组变量 (x, Y) 做了 n 次观测，得到样本观测值

$$(x_1, y_1), \cdots, (x_n, y_n) .$$

从抽样前的立场看，这一组样本可以表示成

$$y_i = b_0 + b_1 x_i + \varepsilon_i , \quad i = 1, 2, \cdots, n$$

其中 $\varepsilon_1, \varepsilon_2, \cdots, \varepsilon_n$ 独立同分布于 $N(0, \sigma^2)$. 这个数学模型被称为（一元）线性模型.

在线性模型中，自变量看作一个普通的变量，即它的取值 $x_1, x_2, \cdots, x_n$ 是可以控制或精确测量的；而因变量 Y 是一个随机变量（因为 ε 是一个随机变量），即它的取值 $y_1, y_2, \cdots, y_n$ 在抽样前是不确定的，是不可控制的.

在线性模型中，总体 $Y \sim N(b_0 + b_1 x, \sigma^2)$，其中 $E(Y) = b_0 + b_1 x$ 是 x 的线性函数，这个函数称为回归函数，称 b_1 是回归系数. 这里，b_0, b_1, σ^2 都是未知参数. 回归函数 $y = b_0 + b_1 x$ 反映了自变量 x 与因变量 Y 之间的相关关系. 回归分析就是要根据样本观测值 $(x_1, y_1), \cdots, (x_n, y_n)$ 找到参数 b_0, b_1 的估计值 $\hat{b_0}, \hat{b_1}$，从而用经验公式 $Y = \hat{b_0} + \hat{b_1} x$ 来近似刻画自变量 x 与因变量 Y 之间的相关关系. 这个经验公式称为经验回归函数，它代表的直线称为经验回归直线.

9.2.2　最小二乘法

如何根据 $(x_1, y_1), \cdots, (x_n, y_n)$ 来推测经验回归直线？从直观上看，这条直线应最接近已知的 n 个数据点. 通常用

$$S(b_0, b_1) \triangleq \sum_{i=1}^{n} [y_i - (b_0 + b_1 x_i)]^2$$

作为任意一条直线 $y = b_0 + b_1 x$ 与这 n 个数据点偏离程度的定量指标. 当然，希望选取适当的 b_0, b_1 使得 $S(b_0, b_1)$ 的值尽量小. 用这个方法得到的 b_0, b_1 的估计称为最小二乘估计，这个方法称为最小二乘法.

根据求多元函数最小值的方法，对 $S(b_0, b_1)$ 求偏导，得方程组

$$\begin{cases} \dfrac{\partial}{\partial b_0} S(b_0, b_1) = \sum_{i=1}^{n} [y_i - (b_0 + b_1 x_i)](-2) = 0 \\ \dfrac{\partial}{\partial b_1} S(b_0, b_1) = \sum_{i=1}^{n} [y_i - (b_0 + b_1 x_i)](-2 x_i) = 0 \end{cases}$$

整理可得

$$\begin{cases} n b_0 + \left(\sum_{i=1}^{n} x_i \right) b_1 = \sum_{i=1}^{n} y_i \\ \left(\sum_{i=1}^{n} x_i \right) b_0 + \left(\sum_{i=1}^{n} x_i^2 \right) b_1 = \sum_{i=1}^{n} x_i y_i \end{cases}$$

称这个方程组为正则（或正规）方程组. 由正则方程组解得

$$\begin{cases} b_1 = \dfrac{n\sum\limits_{i=1}^{n} x_i y_i - \sum\limits_{i=1}^{n} x_i \sum\limits_{i=1}^{n} y_i}{n\sum\limits_{i=1}^{n} x_i^2 - \left(\sum\limits_{i=1}^{n} x_i\right)^2} = \dfrac{\sum\limits_{i=1}^{n}(x_i - \overline{x})(y_i - \overline{y})}{\sum\limits_{i=1}^{n}(x_i - \overline{x})^2} \\[4mm] b_0 = \overline{y} - b_1\overline{x} \end{cases}$$

其中 $\overline{x} = \dfrac{1}{n}\sum\limits_{i=1}^{n} x_i$ ，于是， b_0, b_1 的最小二乘估计量为

$$\begin{cases} \hat{b}_1 = \dfrac{\sum\limits_{i=1}^{n}(x_i - \overline{x})(Y_i - \overline{Y})}{\sum\limits_{i=1}^{n}(x_i - \overline{x})^2} \\[4mm] b_0 = \overline{Y} - \hat{b}_1\overline{x} \end{cases}$$

由 b_0, b_1 的最小二乘估计值，得经验回归函数为

$$y = \hat{b}_0 + \hat{b}_1 x = \overline{y} + \hat{b}_1(x - \overline{x}).$$

经验回归直线是通过数据重心 $(\overline{x}, \overline{y})$ 且斜率为 $\hat{b}_1$ 的一条直线.

回归分析的目的是研究自变量 x 的改变对因变量 Y 的影响，因此不可将自变量 x 的值 $x_1, x_2, \cdots, x_n$ 取作全相等，从而 $\sum\limits_{i=1}^{n}(x_i - \overline{x})^2 \neq 0$ ，这保证正则方程组有唯一解.

【例 9-2】 在例 9-1 中，试求 b_0, b_1 的最小二乘估计值与经验回归函数.

解 利用表 9-1 中的数据可得，

$$n = 6 ，\quad \overline{x} = 8.5 ，\quad \overline{y} = 80 ，\quad \sum_{i=1}^{n}(x_i - \overline{x})(y_i - \overline{y}) = -14 ，\quad \sum_{i=1}^{n}(x_i - \overline{x})^2 = 0.7 ，\quad \hat{b}_1 = \frac{-14}{0.7} = -20 ，$$

$\hat{b}_0 = 80 - (-20) \times 8.5 = 250$ ，所以，经验回归函数为

$$y = 250 - 20x.$$

下面讨论最小二乘估计的性质.

定理 9-1 $\hat{b}_0, \hat{b}_1$ 分别是 b_0, b_1 的无偏估计，且

$$\hat{b}_0 \sim N\left(b_0, \frac{\sigma^2 \sum\limits_{i=1}^{n} x_i^2}{n\sum\limits_{i=1}^{n}(x_i - \overline{x})^2}\right) ，\quad \hat{b}_1 \sim N\left(b_1, \frac{\sigma^2}{\sum\limits_{i=1}^{n}(x_i - \overline{x})^2}\right).$$

证明　由 $E(Y_i) = b_0 + b_1 x_i$，得到

$$E(\hat{b}_1) = E\left(\frac{\sum_{i=1}^{n}(x_i - \overline{x})(Y_i - \overline{Y})}{\sum_{i=1}^{n}(x_i - \overline{x})^2}\right) = E\left(\frac{\sum_{i=1}^{n}(x_i - \overline{x})Y_i}{\sum_{i=1}^{n}(x_i - \overline{x})^2}\right)$$

$$= \frac{\sum_{i=1}^{n}(x_i - \overline{x})E(Y_i)}{\sum_{i=1}^{n}(x_i - \overline{x})^2} = \frac{\sum_{i=1}^{n}(x_i - \overline{x})(b_0 + b_1 x_i)}{\sum_{i=1}^{n}(x_i - \overline{x})^2}$$

$$= b_1 \frac{\sum_{i=1}^{n}(x_i - \overline{x})x_i}{\sum_{i=1}^{n}(x_i - \overline{x})^2} = b_1.$$

其中，反复使用了恒等式 $\sum_{i=1}^{n}(x_i - \overline{x})c = 0$（其中，$c$ 为与 i 无关的常数）. 这说明 $\hat{b}_1$ 具有无偏性. 由

$$E(\overline{Y}) = \frac{1}{n}\sum_{i=1}^{n}E(Y_i) = \frac{1}{n}\sum_{i=1}^{n}(b_0 + b_1 x_i) = b_0 + b_1\overline{x},$$

得到

$$E(\hat{b}_0) = E(\overline{Y} - \hat{b}_1\overline{x}) = E(\overline{Y}) - E(\hat{b}_1)\overline{x} = (b_0 + b_1\overline{x}) - b_1\overline{x} = b_0.$$

这说明 $\hat{b}_0$ 具有无偏性.

由于 $\hat{b}_0$，$\hat{b}_1$ 都是独立正态分布随机变量 $Y_1, Y_2, \cdots, Y_n$ 的线性函数，因此，它们都服从正态分布. 下面计算它们的方差. 由方差的性质及 $D(Y_i) = \sigma^2$ 得到

$$D(\hat{b}_1) = D\left(\frac{\sum_{i=1}^{n}(x_i - \overline{x})(Y_i - \overline{Y})}{\sum_{i=1}^{n}(x_i - \overline{x})^2}\right) = D\left(\frac{\sum_{i=1}^{n}(x_i - \overline{x})Y_i}{\sum_{i=1}^{n}(x_i - \overline{x})^2}\right)$$

$$= \frac{\sum_{i=1}^{n}(x_i - \overline{x})^2 D(Y_i)}{\left[\sum_{i=1}^{n}(x_i - \overline{x})^2\right]^2} = \frac{\sigma^2}{\sum_{i=1}^{n}(x_i - \overline{x})^2}.$$

类似地，由于

$$\widehat{b_0} = \overline{Y} - \widehat{b_1}\overline{x} = \frac{1}{n}\sum_{i=1}^{n} Y_i - \overline{x}\frac{\sum_{i=1}^{n}(x_i - \overline{x})Y_i}{\sum_{i=1}^{n}(x_i - \overline{x})^2} = \sum_{i=1}^{n}\left[\frac{1}{n} - \frac{\overline{x}(x_i - \overline{x})}{\sum_{i=1}^{n}(x_i - \overline{x})^2}\right]Y_i,$$

因此

$$D(\widehat{b_0}) = \sum_{i=1}^{n}\left[\frac{1}{n} - \frac{\overline{x}(x_i - \overline{x})}{\sum_{i=1}^{n}(x_i - \overline{x})^2}\right]^2\sigma^2$$

$$= \sigma^2\left[\frac{1}{n} + \frac{\overline{x}^2}{\sum_{i=1}^{n}(x_i - \overline{x})^2}\right] = \frac{\sigma^2\sum_{i=1}^{n}x_i^2}{n\sum_{i=1}^{n}(x_i - \overline{x})^2}.$$

证毕.

现在来讨论 σ^2 的点估计. $\sigma^2 = D(\varepsilon_i)$ 反映了试验误差. 在数据中,它通过 $y_i - \hat{y}_i$ 来表现,其中 $\hat{y}_i = \hat{b}_0 + \hat{b}_1 x_i = \overline{y} + \hat{b}_1(x_i - \overline{x}), i = 1, 2, \cdots, n$,即 $\hat{y}_i$ 是按经验回归函数计算自变量 $x = x_i$ 时因变量 y 的值,称 $y_i - \hat{y}_i$ 为第 i 个残差, $i = 1, \cdots, n$,称

$$\text{SSE} = \sum_{i=1}^{n}(y_i - \hat{y}_i)$$

为残差平方和. 残差平方和 n 次试验的累积误差,它的值恰好是 $S(b_0, b_1)$ 的最小值 $S(\hat{b}_0, \hat{b}_1)$,因为

$$\text{SSE} = \sum_{i=1}^{n}(y_i - \hat{y}_i)^2 = \sum_{i=1}^{n}[y_i - (\hat{b}_0 + \hat{b}_i x_i)]^2 = S(\hat{b}_0, \hat{b}_i).$$

通常取 σ^2 的估计为

$$\hat{\sigma}_n^2 = \frac{1}{n}\text{SSE}.$$

当 n 较小时,通常取 σ^2 的估计为

$$\hat{\sigma}^2 = \frac{1}{n-2}\text{SSE}.$$

可以证明, $\hat{\sigma}^2$ 是 σ^2 的无偏估计, $\hat{\sigma}_n^2$ 是 σ^2 的渐近无偏估计.

下面推导残差平方和的计算公式. 由

$$y_i - \hat{y}_i = y_i - [\overline{y} + \hat{b}_1(x_i - \overline{x})] = (y_i - \overline{y}) - \hat{b}_1(x_i - \overline{x})$$

得到

$$\begin{aligned}
\text{SSE} &= \sum_{i=1}^{n}(y_i - \hat{y}_i)^2 = \sum_{i=1}^{n}[(y_i - \overline{y}) - \hat{b}_1(x_i - \overline{x})]^2 \\
&= \sum_{i=1}^{n}(y_i - \overline{y})^2 - 2\hat{b}_1 \sum_{i=1}^{n}(x_i - \overline{x})(y_i - \overline{y}) + \sum_{i=1}^{n}\hat{b}_1^{\,2}(x_i - \overline{x})^2 \\
&= \sum_{i=1}^{n}(y_i - \overline{y})^2 - \hat{b}_1^{\,2}\sum_{i=1}^{n}(x_i - \overline{x})^2 \\
&= \sum_{i=1}^{n}(y_i - \overline{y})^2 - \frac{\left[\displaystyle\sum_{i=1}^{n}(x_i - \overline{x})(y_i - \overline{y})\right]^2}{\displaystyle\sum_{i=1}^{n}(x_i - \overline{x})^2}.
\end{aligned}$$

这后两个表达式都是计算残差平方和时有用的公式.

【例 9–3】 在例 9–1 中，试求 σ^2 的估计值 $\hat{\sigma}_n^2$ 与无偏估计值 $\hat{\sigma}^2$.

　　解　利用例 9–2 中的计算结果可得，

$$\sum_{i=1}^{n}(x_i - \overline{x})^2 = 0.7 , \quad \sum_{i=1}^{n}(x_i - \overline{x})(y_i - \overline{y}) = -14 ,$$

$$\sum_{i=1}^{n}(y_i - \overline{y})^2 = 294 , \quad \text{SSE} = 294 - \frac{(-14)^2}{0.7} = 14 ,$$

所以，σ^2 的估计值 $\hat{\sigma}_n^2 = \dfrac{14}{6} = 2.333\,3$ 与无偏估计值 $\hat{\sigma}^2 = 3.5$.

9.2.3　回归系数的显著性检验

回归系数 b_1 是一个重要的未知参数，对此需要检验

$$H_0 : b_1 = 0 , \quad H_1 : b_1 \neq 0 .$$

$|b_1|$ 的大小反映了自变量 x 对因变量 Y 的影响程度. 如果经检验拒绝 H_0，那么，可以认为自变量 x 对因变量 Y 有显著性影响，称为回归效果显著；如果经检验不能拒绝 H_0，即回归效果显著，那么原因是多方面的. 例如，可能原来假定 $E(Y)$ 是 x 的线性函数 $(b_0 + b_1 x)$ 有问题，有可能影响 Y 的自变量不止 x 一个，甚至还可能 x 与 Y 之间不存在必须重视的相关关系.

为了给出回归系数的显著性检验的拒绝域，先做一些准备工作. 记

$$\text{SST} = \sum_{i=1}^{n}(y_i - \overline{y})^2,$$

称为总偏差平方和，它反映了因变量 Y 取值的离散程度. 记

$$\text{SSR} = \sum_{i=1}^{n} (\widehat{y_i} - \overline{y})^2,$$

称 SSR 为回归平方和. 由 $\widehat{y_i} = \overline{y} + b_1(x_i - \overline{x})$ 可得

$$\text{SSR} = \sum_{i=1}^{n} [\widehat{b_1}(x_i - \overline{x})]^2 = \widehat{b_1}^2 \sum_{i=1}^{n} (x_i - \overline{x})^2.$$

因而它在一定程度上反映了回归系数 b_1 对数据中因变量取值产生的影响. 由残差平方和的计算公式得到平方和分解公式:

$$\text{SST} = \text{SSR} + \text{SSE}$$

下面给出回归分析中的一个基本定理.

定理 9-2 $(\widehat{b_0}, \widehat{b_1})$ 与 SSE 相互独立,且 $\dfrac{1}{\sigma^2}\text{SSE} \sim \chi^2(n-2)$. 当 $b_1 = 0$ 时,$\dfrac{1}{\sigma^2}\text{SSR} \sim \chi^2(1)$.

对回归系数作显著性检验,有本质上相同的 3 种方法.

(1) t 检验法. 取检验统计量

$$T = \frac{\widehat{b_1}}{\widehat{\sigma}} \sqrt{\sum_{i=1}^{n} (x_i - \overline{x})^2}.$$

当 $b_1 = 0$ 时,由定理 9-1 得到,$\dfrac{\widehat{b_1}}{\sigma} \sqrt{\sum\limits_{i=1}^{n} (x_i - \overline{x})^2} \sim N(0,1)$;由定理 9-2 得到,$\dfrac{1}{\sigma^2}\text{SSE} =$

$\dfrac{(n-2)\widehat{\sigma^2}}{\sigma^2} \sim \chi^2(n-2)$,且 $\widehat{b_1}$ 与 SSE 相互独立,因此 $T \sim t(n-2)$. 于是,在显著性水平 α 下,当

$$|t| = \frac{|\widehat{b_1}|}{\widehat{\sigma}} \sqrt{\sum_{i=1}^{n} (x_i - \overline{x})^2} > t_{1-\alpha/2}(n-2)$$

时,拒绝 H_0.

(2) F 检验法. 取检验统计量

$$F = \frac{\text{SSR}}{\text{SSE}/(n-2)},$$

当 $b_1 = 0$ 时,由定理 9-2 得到,$\dfrac{1}{\sigma^2}\text{SSE} = \dfrac{(n-2)\widehat{\sigma^2}}{\sigma^2} \sim \chi^2(n-2)$,且 $\widehat{b_1}$ 与 SSE 相互独立保证

$\text{SSR} = \widehat{b_1}^2 \sum\limits_{i=1}^{n} (x_i - \overline{x})^2$ 与 SSE 相互独立,推得 $F \sim F(1, n-2)$. 于是,在显著性水平 α 下,当

$$F = \frac{\text{SSR}}{\text{SSE}/(n-2)} > t_{1-\alpha}(1, n-2)$$

时，拒绝 H_0. 由 $T^2 = F$ 便知 F 检验法本质上与 t 检验法是相同的.

（3）相关系数检验法. 取检验统计量

$$R = \frac{\sum\limits_{i=1}^{n}(x_i - \bar{x})(Y_i - \bar{Y})}{\sqrt{\sum\limits_{i=1}^{n}(x_i - \bar{x})^2}\sqrt{\sum\limits_{i=1}^{n}(Y_i - \bar{Y})^2}},$$

称 R 为相关系数，类似于随机变量的相关系数 $\rho(X, Y)$. R 的取值 r 反映了自变量 x 与因变量 Y 之间的线性相关关系. 于是，在显著性水平 α 下，当 $|r| > c$ 时，拒绝 H_0. 可以证明，相关系数检验法与 t 检验法本质上是相同的，因为它们之间存在下列关系：

$$T = \sqrt{n-2}\frac{R}{\sqrt{1-R^2}}.$$

【例 9-4】在显著性水平 $\alpha = 0.01$ 下对例 9-1 检验 $H_0 : b_1 = 0$.

解　利用前面计算结果，可得 3 种检验统计量的观测值分别是

$$|t| = \frac{|-20|}{\sqrt{3.5}}\sqrt{0.7} = 12.522,$$

$$F = \frac{\text{SSR}}{\text{SSE}/(n-2)} = \frac{\text{SST} - \text{SSE}}{\hat{\sigma}^2} = \frac{280}{3.5} = 80,$$

$$|r| = \frac{|-14|}{14.345\,7} = 0.975\,9.$$

3 种检验法的临界值分别为

$$t_{0.995}(4) = 4.604\,1, \quad F_{0.995}(1,4) = 21.2, \quad c = 0.917.$$

所以，检验结论都是拒绝 H_0，即回归效果显著.

9.2.4　预测和控制

经过检验发现回归效果显著后，便可认为经验回归函数 $y = \hat{b}_0 + \hat{b}_1 x$ 是一个反映客观实际的公式. 如果要预测 $x = x_0$ 时因变量 $Y_0 = b_0 + b_1 x_0 + \varepsilon_0$ 的取值，那么自然会取 $\widehat{y_0} = \hat{b}_0 + \hat{b}_1 x_0$ 作为 Y_0 的观测值，这里，$\widehat{y_0}$ 是经验回归函数在 $x = x_0$ 处的函数值. 现在来考察预测量 $\widehat{Y_0} = \hat{b}_0 + \hat{b}_1 x_0 = \bar{Y} + \hat{b}_1(x_0 - \bar{x})$ 的预测误差 $\widehat{Y_0} - Y_0$，这是一个随机变量.

定理 9-3　假定 $\varepsilon_1, \varepsilon_2, \cdots, \varepsilon_n$ 相互独立，那么 $\widehat{Y_0} - Y_0 \sim N(0, d^2\sigma^2)$，其中

$$d = \sqrt{1 + \frac{1}{n} + \frac{(x_0 - \bar{x})^2}{\sum\limits_{i=1}^{n}(x_i - \bar{x})^2}}.$$

证明：$\widehat{Y_0} - Y_0$ 是独立正态随机变量 $Y_1, Y_2, \cdots, Y_n$ 的线性函数

$$\widehat{Y_0} - Y_0 = \overline{Y} + (x_0 - \overline{x}) \frac{\sum\limits_{i=1}^{n}(x_i - \overline{x})Y_i}{\sum\limits_{i=1}^{n}(x_i - \overline{x})^2} - Y_0$$

$$= \sum_{i=1}^{n} \frac{1}{n} Y_i + \frac{(x_0 - \overline{x})}{\sum\limits_{i=1}^{n}(x_i - \overline{x})^2} \sum_{i=1}^{n}(x_i - \overline{x})Y_i - Y_0$$

$$= \sum_{i=1}^{n} \left[\frac{1}{n} + \frac{(x_0 - \overline{x})(x_i - \overline{x})}{\sum\limits_{i=1}^{n}(x_i - \overline{x})^2} \right] Y_i - Y_0 ,$$

因此，$\widehat{Y_0} - Y_0$ 服从正态分布. 由 $E(Y_0) = b_0 + b_1 x_0$ 可得

$$E(\widehat{Y_0} - Y_0) = E(\widehat{Y_0}) - E(Y_0) = E(\widehat{b_0} + \widehat{b_1} x_0) - E(b_0 + b_1 x_0) = 0 .$$

由方差的性质 $D(Y_0) = \sigma^2$ 算得

$$D(\widehat{Y_0} - Y_0) = D(\widehat{Y_0}) + D(Y_0) = D \left\{ \sum_{i=1}^{n} \left[\frac{1}{n} + \frac{(x_0 - \overline{x})(x_i - \overline{x})}{\sum\limits_{i=1}^{n}(x_i - \overline{x})^2} \right] Y_i \right\} + \sigma^2$$

$$= \sum_{i=1}^{n} \left[\frac{1}{n} + \frac{(x_0 - \overline{x})(x_i - \overline{x})}{\sum\limits_{i=1}^{n}(x_i - \overline{x})^2} \right]^2 D(Y_i) + \sigma^2$$

$$= \sigma^2 \left[1 + \frac{1}{n} + \frac{(x_0 - \overline{x})^2}{\sum\limits_{i=1}^{n}(x_i - \overline{x})^2} \right] .$$

证毕.

由定理 9-2 和定理 9-3 推得，随机变量

$$J = \frac{\widehat{Y_0} - Y_0}{\widehat{\sigma} d} = \frac{\dfrac{\widehat{Y_0} - Y_0}{\sigma d}}{\sqrt{\dfrac{1}{\sigma^2} \cdot \dfrac{\text{SSE}}{n-2}}} \sim t(n-2) ,$$

于是

$$P\left\{\frac{\left|\widehat{Y_0} - Y_0\right|}{\hat{\sigma} d} \leqslant t_{1-\alpha/2}(n-2)\right\} = 1 - \alpha.$$

这就给出了 Y_0 的一个双侧 $1-\alpha$ 预测区间的上下限，即

$$\widehat{Y_0} \pm t_{1-\alpha/2}(n-2)\hat{\sigma} d = (b_0 + b_1 x_0) \pm t_{1-\alpha/2}(n-2)\hat{\sigma}\sqrt{1 + \frac{1}{n} + \frac{(x_0 - \bar{x})^2}{\sum\limits_{i=1}^{n}(x_i - \bar{x})^2}}.$$

【例 9–5】 在例 9–1 中，试求当 $x_0 = 8.9$ 时，Y_0 的预测值及双侧 95% 预测区间.

解 在例 9–2 中，得经验回归函数为 $y = 250 - 20x$，当 $x_0 = 8.9$ 时，Y_0 的预测值为

$$\widehat{y_0} = 250 - 20x_0 = 72.$$

由 $t_{0.975}(4) = 2.776\,4$，$\hat{\sigma} = 1.870\,8$ 及

$$d = \sqrt{1 + \frac{1}{6} + \frac{(8.9 - 8.5)^2}{0.7}} = 1.181\,2,$$

得到 Y_0 的双侧 95% 预测区间的上下限分别为

$$\widehat{y_0} \pm t_{1-\alpha/2}(n-2)\hat{\sigma} d = 72 \pm 2.776\,4 \times 1.870\,8 \times 1.181\,2 = 72 \pm 6.135\,3.$$

即所求预测区间为 $[65.864\,7, 78.135\,3]$.

当 $x_0 = \bar{x}$ 时，长度最短，这时预测效果最好. 反之，当 x_0 的取值范围不在试验点范围之内时，预测效果一般不好，因为这时预测区间的长度过宽.

当 n 较大时，通常取 $d = 1$，且用 $\hat{\sigma}_n$ 代替 $\hat{\sigma}$，用 $z_{1-\alpha/2}$ 代替 $t_{1-\alpha/2}(n-2)$，预测区间的上下限简化成 $\widehat{y_0} \pm z_{1-\alpha/2}\widehat{\sigma_n}$.

在实际应用问题中，除了预测之外，还有另一类控制问题. 控制问题是预测问题的反问题. 在例 9–1 中，希望销量在 y_L 和 y_U 之间，那么，单价 x 应该控制在什么范围呢？自变量 x 的控制区间 $[x_L, x_U]$ 的两个端点可由图解法给出. 假定区间 $[y_L, y_U]$ 的长度 $y_U - y_L > 2z_{1-\alpha/2}\widehat{\sigma_n}$，否则，控制区间不存在.

同置信区间类似，预测区间与控制区间也可以推广到单侧的情形.

9.3 线性化方法

在实际问题中，常会遇到这样的情形：散点图上的 n 个数据点明显地不在一条直线附近，而在某条曲线周围. 这说明自变量和因变量之间不存在线性关系. 非线性回归比较复杂，这里仅讨论某些可以用线性化方法化为线性回归的问题. 所谓线性化方法，就是对数据作适当的变换，使变换后的数据散点图分布在一条直线附近，从而可以对它们作线性回归分析.

下面就给出几种可以通过变量替换化为一元线性回归的几种情形.

（1） $Y = b_0 + \dfrac{b_1}{x} + \varepsilon$ ， $\varepsilon \sim N(0, \sigma^2)$ ，其中 b_0, b_1, σ^2 是与 x 无关的未知参数.

令 $x' = \dfrac{1}{x}$ ，则可以化为下面一元线性回归模型：

$$Y = b_0 + b_1 x' + \varepsilon , \quad \varepsilon \sim N(0, \sigma^2) .$$

（2） $Y = a \mathrm{e}^{bx} \varepsilon$ ，其中 a, b, σ^2 是与 x 无关的未知参数.

对 $Y = a \mathrm{e}^{bx} \varepsilon$ 两边取对数，得

$$\ln Y = \ln a + bx + \ln \varepsilon .$$

令 $Y' = \ln Y$ ，则可以化为下面一元线性回归模型：

$$Y' = b_0 + b_1 x + \varepsilon' , \quad \varepsilon' \sim N(0, \sigma^2) .$$

（3） $Y = \alpha + \beta h(x) + \varepsilon$ ， $\varepsilon \sim N(0, \sigma^2)$ ，其中 α, β, σ^2 是与 x 无关的未知参数.

令 $b_0 = \alpha$ ， $b_1 = \beta$ ， $x' = h(x)$ ，则可以化为下面一元线性回归模型：

$$Y = b_0 + b_1 x' + \varepsilon , \quad \varepsilon \sim N(0, \sigma^2) .$$

注：其他（如双曲线 $y = \dfrac{x}{\alpha + \beta x}$ 和 S 型曲线 $y = \dfrac{1}{\alpha + \beta \mathrm{e}^{-x}}$ ）函数也可通过适当的变量替换化为一元线性回归模型来处理. 若在原模型下，对于 (x, Y) 有样本 (x_1, y_1) ， (x_2, y_2) ， $\cdots$ ， (x_n, y_n) 就相当于在新模型下有样本 (x_1', y_1') ， (x_2', y_2') ， $\cdots$ ， (x_n', y_n') ，因而就能利用一元线性回归的方法进行估计、检验和预测，在得到 Y' 关于 x' 的回归方程后，再将原变量代回，就得到 Y 关于 x 的回归方程，它们的图形是一条曲线，也称为曲线回归方程.

【**例 9-6**】放射性金（ $^{195}\mathrm{Au}$ ）对发炎的组织有亲和力，有时在诊断关节炎时把它用作示踪元素. 表 9-2 为注射 x 天后金元素残留百分比，共有 10 个血样.

表 9-2　注射 x 天后金元素残留百分比

注射天数 x	1	1	2	2	2	3	5	6	6	7
金残留的百分比 y	94.5	86.4	72.1	80.5	81.4	67.4	49.3	46.8	42.3	36.6

绘制出数据的散点图，如图 9-2 所示. 可以看出 x 与 y 的线性关系不明显，而且从物理学上看，放射性元素的衰变一般服从负指数规律，所以拟合模型选为 $Y = a \mathrm{e}^{bx} \varepsilon$ ，线性化后得回归方程为 $\hat{y}' = \ln a + bx = 4.6490 - 0.1462 x$ ，从而得曲线回归模型为 $\hat{y} = 104.4512 \mathrm{e}^{-0.1462 x}$.

如果直接用线性回归模型为

$$\hat{y} = 96.752 - 8.8634 x .$$

可以看出，指数模型的回归效果更好一些.

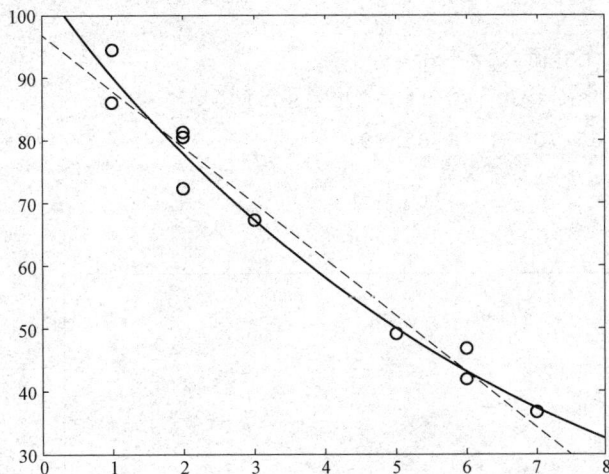

图 9-2 数据散点图、指数和直线回归曲线

习 题 9

1. 设 x 为某个时期的家庭人均收入，y 为该时期内平均每十户拥有照相机的数量，统计数据见下表，求 y 与 x 的回归方程.

x/百元	1.5	1.8	2.4	3.0	3.5	3.9	4.4	4.8	5.0
y/台	2.8	3.7	5.0	6.3	8.8	10.5	11.0	11.6	13.2

2. 1957 年美国就轿车价格的调查资料见下表，x 表示轿车的使用年数，y 表示相应的平均价格，求 y 关于 x 的回归方程.

x/年数	1	2	3	4	5	6	7	8	9	10
y/美元	2 651	1 943	1 494	1 087	765	538	484	290	226	204

数学实验

一元回归分析

试对下表数据进行分析，求出因变量为 y、自变量为 x 的一元线性回归模型，并对各参数进行检验.

x	100	110	120	130	140	150	160	170	180	190
y	45	51	54	61	66	70	74	78	85	89

在 MATLAB 命令窗口中输入以下命令:

```
>>x=[100 110 120 130 140 150 160 170 180 190];
>>y=[45 51 54 61 66 70 74 78 85 89];
>>plot(x,y,'r.');
```

运行结果如下:

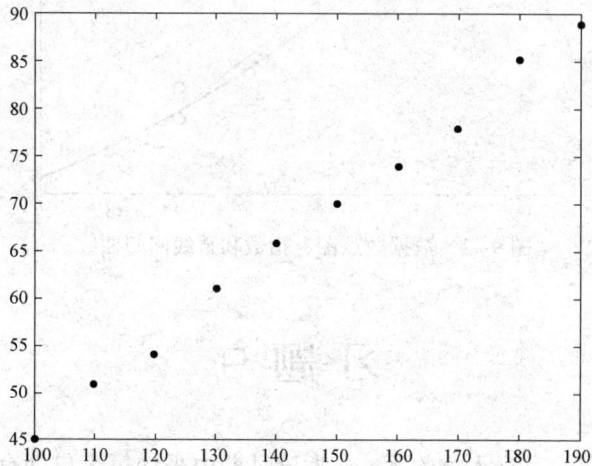

由图可知, y 与 x 具有线性关系.

在 MATLAB 命令窗口中输入以下命令:

```
>> [ones(10,1), [100 110 120 130 140 150 160 170 180 190]'];
>>y=[45 51 54 61 66 70 74 78 85 89]';
[b, bint, r, rint, stats]=regress(y,x);
b =

  -2.7394
   0.4830

>> bint

bint =

  -6.3056    0.8268
   0.4589    0.5072

>> r

r =

  -0.5636
   0.6061
```

```
   -1.2242
    0.9455
    1.1152
    0.2848
   -0.5455
   -1.3758
    0.7939
   -0.0364

>> rint

rint =

   -2.4407    1.3134
   -1.4047    2.6168
   -3.1108    0.6623
   -1.1335    3.0244
   -0.9300    3.1603
   -1.9760    2.5456
   -2.7360    1.6451
   -3.1770    0.4255
   -1.1639    2.7518
   -1.9796    1.9068

>> stats

stats =

   1.0e+03 *
    0.0010    2.1316    0.0000    0.0009
```

在上述运行结果中，b 是回归方程中相应参数的估计值，bint 是回归方程对应参数的置信区间，r 和 rint 分别表示残差及残差对应的置信区间. stats 输出的三个数字分别表示相关系数、F 统计量及对应的概率 p 值. 所得回归方程为：

y=-2.7394+0.4830x

附录 A 常用数表

表 A.1 泊松分布数值表

$$P\{X \leqslant k\} = \frac{\lambda^k}{k!} e^{-\lambda}, k = 0,1,2,\cdots$$

k \ λ	0.1	0.2	0.3	0.4	0.5	0.6	0.7	0.8	0.9
0	0.904 8	0.818 7	0.740 8	0.670 3	0.606 5	0.548 8	0.496 6	0.449 3	0.406 6
1	0.995 3	0.982 5	0.963 1	0.938 4	0.909 8	0.878 1	0.844 2	0.808 8	0.772 5
2	0.999 8	0.998 9	0.996 4	0.992 1	0.985 6	0.976 9	0.965 9	0.952 6	0.937 1
3	1.000 0	0.999 9	0.999 7	0.999 2	0.998 2	0.996 6	0.994 2	0.990 9	0.986 5
4	1.000 0	1.000 0	1.000 0	0.999 9	0.999 8	0.999 6	0.999 2	0.998 6	0.997 7
5	1.000 0	1.000 0	1.000 0	1.000 0	1.000 0	1.000 0	0.999 9	0.999 8	0.999 7
6	1.000 0	1.000 0	1.000 0	1.000 0	1.000 0	1.000 0	1.000 0	1.000 0	1.000 0

续表

$k \backslash \lambda$	1.0	1.5	2.0	2.5	3.0	3.5	4.0	4.5	5.0
0	0.3679	0.2231	0.1353	0.0821	0.0498	0.0302	0.0183	0.0111	0.0067
1	0.7358	0.5578	0.4060	0.2873	0.1991	0.1359	0.0916	0.0611	0.0404
2	0.9197	0.8088	0.6767	0.5438	0.4232	0.3208	0.2381	0.1736	0.1247
3	0.9810	0.9344	0.8571	0.7576	0.6472	0.5366	0.4335	0.3423	0.2650
4	0.9963	0.9814	0.9473	0.8912	0.8153	0.7254	0.6288	0.5321	0.4405
5	0.9994	0.9955	0.9834	0.9580	0.9161	0.8576	0.7851	0.7029	0.6160
6	0.9999	0.9991	0.9955	0.9858	0.9665	0.9347	0.8893	0.8311	0.7622
7	1.0000	0.9998	0.9989	0.9958	0.9881	0.9733	0.9489	0.9134	0.8666
8	1.0000	1.0000	0.9998	0.9989	0.9962	0.9901	0.9786	0.9597	0.9319
9	1.0000	1.0000	1.0000	0.9997	0.9989	0.9967	0.9919	0.9829	0.9682
10	1.0000	1.0000	1.0000	0.9999	0.9997	0.9990	0.9972	0.9933	0.9863
11	1.0000	1.0000	1.0000	1.0000	0.9999	0.9997	0.9991	0.9976	0.9945
12	1.0000	1.0000	1.0000	1.0000	1.0000	0.9999	0.9997	0.9992	0.9980

续表

k \ λ	5.5	6	6.5	7	7.5	8	8.5	9	9.5
0	0.004 1	0.002 5	0.001 5	0.000 9	0.000 6	0.000 3	0.000 2	0.000 1	0.000 1
1	0.026 6	0.017 4	0.011 3	0.007 3	0.004 7	0.003 0	0.001 9	0.001 2	0.000 8
2	0.088 4	0.062 0	0.043 0	0.029 6	0.020 3	0.013 8	0.009 3	0.006 2	0.004 2
3	0.201 7	0.151 2	0.111 8	0.081 8	0.059 1	0.042 4	0.030 1	0.021 2	0.014 9
4	0.357 5	0.285 1	0.223 7	0.173 0	0.132 1	0.099 6	0.074 4	0.055 0	0.040 3
5	0.528 9	0.445 7	0.369 0	0.300 7	0.241 4	0.191 2	0.149 6	0.115 7	0.088 5
6	0.686 0	0.606 3	0.526 5	0.449 7	0.378 2	0.313 4	0.256 2	0.206 8	0.164 9
7	0.809 5	0.744 0	0.672 8	0.598 7	0.524 6	0.453 0	0.385 6	0.323 9	0.268 7
8	0.894 4	0.847 2	0.791 6	0.729 1	0.662 0	0.592 5	0.523 1	0.455 7	0.391 8
9	0.946 2	0.916 1	0.877 4	0.830 5	0.776 4	0.716 6	0.653 0	0.587 4	0.521 8
10	0.974 7	0.957 4	0.933 2	0.901 5	0.862 2	0.815 9	0.763 4	0.706 0	0.645 3
11	0.989 0	0.979 9	0.966 1	0.946 7	0.920 8	0.888 1	0.848 7	0.803 0	0.752 0
12	0.995 5	0.991 2	0.984 0	0.973 0	0.957 3	0.936 2	0.909 1	0.875 8	0.836 4
13	0.998 3	0.996 4	0.992 9	0.987 2	0.978 4	0.965 8	0.948 6	0.926 1	0.898 1
14	0.999 4	0.998 6	0.997 0	0.994 3	0.989 7	0.982 7	0.972 6	0.958 5	0.940 0
15	0.999 8	0.999 5	0.998 8	0.997 6	0.995 4	0.991 8	0.986 2	0.978 0	0.966 5
16	0.999 9	0.999 8	0.999 6	0.999 0	0.998 0	0.996 3	0.993 4	0.988 9	0.982 3
17	1.000 0	0.999 9	0.999 8	0.999 6	0.999 2	0.998 4	0.997 0	0.994 7	0.991 1
18	1.000 0	0.999 9	0.999 9	0.999 9	0.999 7	0.999 3	0.998 7	0.997 6	0.995 7
19	1.000 0	1.000 0	1.000 0	0.999 9	0.999 9	0.999 7	0.999 5	0.998 9	0.998 0
20	1.000 0	1.000 0	1.000 0	1.000 0	1.000 0	0.999 9	0.999 8	0.999 6	0.999 1

表 A.2 标准正态分布表

$$\Phi(x)=\int_{-\infty}^{x}\frac{1}{\sqrt{2\pi}}\mathrm{e}^{-t^2/2}\mathrm{d}t=P\{X\leq x\};\Phi(-x)=1-\Phi(x)$$

x	0.00	0.01	0.02	0.03	0.04	0.05	0.06	0.07	0.08	0.09
0.0	0.500 0	0.504 0	0.508 0	0.512 0	0.516 0	0.519 9	0.523 9	0.527 9	0.531 9	0.535 9
0.1	0.539 8	0.543 8	0.547 8	0.551 7	0.555 7	0.559 6	0.563 6	0.567 5	0.571 4	0.575 3
0.2	0.579 3	0.583 2	0.587 1	0.591 0	0.594 8	0.598 7	0.602 6	0.606 4	0.610 3	0.614 1
0.3	0.617 9	0.621 7	0.625 5	0.629 3	0.633 1	0.636 8	0.640 6	0.644 3	0.648 0	0.651 7
0.4	0.655 4	0.659 1	0.662 8	0.666 4	0.670 0	0.673 6	0.677 2	0.680 8	0.684 4	0.687 9
0.5	0.691 5	0.695 0	0.698 5	0.701 9	0.705 4	0.708 8	0.712 3	0.715 7	0.719 0	0.722 4
0.6	0.725 7	0.729 1	0.732 4	0.735 7	0.738 9	0.742 2	0.745 4	0.748 6	0.751 7	0.754 9
0.7	0.758 0	0.761 1	0.764 2	0.767 3	0.770 4	0.773 4	0.776 4	0.779 4	0.782 3	0.785 2
0.8	0.788 1	0.791 0	0.793 9	0.796 7	0.799 5	0.802 3	0.805 1	0.807 8	0.810 6	0.813 3
0.9	0.815 9	0.818 6	0.821 2	0.823 8	0.826 4	0.828 9	0.831 5	0.834 0	0.836 5	0.838 9
1.0	0.841 3	0.843 8	0.846 1	0.848 5	0.850 8	0.853 1	0.855 4	0.857 7	0.859 9	0.862 1
1.1	0.864 3	0.866 5	0.868 6	0.870 8	0.872 9	0.874 9	0.877 0	0.879 0	0.881 0	0.883 0
1.2	0.884 9	0.886 9	0.888 8	0.890 7	0.892 5	0.894 4	0.896 2	0.898 0	0.899 7	0.901 5
1.3	0.903 2	0.904 9	0.906 6	0.908 2	0.909 9	0.911 5	0.913 1	0.914 7	0.916 2	0.917 7
1.4	0.919 2	0.920 7	0.922 2	0.923 6	0.925 1	0.926 5	0.927 9	0.929 2	0.930 6	0.931 9
1.5	0.933 2	0.934 5	0.935 7	0.937 0	0.938 2	0.939 4	0.940 6	0.941 8	0.942 9	0.944 1
1.6	0.945 2	0.946 3	0.947 4	0.948 4	0.949 5	0.950 5	0.951 5	0.952 5	0.953 5	0.954 5
1.7	0.955 4	0.956 4	0.957 3	0.958 2	0.959 1	0.959 9	0.960 8	0.961 6	0.962 5	0.963 3

续表

x	0.00	0.01	0.02	0.03	0.04	0.05	0.06	0.07	0.08	0.09
1.8	0.964 1	0.964 9	0.965 6	0.966 4	0.967 1	0.967 8	0.968 6	0.969 3	0.969 9	0.970 6
1.9	0.971 3	0.971 9	0.972 6	0.973 2	0.973 8	0.974 4	0.975 0	0.975 6	0.976 1	0.976 7
2.0	0.977 2	0.977 8	0.978 3	0.978 8	0.979 3	0.979 8	0.980 3	0.980 8	0.981 2	0.981 7
2.1	0.982 1	0.982 6	0.983 0	0.983 4	0.983 8	0.984 2	0.984 6	0.985 0	0.985 4	0.985 7
2.2	0.986 1	0.986 4	0.986 8	0.987 1	0.987 5	0.987 8	0.988 1	0.988 4	0.988 7	0.989 0
2.3	0.989 3	0.989 6	0.989 8	0.990 1	0.990 4	0.990 6	0.990 9	0.991 1	0.991 3	0.991 6
2.4	0.991 8	0.992 0	0.992 2	0.992 5	0.992 7	0.992 9	0.993 1	0.993 2	0.993 4	0.993 6
2.5	0.993 8	0.994 0	0.994 1	0.994 3	0.994 5	0.994 6	0.994 8	0.994 9	0.995 1	0.995 2
2.6	0.995 3	0.995 5	0.995 6	0.995 7	0.995 9	0.996 0	0.996 1	0.996 2	0.996 3	0.996 4
2.7	0.996 5	0.996 6	0.996 7	0.996 8	0.996 9	0.997 0	0.997 1	0.997 2	0.997 3	0.997 4
2.8	0.997 4	0.997 5	0.997 6	0.997 7	0.997 7	0.997 8	0.997 9	0.997 9	0.998 0	0.998 1
2.9	0.998 1	0.998 2	0.998 2	0.998 3	0.998 4	0.998 4	0.998 5	0.998 5	0.998 6	0.998 6
3.0	0.998 7	0.998 7	0.998 7	0.998 8	0.998 8	0.998 9	0.998 9	0.998 9	0.999 0	0.999 0
3.1	0.999 0	0.999 1	0.999 1	0.999 1	0.999 2	0.999 2	0.999 2	0.999 2	0.999 3	0.999 3
3.2	0.999 3	0.999 3	0.999 4	0.999 4	0.999 4	0.999 4	0.999 4	0.999 5	0.999 5	0.999 5
3.3	0.999 5	0.999 5	0.999 5	0.999 6	0.999 6	0.999 6	0.999 6	0.999 6	0.999 6	0.999 7
3.4	0.999 7	0.999 7	0.999 7	0.999 7	0.999 7	0.999 7	0.999 7	0.999 7	0.999 7	0.999 8
3.5	0.999 8	0.999 8	0.999 8	0.999 8	0.999 8	0.999 8	0.999 8	0.999 8	0.999 8	0.999 8
3.6	0.999 8	0.999 8	0.999 9	0.999 9	0.999 9	0.999 9	0.999 9	0.999 9	0.999 9	0.999 9
3.7	0.999 9	0.999 9	0.999 9	0.999 9	0.999 9	0.999 9	0.999 9	0.999 9	0.999 9	0.999 9
3.8	0.999 9	0.999 9	0.999 9	0.999 9	0.999 9	0.999 9	0.999 9	1.000 0	1.000 0	1.000 0
3.9	1.000 0	1.000 0	1.000 0	1.000 0	1.000 0	1.000 0	1.000 0	1.000 0	1.000 0	1.000 0
4.0	1.000 0	1.000 0	1.000 0	1.000 0	1.000 0	1.000 0	1.000 0	1.000 0	1.000 0	1.000 0

表 A.3 t-分布表

$$P\{t(n) > t_\alpha(n)\} = a$$

n \ α	0.2	0.15	0.1	0.05	0.025	0.01	0.005
1	1.376 4	1.962 6	3.077 7	6.313 8	12.706 2	31.820 5	63.656 7
2	1.060 7	1.386 2	1.885 6	2.920 0	4.302 7	6.964 6	9.924 8
3	0.978 5	1.249 8	1.637 7	2.353 4	3.182 4	4.540 7	5.840 9
4	0.941 0	1.189 6	1.533 2	2.131 8	2.776 4	3.746 9	4.604 1
5	0.919 5	1.155 8	1.475 9	2.015 0	2.570 6	3.364 9	4.032 1
6	0.905 7	1.134 2	1.439 8	1.943 2	2.446 9	3.142 7	3.707 4
7	0.896 0	1.119 2	1.414 9	1.894 6	2.364 6	2.998 0	3.499 5
8	0.888 9	1.108 1	1.396 8	1.859 5	2.306 0	2.896 5	3.355 4
9	0.883 4	1.099 7	1.383 0	1.833 1	2.262 2	2.821 4	3.249 8
10	0.879 1	1.093 1	1.372 2	1.812 5	2.228 1	2.763 8	3.169 3
11	0.875 5	1.087 7	1.363 4	1.795 9	2.201 0	2.718 1	3.105 8
12	0.872 6	1.083 2	1.356 2	1.782 3	2.178 8	2.681 0	3.054 5
13	0.870 2	1.079 5	1.350 2	1.770 9	2.160 4	2.650 3	3.012 3
14	0.868 1	1.076 3	1.345 0	1.761 3	2.144 8	2.624 5	2.976 8
15	0.866 2	1.073 5	1.340 6	1.753 1	2.131 4	2.602 5	2.946 7
16	0.864 7	1.071 1	1.336 8	1.745 9	2.119 9	2.583 5	2.920 8
17	0.863 3	1.069 0	1.333 4	1.739 6	2.109 8	2.566 9	2.898 2
18	0.862 0	1.067 2	1.330 4	1.734 1	2.100 9	2.552 4	2.878 4
19	0.861 0	1.065 5	1.327 7	1.729 1	2.093 0	2.539 5	2.860 9
20	0.860 0	1.064 0	1.325 3	1.724 7	2.086 0	2.528 0	2.845 3

α n	0.2	0.15	0.1	0.05	0.025	0.01	0.005
21	0.859 1	1.062 7	1.323 2	1.720 7	2.079 6	2.517 6	2.831 4
22	0.858 3	1.061 4	1.321 2	1.717 1	2.073 9	2.508 3	2.818 8
23	0.857 5	1.060 3	1.319 5	1.713 9	2.068 7	2.499 9	2.807 3
24	0.856 9	1.059 3	1.317 8	1.710 9	2.063 9	2.492 2	2.796 9
25	0.856 2	1.058 4	1.316 3	1.708 1	2.059 5	2.485 1	2.787 4
26	0.855 7	1.057 5	1.315 0	1.705 6	2.055 5	2.478 6	2.778 7
27	0.855 1	1.056 7	1.313 7	1.703 3	2.051 8	2.472 7	2.770 7
28	0.854 6	1.056 0	1.312 5	1.701 1	2.048 4	2.467 1	2.763 3
29	0.854 2	1.055 3	1.311 4	1.699 1	2.045 2	2.462 0	2.756 4
30	0.853 8	1.054 7	1.310 4	1.697 3	2.042 3	2.457 3	2.750 0
31	0.853 4	1.054 1	1.309 5	1.695 5	2.039 5	2.452 8	2.744 0
32	0.853 0	1.053 5	1.308 6	1.693 9	2.036 9	2.448 7	2.738 5
33	0.852 6	1.053 0	1.307 7	1.692 4	2.034 5	2.444 8	2.733 3
34	0.852 3	1.052 5	1.307 0	1.690 9	2.032 2	2.441 1	2.728 4
35	0.852 0	1.052 0	1.306 2	1.689 6	2.030 1	2.437 7	2.723 8
36	0.851 7	1.051 6	1.305 5	1.688 3	2.028 1	2.434 5	2.719 5
37	0.851 4	1.051 2	1.304 9	1.687 1	2.026 2	2.431 4	2.715 4
38	0.851 2	1.050 8	1.304 2	1.686 0	2.024 4	2.428 6	2.711 6
39	0.850 9	1.050 4	1.303 6	1.684 9	2.022 7	2.425 8	2.707 9
40	0.850 7	1.050 0	1.303 1	1.683 9	2.021 1	2.423 3	2.704 5
41	0.850 5	1.049 7	1.302 5	1.682 9	2.019 5	2.420 8	2.701 2
42	0.850 3	1.049 4	1.302 0	1.682 0	2.018 1	2.418 5	2.698 1
43	0.850 1	1.049 1	1.301 6	1.681 1	2.016 7	2.416 3	2.695 1
44	0.849 9	1.048 8	1.301 1	1.680 2	2.015 4	2.414 1	2.692 3
45	0.849 7	1.048 5	1.300 6	1.679 4	2.014 1	2.412 1	2.689 6

表A.4 χ^2 分布表

$$P\{\chi^2(n) > \chi^2_\alpha(n)\} = \alpha$$

n \ α	0.995	0.99	0.975	0.95	0.9	0.1	0.05	0.025	0.01	0.005
1	0.000	0.000	0.001	0.004	0.016	2.706	3.841	5.024	6.635	7.879
2	0.010	0.020	0.051	0.103	0.211	4.605	5.991	7.378	9.210	10.597
3	0.072	0.115	0.216	0.352	0.584	6.251	7.815	9.348	11.345	12.838
4	0.207	0.297	0.484	0.711	1.064	7.779	9.488	11.143	13.277	14.860
5	0.412	0.554	0.831	1.145	1.610	9.236	11.070	12.833	15.086	16.750
6	0.676	0.872	1.237	1.635	2.204	10.645	12.592	14.449	16.812	18.548
7	0.989	1.239	1.690	2.167	2.833	12.017	14.067	16.013	18.475	20.278
8	1.344	1.646	2.180	2.733	3.490	13.362	15.507	17.535	20.090	21.955
9	1.735	2.088	2.700	3.325	4.168	14.684	16.919	19.023	21.666	23.589
10	2.156	2.558	3.247	3.940	4.865	15.987	18.307	20.483	23.209	25.188
11	2.603	3.053	3.816	4.575	5.578	17.275	19.675	21.920	24.725	26.757
12	3.074	3.571	4.404	5.226	6.304	18.549	21.026	23.337	26.217	28.300
13	3.565	4.107	5.009	5.892	7.042	19.812	22.362	24.736	27.688	29.819
14	4.075	4.660	5.629	6.571	7.790	21.064	23.685	26.119	29.141	31.319
15	4.601	5.229	6.262	7.261	8.547	22.307	24.996	27.488	30.578	32.801
16	5.142	5.812	6.908	7.962	9.312	23.542	26.296	28.845	32.000	34.267
17	5.697	6.408	7.564	8.672	10.085	24.769	27.587	30.191	33.409	35.718
18	6.265	7.015	8.231	9.390	10.865	25.989	28.869	31.526	34.805	37.156

续表

n \ α	0.995	0.99	0.975	0.95	0.9	0.1	0.05	0.025	0.01	0.005
19	6.844	7.633	8.907	10.117	11.651	27.204	30.144	32.852	36.191	38.582
20	7.434	8.260	9.591	10.851	12.443	28.412	31.410	34.170	37.566	39.997
21	8.034	8.897	10.283	11.591	13.240	29.615	32.671	35.479	38.932	41.401
22	8.643	9.542	10.982	12.338	14.041	30.813	33.924	36.781	40.289	42.796
23	9.260	10.196	11.689	13.091	14.848	32.007	35.172	38.076	41.638	44.181
24	9.886	10.856	12.401	13.848	15.659	33.196	36.415	39.364	42.980	45.559
25	10.520	11.524	13.120	14.611	16.473	34.382	37.652	40.646	44.314	46.928
26	11.160	12.198	13.844	15.379	17.292	35.563	38.885	41.923	45.642	48.290
27	11.808	12.879	14.573	16.151	18.114	36.741	40.113	43.195	46.963	49.645
28	12.461	13.565	15.308	16.928	18.939	37.916	41.337	44.461	48.278	50.993
29	13.121	14.256	16.047	17.708	19.768	39.087	42.557	45.722	49.588	52.336
30	13.787	14.953	16.791	18.493	20.599	40.256	43.773	46.979	50.892	53.672
31	14.458	15.655	17.539	19.281	21.434	41.422	44.985	48.232	52.191	55.003
32	15.134	16.362	18.291	20.072	22.271	42.585	46.194	49.480	53.486	56.328
33	15.815	17.074	19.047	20.867	23.110	43.745	47.400	50.725	54.776	57.648
34	16.501	17.789	19.806	21.664	23.952	44.903	48.602	51.966	56.061	58.964
35	17.192	18.509	20.569	22.465	24.797	46.059	49.802	53.203	57.342	60.275
36	17.887	19.233	21.336	23.269	25.643	47.212	50.998	54.437	58.619	61.581
37	18.586	19.960	22.106	24.075	26.492	48.363	52.192	55.668	59.893	62.883
38	19.289	20.691	22.878	24.884	27.343	49.513	53.384	56.896	61.162	64.181
39	19.996	21.426	23.654	25.695	28.196	50.660	54.572	58.120	62.428	65.476
40	20.707	22.164	24.433	26.509	29.051	51.805	55.758	59.342	63.691	66.766

表 A.5　F 分布表

$$P\{F(n_1,n_2) > F_\alpha(n_1,n_2)\} = a$$

$a = 0.10$

n_1 \ n_2	1	2	3	4	5	6	7	8	9	10	12	15	20	24	30	40	60	120	∞
1	39.86	49.50	53.59	55.83	57.24	58.20	58.91	59.44	59.86	60.19	60.71	61.22	61.74	62.00	62.26	62.53	62.79	63.06	63.33
2	8.53	9.00	9.16	9.24	9.29	9.33	9.35	9.37	9.38	9.39	9.41	9.42	9.44	9.45	9.46	9.47	9.47	9.48	9.49
3	5.54	5.46	5.39	5.34	5.31	5.28	5.27	5.25	5.24	5.23	5.22	5.20	5.18	5.18	5.17	5.16	5.15	5.14	5.13
4	4.54	4.32	4.19	4.11	4.05	4.01	3.98	3.95	3.94	3.92	3.90	3.87	3.84	3.83	3.82	3.80	3.79	3.78	3.76
5	4.06	3.78	3.62	3.52	3.45	3.40	3.37	3.34	3.32	3.30	3.27	3.24	3.21	3.19	3.17	3.16	3.14	3.12	3.10
6	3.78	3.46	3.29	3.18	3.11	3.05	3.01	2.98	2.96	2.94	2.90	2.87	2.84	2.82	2.80	2.78	2.76	2.74	2.72
7	3.59	3.26	3.07	2.96	2.88	2.83	2.78	2.75	2.72	2.70	2.67	2.63	2.59	2.58	2.56	2.54	2.51	2.49	2.47
8	3.46	3.11	2.92	2.81	2.73	2.67	2.62	2.59	2.56	2.54	2.50	2.46	2.42	2.40	2.38	2.36	2.34	2.32	2.29
9	3.36	3.01	2.81	2.69	2.61	2.55	2.51	2.47	2.44	2.42	2.38	2.34	2.30	2.28	2.25	2.23	2.21	2.18	2.16
10	3.29	2.92	2.73	2.61	2.52	2.46	2.41	2.38	2.35	2.32	2.28	2.24	2.20	2.18	2.16	2.13	2.11	2.08	2.06
11	3.23	2.86	2.66	2.54	2.45	2.39	2.34	2.30	2.27	2.25	2.21	2.17	2.12	2.10	2.08	2.05	2.03	2.00	1.97
12	3.18	2.81	2.61	2.48	2.39	2.33	2.28	2.24	2.21	2.19	2.15	2.10	2.06	2.04	2.01	1.99	1.96	1.93	1.90
13	3.14	2.76	2.56	2.43	2.35	2.28	2.23	2.20	2.16	2.14	2.10	2.05	2.01	1.98	1.96	1.93	1.90	1.88	1.85
14	3.10	2.73	2.52	2.39	2.31	2.24	2.19	2.15	2.12	2.10	2.05	2.01	1.96	1.94	1.91	1.89	1.86	1.83	1.80
15	3.07	2.70	2.49	2.36	2.27	2.21	2.16	2.12	2.09	2.06	2.02	1.97	1.92	1.90	1.87	1.85	1.82	1.79	1.76

续表

n_2 \ n_1	1	2	3	4	5	6	7	8	9	10	12	15	20	24	30	40	60	120	∞
16	3.05	2.67	2.46	2.33	2.24	2.18	2.13	2.09	2.06	2.03	1.99	1.94	1.89	1.87	1.84	1.81	1.78	1.75	1.72
17	3.03	2.64	2.44	2.31	2.22	2.15	2.10	2.06	2.03	2.00	1.96	1.91	1.86	1.84	1.81	1.78	1.75	1.72	1.69
18	3.01	2.62	2.42	2.29	2.20	2.13	2.08	2.04	2.00	1.98	1.93	1.89	1.84	1.81	1.78	1.75	1.72	1.69	1.66
19	2.99	2.61	2.40	2.27	2.18	2.11	2.06	2.02	1.98	1.96	1.91	1.86	1.81	1.79	1.76	1.73	1.70	1.67	1.63
20	2.97	2.59	2.38	2.25	2.16	2.09	2.04	2.00	1.96	1.94	1.89	1.84	1.79	1.77	1.74	1.71	1.68	1.64	1.61
21	2.96	2.57	2.36	2.23	2.14	2.08	2.02	1.98	1.95	1.92	1.87	1.83	1.78	1.75	1.72	1.69	1.66	1.62	1.59
22	2.95	2.56	2.35	2.22	2.13	2.06	2.01	1.97	1.93	1.90	1.86	1.81	1.76	1.73	1.70	1.67	1.64	1.60	1.57
23	2.94	2.55	2.34	2.21	2.11	2.05	1.99	1.95	1.92	1.89	1.84	1.80	1.74	1.72	1.69	1.66	1.62	1.59	1.55
24	2.93	2.54	2.33	2.19	2.10	2.04	1.98	1.94	1.91	1.88	1.83	1.78	1.73	1.70	1.67	1.64	1.61	1.57	1.53
25	2.92	2.53	2.32	2.18	2.09	2.02	1.97	1.93	1.89	1.87	1.82	1.77	1.72	1.69	1.66	1.63	1.59	1.56	1.52
26	2.91	2.52	2.31	2.17	2.08	2.01	1.96	1.92	1.88	1.86	1.81	1.76	1.71	1.68	1.65	1.61	1.58	1.54	1.50
27	2.90	2.51	2.30	2.17	2.07	2.00	1.95	1.91	1.87	1.85	1.80	1.75	1.70	1.67	1.64	1.60	1.57	1.53	1.49
28	2.89	2.50	2.29	2.16	2.06	2.00	1.94	1.90	1.87	1.84	1.79	1.74	1.69	1.66	1.63	1.59	1.56	1.52	1.48
29	2.89	2.50	2.28	2.15	2.06	1.99	1.93	1.89	1.86	1.83	1.78	1.73	1.68	1.65	1.62	1.58	1.55	1.51	1.47
30	2.88	2.49	2.28	2.14	2.05	1.98	1.93	1.88	1.85	1.82	1.77	1.72	1.67	1.64	1.61	1.57	1.54	1.50	1.46
40	2.84	2.44	2.23	2.09	2.00	1.93	1.87	1.83	1.79	1.76	1.71	1.66	1.61	1.57	1.54	1.51	1.47	1.42	1.38
60	2.79	2.39	2.18	2.04	1.95	1.87	1.82	1.77	1.74	1.71	1.66	1.60	1.54	1.51	1.48	1.44	1.40	1.35	1.29
120	2.75	2.35	2.13	1.99	1.90	1.82	1.77	1.72	1.68	1.65	1.60	1.55	1.48	1.45	1.41	1.37	1.32	1.26	1.19
∞	2.71	2.30	2.08	1.94	1.85	1.77	1.72	1.67	1.63	1.60	1.55	1.49	1.42	1.38	1.34	1.30	1.24	1.17	1.00

$a = 0.05$

n_1 \ n_2	1	2	3	4	5	6	7	8	9	10	12	15	20	24	30	40	60	120	∞
1	161.45	199.50	215.71	224.58	230.16	233.99	236.77	238.88	240.54	241.88	243.91	245.95	248.01	249.05	250.10	251.14	252.20	253.25	254.31
2	18.51	19.00	19.16	19.25	19.30	19.33	19.35	19.37	19.38	19.40	19.41	19.43	19.45	19.45	19.46	19.47	19.48	19.49	19.50
3	10.13	9.55	9.28	9.12	9.01	8.94	8.89	8.85	8.81	8.79	8.74	8.70	8.66	8.64	8.62	8.59	8.57	8.55	8.53
4	7.71	6.94	6.59	6.39	6.26	6.16	6.09	6.04	6.00	5.96	5.91	5.86	5.80	5.77	5.75	5.72	5.69	5.66	5.63
5	6.61	5.79	5.41	5.19	5.05	4.95	4.88	4.82	4.77	4.74	4.68	4.62	4.56	4.53	4.50	4.46	4.43	4.40	4.36
6	5.99	5.14	4.76	4.53	4.39	4.28	4.21	4.15	4.10	4.06	4.00	3.94	3.87	3.84	3.81	3.77	3.74	3.70	3.67
7	5.59	4.74	4.35	4.12	3.97	3.87	3.79	3.73	3.68	3.64	3.57	3.51	3.44	3.41	3.38	3.34	3.30	3.27	3.23
8	5.32	4.46	4.07	3.84	3.69	3.58	3.50	3.44	3.39	3.35	3.28	3.22	3.15	3.12	3.08	3.04	3.01	2.97	2.93
9	5.12	4.26	3.86	3.63	3.48	3.37	3.29	3.23	3.18	3.14	3.07	3.01	2.94	2.90	2.86	2.83	2.79	2.75	2.71
10	4.96	4.10	3.71	3.48	3.33	3.22	3.14	3.07	3.02	2.98	2.91	2.85	2.77	2.74	2.70	2.66	2.62	2.58	2.54
11	4.84	3.98	3.59	3.36	3.20	3.09	3.01	2.95	2.90	2.85	2.79	2.72	2.65	2.61	2.57	2.53	2.49	2.45	2.40
12	4.75	3.89	3.49	3.26	3.11	3.00	2.91	2.85	2.80	2.75	2.69	2.62	2.54	2.51	2.47	2.43	2.38	2.34	2.30
13	4.67	3.81	3.41	3.18	3.03	2.92	2.83	2.77	2.71	2.67	2.60	2.53	2.46	2.42	2.38	2.34	2.30	2.25	2.21
14	4.60	3.74	3.34	3.11	2.96	2.85	2.76	2.70	2.65	2.60	2.53	2.46	2.39	2.35	2.31	2.27	2.22	2.18	2.13
15	4.54	3.68	3.29	3.06	2.90	2.79	2.71	2.64	2.59	2.54	2.48	2.40	2.33	2.29	2.25	2.20	2.16	2.11	2.07
16	4.49	3.63	3.24	3.01	2.85	2.74	2.66	2.59	2.54	2.49	2.42	2.35	2.28	2.24	2.19	2.15	2.11	2.06	2.01
17	4.45	3.59	3.20	2.96	2.81	2.70	2.61	2.55	2.49	2.45	2.38	2.31	2.23	2.19	2.15	2.10	2.06	2.01	1.96

续表

n_1 \ n_2	1	2	3	4	5	6	7	8	9	10	12	15	20	24	30	40	60	120	∞
18	4.41	3.55	3.16	2.93	2.77	2.66	2.58	2.51	2.46	2.41	2.34	2.27	2.19	2.15	2.11	2.06	2.02	1.97	1.92
19	4.38	3.52	3.13	2.90	2.74	2.63	2.54	2.48	2.42	2.38	2.31	2.23	2.16	2.11	2.07	2.03	1.98	1.93	1.88
20	4.35	3.49	3.10	2.87	2.71	2.60	2.51	2.45	2.39	2.35	2.28	2.20	2.12	2.08	2.04	1.99	1.95	1.90	1.84
21	4.32	3.47	3.07	2.84	2.68	2.57	2.49	2.42	2.37	2.32	2.25	2.18	2.10	2.05	2.01	1.96	1.92	1.87	1.81
22	4.30	3.44	3.05	2.82	2.66	2.55	2.46	2.40	2.34	2.30	2.23	2.15	2.07	2.03	1.98	1.94	1.89	1.84	1.78
23	4.28	3.42	3.03	2.80	2.64	2.53	2.44	2.37	2.32	2.27	2.20	2.13	2.05	2.01	1.96	1.91	1.86	1.81	1.76
24	4.26	3.40	3.01	2.78	2.62	2.51	2.42	2.36	2.30	2.25	2.18	2.11	2.03	1.98	1.94	1.89	1.84	1.79	1.73
25	4.24	3.39	2.99	2.76	2.60	2.49	2.40	2.34	2.28	2.24	2.16	2.09	2.01	1.96	1.92	1.87	1.82	1.77	1.71
26	4.23	3.37	2.98	2.74	2.59	2.47	2.39	2.32	2.27	2.22	2.15	2.07	1.99	1.95	1.90	1.85	1.80	1.75	1.69
27	4.21	3.35	2.96	2.73	2.57	2.46	2.37	2.31	2.25	2.20	2.13	2.06	1.97	1.93	1.88	1.84	1.79	1.73	1.67
28	4.20	3.34	2.95	2.71	2.56	2.45	2.36	2.29	2.24	2.19	2.12	2.04	1.96	1.91	1.87	1.82	1.77	1.71	1.65
29	4.18	3.33	2.93	2.70	2.55	2.43	2.35	2.28	2.22	2.18	2.10	2.03	1.94	1.90	1.85	1.81	1.75	1.70	1.64
30	4.17	3.32	2.92	2.69	2.53	2.42	2.33	2.27	2.21	2.16	2.09	2.01	1.93	1.89	1.84	1.79	1.74	1.68	1.62
40	4.08	3.23	2.84	2.61	2.45	2.34	2.25	2.18	2.12	2.08	2.00	1.92	1.84	1.79	1.74	1.69	1.64	1.58	1.51
60	4.00	3.15	2.76	2.53	2.37	2.25	2.17	2.10	2.04	1.99	1.92	1.84	1.75	1.70	1.65	1.59	1.53	1.47	1.39
120	3.92	3.07	2.68	2.45	2.29	2.18	2.09	2.02	1.96	1.91	1.83	1.75	1.66	1.61	1.55	1.50	1.43	1.35	1.25
∞	3.84	3.00	2.60	2.37	2.21	2.10	2.01	1.94	1.88	1.83	1.75	1.67	1.57	1.52	1.46	1.39	1.32	1.22	1.00

$a = 0.025$

n_1 \ n_2	1.00	2.00	3.00	4.00	5.00	6.00	7.00	8.00	9.00	10.00	12.00	15.00	20.00	24.00	30.00	40.00	60.00	120.00	∞
1.00	647.79	799.50	864.16	899.58	921.85	937.11	948.22	956.66	963.28	968.63	976.71	984.87	993.10	997.25	1001.41	1005.60	1009.80	1014.02	1018.26
2.00	38.51	39.00	39.17	39.25	39.30	39.33	39.36	39.37	39.39	39.40	39.41	39.43	39.45	39.46	39.46	39.47	39.48	39.49	39.50
3.00	17.44	16.04	15.44	15.10	14.88	14.73	14.62	14.54	14.47	14.42	14.34	14.25	14.17	14.12	14.08	14.04	13.99	13.95	13.90
4.00	12.22	10.65	9.98	9.60	9.36	9.20	9.07	8.98	8.90	8.84	8.75	8.66	8.56	8.51	8.46	8.41	8.36	8.31	8.26
5.00	10.01	8.43	7.76	7.39	7.15	6.98	6.85	6.76	6.68	6.62	6.52	6.43	6.33	6.28	6.23	6.18	6.12	6.07	6.02
6.00	8.81	7.26	6.60	6.23	5.99	5.82	5.70	5.60	5.52	5.46	5.37	5.27	5.17	5.12	5.07	5.01	4.96	4.90	4.85
7.00	8.07	6.54	5.89	5.52	5.29	5.12	4.99	4.90	4.82	4.76	4.67	4.57	4.47	4.41	4.36	4.31	4.25	4.20	4.14
8.00	7.57	6.06	5.42	5.05	4.82	4.65	4.53	4.43	4.36	4.30	4.20	4.10	4.00	3.95	3.89	3.84	3.78	3.73	3.67
9.00	7.21	5.71	5.08	4.72	4.48	4.32	4.20	4.10	4.03	3.96	3.87	3.77	3.67	3.61	3.56	3.51	3.45	3.39	3.33
10.00	6.94	5.46	4.83	4.47	4.24	4.07	3.95	3.85	3.78	3.72	3.62	3.52	3.42	3.37	3.31	3.26	3.20	3.14	3.08
11.00	6.72	5.26	4.63	4.28	4.04	3.88	3.76	3.66	3.59	3.53	3.43	3.33	3.23	3.17	3.12	3.06	3.00	2.94	2.88
12.00	6.55	5.10	4.47	4.12	3.89	3.73	3.61	3.51	3.44	3.37	3.28	3.18	3.07	3.02	2.96	2.91	2.85	2.79	2.72
13.00	6.41	4.97	4.35	4.00	3.77	3.60	3.48	3.39	3.31	3.25	3.15	3.05	2.95	2.89	2.84	2.78	2.72	2.66	2.60
14.00	6.30	4.86	4.24	3.89	3.66	3.50	3.38	3.29	3.21	3.15	3.05	2.95	2.84	2.79	2.73	2.67	2.61	2.55	2.49
15.00	6.20	4.77	4.15	3.80	3.58	3.41	3.29	3.20	3.12	3.06	2.96	2.86	2.76	2.70	2.64	2.59	2.52	2.46	2.40
16.00	6.12	4.69	4.08	3.73	3.50	3.34	3.22	3.12	3.05	2.99	2.89	2.79	2.68	2.63	2.57	2.51	2.45	2.38	2.32
17.00	6.04	4.62	4.01	3.66	3.44	3.28	3.16	3.06	2.98	2.92	2.82	2.72	2.62	2.56	2.50	2.44	2.38	2.32	2.25

续表

n_1 \ n_2	1.00	2.00	3.00	4.00	5.00	6.00	7.00	8.00	9.00	10.00	12.00	15.00	20.00	24.00	30.00	40.00	60.00	120.00	∞
18.00	5.98	4.56	3.95	3.61	3.38	3.22	3.10	3.01	2.93	2.87	2.77	2.67	2.56	2.50	2.44	2.38	2.32	2.26	2.19
19.00	5.92	4.51	3.90	3.56	3.33	3.17	3.05	2.96	2.88	2.82	2.72	2.62	2.51	2.45	2.39	2.33	2.27	2.20	2.13
20.00	5.87	4.46	3.86	3.51	3.29	3.13	3.01	2.91	2.84	2.77	2.68	2.57	2.46	2.41	2.35	2.29	2.22	2.16	2.09
21.00	5.83	4.42	3.82	3.48	3.25	3.09	2.97	2.87	2.80	2.73	2.64	2.53	2.42	2.37	2.31	2.25	2.18	2.11	2.04
22.00	5.79	4.38	3.78	3.44	3.22	3.05	2.93	2.84	2.76	2.70	2.60	2.50	2.39	2.33	2.27	2.21	2.14	2.08	2.00
23.00	5.75	4.35	3.75	3.41	3.18	3.02	2.90	2.81	2.73	2.67	2.57	2.47	2.36	2.30	2.24	2.18	2.11	2.04	1.97
24.00	5.72	4.32	3.72	3.38	3.15	2.99	2.87	2.78	2.70	2.64	2.54	2.44	2.33	2.27	2.21	2.15	2.08	2.01	1.94
25.00	5.69	4.29	3.69	3.35	3.13	2.97	2.85	2.75	2.68	2.61	2.51	2.41	2.30	2.24	2.18	2.12	2.05	1.98	1.91
26.00	5.66	4.27	3.67	3.33	3.10	2.94	2.82	2.73	2.65	2.59	2.49	2.39	2.28	2.22	2.16	2.09	2.03	1.95	1.88
27.00	5.63	4.24	3.65	3.31	3.08	2.92	2.80	2.71	2.63	2.57	2.47	2.36	2.25	2.19	2.13	2.07	2.00	1.93	1.85
28.00	5.61	4.22	3.63	3.29	3.06	2.90	2.78	2.69	2.61	2.55	2.45	2.34	2.23	2.17	2.11	2.05	1.98	1.91	1.83
29.00	5.59	4.20	3.61	3.27	3.04	2.88	2.76	2.67	2.59	2.53	2.43	2.32	2.21	2.15	2.09	2.03	1.96	1.89	1.81
30.00	5.57	4.18	3.59	3.25	3.03	2.87	2.75	2.65	2.57	2.51	2.41	2.31	2.20	2.14	2.07	2.01	1.94	1.87	1.79
40.00	5.42	4.05	3.46	3.13	2.90	2.74	2.62	2.53	2.45	2.39	2.29	2.18	2.07	2.01	1.94	1.88	1.80	1.72	1.64
60.00	5.29	3.93	3.34	3.01	2.79	2.63	2.51	2.41	2.33	2.27	2.17	2.06	1.94	1.88	1.82	1.74	1.67	1.58	1.48
120.00	5.15	3.80	3.23	2.89	2.67	2.52	2.39	2.30	2.22	2.16	2.05	1.94	1.82	1.76	1.69	1.61	1.53	1.43	1.31
∞	5.02	3.69	3.12	2.79	2.57	2.41	2.29	2.19	2.11	2.05	1.94	1.83	1.71	1.64	1.57	1.48	1.39	1.27	1.00

$a = 0.01$

n_2 \ n_1	1	2	3	4	5	6	7	8	9	10	12	15	20	24	30	40	60	120	∞
1	4 052.18	4 999.50	5 403.35	5 624.58	5 763.65	5 858.99	5 928.36	5 981.07	6 022.47	6 055.85	6 106.32	6 157.28	6 208.73	6 234.63	6 260.65	6 286.78	6 313.03	6 339.39	6 365.86
2	98.50	99.00	99.17	99.25	99.30	99.33	99.36	99.37	99.39	99.40	99.42	99.43	99.45	99.46	99.47	99.47	99.48	99.49	99.50
3	34.12	30.82	29.46	28.71	28.24	27.91	27.67	27.49	27.35	27.23	27.05	26.87	26.69	26.60	26.50	26.41	26.32	26.22	26.13
4	21.20	18.00	16.69	15.98	15.52	15.21	14.98	14.80	14.66	14.55	14.37	14.20	14.02	13.93	13.84	13.75	13.65	13.56	13.46
5	16.26	13.27	12.06	11.39	10.97	10.67	10.46	10.29	10.16	10.05	9.89	9.72	9.55	9.47	9.38	9.29	9.20	9.11	9.02
6	13.75	10.92	9.78	9.15	8.75	8.47	8.26	8.10	7.98	7.87	7.72	7.56	7.40	7.31	7.23	7.14	7.06	6.97	6.88
7	12.25	9.55	8.45	7.85	7.46	7.19	6.99	6.84	6.72	6.62	6.47	6.31	6.16	6.07	5.99	5.91	5.82	5.74	5.65
8	11.26	8.65	7.59	7.01	6.63	6.37	6.18	6.03	5.91	5.81	5.67	5.52	5.36	5.28	5.20	5.12	5.03	4.95	4.86
9	10.56	8.02	6.99	6.42	6.06	5.80	5.61	5.47	5.35	5.26	5.11	4.96	4.81	4.73	4.65	4.57	4.48	4.40	4.31
10	10.04	7.56	6.55	5.99	5.64	5.39	5.20	5.06	4.94	4.85	4.71	4.56	4.41	4.33	4.25	4.17	4.08	4.00	3.91
11	9.65	7.21	6.22	5.67	5.32	5.07	4.89	4.74	4.63	4.54	4.40	4.25	4.10	4.02	3.94	3.86	3.78	3.69	3.60
12	9.33	6.93	5.95	5.41	5.06	4.82	4.64	4.50	4.39	4.30	4.16	4.01	3.86	3.78	3.70	3.62	3.54	3.45	3.36
13	9.07	6.70	5.74	5.21	4.86	4.62	4.44	4.30	4.19	4.10	3.96	3.82	3.66	3.59	3.51	3.43	3.34	3.25	3.17
14	8.86	6.51	5.56	5.04	4.69	4.46	4.28	4.14	4.03	3.94	3.80	3.66	3.51	3.43	3.35	3.27	3.18	3.09	3.00
15	8.68	6.36	5.42	4.89	4.56	4.32	4.14	4.00	3.89	3.80	3.67	3.52	3.37	3.29	3.21	3.13	3.05	2.96	2.87
16	8.53	6.23	5.29	4.77	4.44	4.20	4.03	3.89	3.78	3.69	3.55	3.41	3.26	3.18	3.10	3.02	2.93	2.84	2.75
17	8.40	6.11	5.18	4.67	4.34	4.10	3.93	3.79	3.68	3.59	3.46	3.31	3.16	3.08	3.00	2.92	2.83	2.75	2.65

续表

n_1 \ n_2	1	2	3	4	5	6	7	8	9	10	12	15	20	24	30	40	60	120	∞
18	8.29	6.01	5.09	4.58	4.25	4.01	3.84	3.71	3.60	3.51	3.37	3.23	3.08	3.00	2.92	2.84	2.75	2.66	2.57
19	8.18	5.93	5.01	4.50	4.17	3.94	3.77	3.63	3.52	3.43	3.30	3.15	3.00	2.92	2.84	2.76	2.67	2.58	2.49
20	8.10	5.85	4.94	4.43	4.10	3.87	3.70	3.56	3.46	3.37	3.23	3.09	2.94	2.86	2.78	2.69	2.61	2.52	2.42
21	8.02	5.78	4.87	4.37	4.04	3.81	3.64	3.51	3.40	3.31	3.17	3.03	2.88	2.80	2.72	2.64	2.55	2.46	2.36
22	7.95	5.72	4.82	4.31	3.99	3.76	3.59	3.45	3.35	3.26	3.12	2.98	2.83	2.75	2.67	2.58	2.50	2.40	2.31
23	7.88	5.66	4.76	4.26	3.94	3.71	3.54	3.41	3.30	3.21	3.07	2.93	2.78	2.70	2.62	2.54	2.45	2.35	2.26
24	7.82	5.61	4.72	4.22	3.90	3.67	3.50	3.36	3.26	3.17	3.03	2.89	2.74	2.66	2.58	2.49	2.40	2.31	2.21
25	7.77	5.57	4.68	4.18	3.85	3.63	3.46	3.32	3.22	3.13	2.99	2.85	2.70	2.62	2.54	2.45	2.36	2.27	2.17
26	7.72	5.53	4.64	4.14	3.82	3.59	3.42	3.29	3.18	3.09	2.96	2.81	2.66	2.58	2.50	2.42	2.33	2.23	2.13
27	7.68	5.49	4.60	4.11	3.78	3.56	3.39	3.26	3.15	3.06	2.93	2.78	2.63	2.55	2.47	2.38	2.29	2.20	2.10
28	7.64	5.45	4.57	4.07	3.75	3.53	3.36	3.23	3.12	3.03	2.90	2.75	2.60	2.52	2.44	2.35	2.26	2.17	2.06
29	7.60	5.42	4.54	4.04	3.73	3.50	3.33	3.20	3.09	3.00	2.87	2.73	2.57	2.49	2.41	2.33	2.23	2.14	2.03
30	7.56	5.39	4.51	4.02	3.70	3.47	3.30	3.17	3.07	2.98	2.84	2.70	2.55	2.47	2.39	2.30	2.21	2.11	2.01
40	7.31	5.18	4.31	3.83	3.51	3.29	3.12	2.99	2.89	2.80	2.66	2.52	2.37	2.29	2.20	2.11	2.02	1.92	1.80
60	7.08	4.98	4.13	3.65	3.34	3.12	2.95	2.82	2.72	2.63	2.50	2.35	2.20	2.12	2.03	1.94	1.84	1.73	1.60
120	6.85	4.79	3.95	3.48	3.17	2.96	2.79	2.66	2.56	2.47	2.34	2.19	2.03	1.95	1.86	1.76	1.66	1.53	1.38
∞	6.63	4.61	3.78	3.32	3.02	2.80	2.64	2.51	2.41	2.32	2.18	2.04	1.88	1.79	1.70	1.59	1.47	1.32	1.00

$a = 0.005$

n_1 \ n_2	1	2	3	4	5	6	7	8	9	10	12	15	20	24	30	40	60	120	∞
1	16 210.72	19 999.50	21 614.74	22 499.58	23 055.80	23 437.11	23 714.57	23 925.41	24 091.00	24 224.49	24 426.37	24 630.21	24 835.97	24 939.57	25 043.63	25 148.15	25 253.14	25 358.57	25 464.46
2	198.50	199.00	199.17	199.25	199.30	199.33	199.36	199.37	199.39	199.40	199.42	199.43	199.45	199.46	199.47	199.47	199.48	199.49	199.50
3	55.55	49.80	47.47	46.19	45.39	44.84	44.43	44.13	43.88	43.69	43.39	43.08	42.78	42.62	42.47	42.31	42.15	41.99	41.83
4	31.33	26.28	24.26	23.15	22.46	21.97	21.62	21.35	21.14	20.97	20.70	20.44	20.17	20.03	19.89	19.75	19.61	19.47	19.32
5	22.78	18.31	16.53	15.56	14.94	14.51	14.20	13.96	13.77	13.62	13.38	13.15	12.90	12.78	12.66	12.53	12.40	12.27	12.14
6	18.63	14.54	12.92	12.03	11.46	11.07	10.79	10.57	10.39	10.25	10.03	9.81	9.59	9.47	9.36	9.24	9.12	9.00	8.88
7	16.24	12.40	10.88	10.05	9.52	9.16	8.89	8.68	8.51	8.38	8.18	7.97	7.75	7.64	7.53	7.42	7.31	7.19	7.08
8	14.69	11.04	9.60	8.81	8.30	7.95	7.69	7.50	7.34	7.21	7.01	6.81	6.61	6.50	6.40	6.29	6.18	6.06	5.95
9	13.61	10.11	8.72	7.96	7.47	7.13	6.88	6.69	6.54	6.42	6.23	6.03	5.83	5.73	5.62	5.52	5.41	5.30	5.19
10	12.83	9.43	8.08	7.34	6.87	6.54	6.30	6.12	5.97	5.85	5.66	5.47	5.27	5.17	5.07	4.97	4.86	4.75	4.64
11	12.23	8.91	7.60	6.88	6.42	6.10	5.86	5.68	5.54	5.42	5.24	5.05	4.86	4.76	4.65	4.55	4.45	4.34	4.23
12	11.75	8.51	7.23	6.52	6.07	5.76	5.52	5.35	5.20	5.09	4.91	4.72	4.53	4.43	4.33	4.23	4.12	4.01	3.90
13	11.37	8.19	6.93	6.23	5.79	5.48	5.25	5.08	4.94	4.82	4.64	4.46	4.27	4.17	4.07	3.97	3.87	3.76	3.65
14	11.06	7.92	6.68	6.00	5.56	5.26	5.03	4.86	4.72	4.60	4.43	4.25	4.06	3.96	3.86	3.76	3.66	3.55	3.44
15	10.80	7.70	6.48	5.80	5.37	5.07	4.85	4.67	4.54	4.42	4.25	4.07	3.88	3.79	3.69	3.58	3.48	3.37	3.26
16	10.58	7.51	6.30	5.64	5.21	4.91	4.69	4.52	4.38	4.27	4.10	3.92	3.73	3.64	3.54	3.44	3.33	3.22	3.11
17	10.38	7.35	6.16	5.50	5.07	4.78	4.56	4.39	4.25	4.14	3.97	3.79	3.61	3.51	3.41	3.31	3.21	3.10	2.98

续表

n_1 \ n_2	1	2	3	4	5	6	7	8	9	10	12	15	20	24	30	40	60	120	∞
18	10.22	7.21	6.03	5.37	4.96	4.66	4.44	4.28	4.14	4.03	3.86	3.68	3.50	3.40	3.30	3.20	3.10	2.99	2.87
19	10.07	7.09	5.92	5.27	4.85	4.56	4.34	4.18	4.04	3.93	3.76	3.59	3.40	3.31	3.21	3.11	3.00	2.89	2.78
20	9.94	6.99	5.82	5.17	4.76	4.47	4.26	4.09	3.96	3.85	3.68	3.50	3.32	3.22	3.12	3.02	2.92	2.81	2.69
21	9.83	6.89	5.73	5.09	4.68	4.39	4.18	4.01	3.88	3.77	3.60	3.43	3.24	3.15	3.05	2.95	2.84	2.73	2.61
22	9.73	6.81	5.65	5.02	4.61	4.32	4.11	3.94	3.81	3.70	3.54	3.36	3.18	3.08	2.98	2.88	2.77	2.66	2.55
23	9.63	6.73	5.58	4.95	4.54	4.26	4.05	3.88	3.75	3.64	3.47	3.30	3.12	3.02	2.92	2.82	2.71	2.60	2.48
24	9.55	6.66	5.52	4.89	4.49	4.20	3.99	3.83	3.69	3.59	3.42	3.25	3.06	2.97	2.87	2.77	2.66	2.55	2.43
25	9.48	6.60	5.46	4.84	4.43	4.15	3.94	3.78	3.64	3.54	3.37	3.20	3.01	2.92	2.82	2.72	2.61	2.50	2.38
26	9.41	6.54	5.41	4.79	4.38	4.10	3.89	3.73	3.60	3.49	3.33	3.15	2.97	2.87	2.77	2.67	2.56	2.45	2.33
27	9.34	6.49	5.36	4.74	4.34	4.06	3.85	3.69	3.56	3.45	3.28	3.11	2.93	2.83	2.73	2.63	2.52	2.41	2.29
28	9.28	6.44	5.32	4.70	4.30	4.02	3.81	3.65	3.52	3.41	3.25	3.07	2.89	2.79	2.69	2.59	2.48	2.37	2.25
29	9.23	6.40	5.28	4.66	4.26	3.98	3.77	3.61	3.48	3.38	3.21	3.04	2.86	2.76	2.66	2.56	2.45	2.33	2.21
30	9.18	6.35	5.24	4.62	4.23	3.95	3.74	3.58	3.45	3.34	3.18	3.01	2.82	2.73	2.63	2.52	2.42	2.30	2.18
40	8.83	6.07	4.98	4.37	3.99	3.71	3.51	3.35	3.22	3.12	2.95	2.78	2.60	2.50	2.40	2.30	2.18	2.06	1.93
60	8.49	5.79	4.73	4.14	3.76	3.49	3.29	3.13	3.01	2.90	2.74	2.57	2.39	2.29	2.19	2.08	1.96	1.83	1.69
120	8.18	5.54	4.50	3.92	3.55	3.28	3.09	2.93	2.81	2.71	2.54	2.37	2.19	2.09	1.98	1.87	1.75	1.61	1.43
∞	7.88	5.30	4.28	3.72	3.35	3.09	2.90	2.74	2.62	2.52	2.36	2.19	2.00	1.90	1.79	1.67	1.53	1.36	1.00

参 考 文 献

[1] 盛骤，谢式千，潘承毅. 概率论与数理统计[M]. 5 版. 北京：高等教育出版社，2020.

[2] 陈希孺. 概率论与数理统计[M]. 合肥：中国科学技术大学出版社，2009.

[3] 郭科. 数学实验：概率论与数理统计分册[M]. 北京：高等教育出版社，2009.

[4] 茆诗松，程依明，濮晓龙. 概率论与数理统计教程[M]. 3 版. 北京：高等教育出版社，2019.

[5] 同济大学数学系. 概率论与数理统计[M]. 北京：高等教育出版社，2011.

[6] 金治明，李永乐. 概率论与数理统计[M]. 北京：科学出版社，2008.

[7] 徐小平. 概率论与数理统计应用案例分析[M]. 北京：科学出版社，2019.

[8] 沃塞曼. 统计学完全教程[M]. 张波，刘中华，魏秋萍，等译. 北京：科学出版社，2008.

[9] 金华. 统计学实验教程[M]. 广州：华南理工大学出版社，2012.

[10] 陈希孺. 数理统计学简史[M]. 长沙：湖南教育出版社，2002.